# 大学计算机信息技术实践教程

## Windows 10+Office 2016

朱立才 黄津津 李忠慧 / 主编
余群 王远 辛利 徐锦霞 / 副主编

人 民 邮 电 出 版 社
北 京

**图书在版编目（CIP）数据**

大学计算机信息技术实践教程 : Windows 10+Office 2016 / 朱立才，黄津津，李忠慧主编. -- 北京 : 人民邮电出版社，2021.9
高等学校计算机教育信息素养系列教材
ISBN 978-7-115-56921-9

Ⅰ. ①大… Ⅱ. ①朱… ②黄… ③李… Ⅲ. ①Windows操作系统－高等学校－教材②办公自动化－应用软件－高等学校－教材 Ⅳ. ①TP316.7②TP317.1

中国版本图书馆CIP数据核字(2021)第132796号

## 内 容 提 要

本书是《大学计算机信息技术（Windows 10+Office 2016）》的配套实践教程，结合课程教学和实验的特点，在章节的安排上基本与主教材保持一致。全书共6章，主要内容包括：计算机与计算思维、计算机系统、文字处理 Word 2016、电子表格 Excel 2016、演示文稿 PowerPoint 2016、计算机网络与 Internet 应用等。本书的实验素材可登录人邮教育社区（www.ryjiaoyu.com）进行下载。

本书可作为高等院校非计算机专业大学计算机基础课程的实践教程和计算机等级考试的参考教材，还可作为自学者学习计算机相关知识的参考书。

◆ 主　　编　朱立才　黄津津　李忠慧
副 主 编　余　群　王　远　辛　利　徐锦霞
责任编辑　李　召
责任印制　王　郁　马振武

◆ 人民邮电出版社出版发行　　北京市丰台区成寿寺路 11 号
邮编　100164　　电子邮件　315@ptpress.com.cn
网址　https://www.ptpress.com.cn
三河市君旺印务有限公司印刷

◆ 开本：787×1092　1/16
印张：12.25　　2021 年 9 月第 1 版
字数：305 千字　　2024 年 8 月河北第 7 次印刷

定价：42.00 元

读者服务热线：(010)81055256　印装质量热线：(010)81055316
反盗版热线：(010)81055315
广告经营许可证：京东市监广登字 20170147 号

# 前言 FOREWORD

为满足当前信息技术发展与人才培养的需要，积极配合计算机基础教学的课程体系改革，根据教育部关于进一步加强高等学校计算机基础教学的意见，编者在结合多年计算机基础课程教学与研究实践的基础上，围绕非计算机专业计算机基础课程的实际教学思路，以培养大学生信息素养和提高计算机应用能力为出发点，结合计算机等级考试大纲要求，按照计算机基础课程精品课程的标准设计和组织编写了本书。

本书是《大学计算机信息技术（Windows 10+Office 2016）》一书的配套实践教程，也可以与其他计算机基础教材配合使用。本书每章内容由【知识要点】和【实验及操作指导】两部分组成:【知识要点】归纳总结了对应章节应该掌握的主要内容;【实验及操作指导】对主教材中的操作题给出了操作要求和操作指导，旨在帮助学生在掌握基本理论的同时，提高实际操作能力。本书的宗旨是夯实基础、重视实践、突出技能。

本书由朱立才、黄津津、李忠慧担任主编，余群、王远、辛利、徐锦霞担任副主编，由黄津津完成全书统稿。在本书编撰过程中，编者得到了所在学校的大力支持和帮助，同时得到了许多教学第一线专家与教师的宝贵建议，在此表示衷心的感谢。

由于编者水平有限，书中难免有不足和疏漏之处，敬请专家和广大读者批评指正。

编　者

2021 年 8 月

# 目录 CONTENTS

# 01 第1章 计算机与计算思维

【大纲要求重点】

- 计算机的发展、类型及其应用领域。
- 计算机中数据的表示、存储与处理。
- 多媒体技术的概念与应用。
- 计算机病毒的概念、特征、分类与防治。
- 计算机思维与计算机新技术。

## 【知识要点】

## 1.1 计算机概述

### 1. 计算机的诞生及发展过程

电子计算机（Electronic Computer）又称电脑，是一种能够按照指令，自动、高速、精确地对海量信息进行存储、传送和加工处理的现代电子设备，是20世纪最伟大的发明之一。

1946年世界上第一台通用电子计算机——电子数字积分计算机（Electronic Numerical Integrator And Calculator，ENIAC）诞生于美国的宾夕法尼亚大学，它使用的主要电子元件是电子管。在其研制过程中，美籍匈牙利数学家冯·诺依曼提出了两个重要的设计思想。

① 使用二进制。计算机的程序和程序运行所需要的数据以二进制编码形式存放在计算机的存储器中。

② 存储程序执行。程序和数据存放在存储器中，即存储程序的概念。计算机无须人工干预，能自动、连续地执行程序，并得到预期的结果。

冯·诺依曼明确指出了计算机的结构应由运算器、控制器、存储器、输入设备和输出设备5个部分组成。

直至今天，绝大部分的计算机还是采用冯·诺依曼结构工作。冯·诺依曼提出的这些原理和思想对后来计算机的发展起到了决定性的作用，冯·诺依曼被誉为“现代电子计算机之父”。

第一台通用电子计算机诞生至今的几十年时间里，计算机技术成为发展最快的现代技术之一。根据计算机所采用的物理器件，计算机的发展可划分为4个阶段。

第一代计算机（1946—1958 年）："电子管计算机时代"。它采用的主要逻辑元件是真空电子管，其特点是体积庞大、速度慢、容量小、成本高、可靠性差。

第二代计算机（1959—1964 年）："晶体管计算机时代"。晶体管与电子管相比，其特点是体积小、耗电少、速度快、价格低、寿命长。

第三代计算机（1965—1970 年）："中、小规模集成电路计算机时代"。它采用的主要逻辑元件是小规模集成（Small Scale Integrated，SSI）电路和中规模集成（Medium Scale Integrated，MSI）电路，其特点是体积更小、价格更低、可靠性更高。

第四代计算机（1971 年至今）："大规模或超大规模集成电路计算机时代"。高度集成化是这一代计算机的主要特征。它使用的主要逻辑元件是大规模集成（Large Scale Integrated，LSI）电路和超大规模集成（Very Large Scale Integrated，VLSI）电路，在很小的硅片上能够刻上几千万个晶体管，计算机走向微型化，运行速度可达每秒上千万次甚至万亿次，成本更低。计算机应用的深度和广度有了更大的发展，开始深入人类生活的各个方面。

### 2. 计算机的特点

计算机作为一种通用的信息处理工具，具有运算速度快、计算精度高、逻辑判断准确、存储能力强大、能实现自动控制功能、能实现网络与通信功能等主要特点。

### 3. 计算机的应用

计算机的应用主要体现在科学计算、数据与信息处理、过程控制、人工智能、计算机辅助、网络通信、多媒体技术、嵌入式系统等方面。

### 4. 计算机的分类

计算机的分类方法有很多，一般可根据计算机的性能、规模和处理能力，把计算机分成巨型机、大型通用机（大型机）、微型计算机（微型机）、服务器和工作站等几类。

### 5. 未来计算机的发展趋势

（1）计算机的发展方向

未来计算机的发展将呈现巨型化、微型化、网络化和智能化等。

（2）新一代计算机

由于计算机中最重要的核心部件是芯片，因此，计算机芯片技术的不断发展也是计算机未来发展的动力。由于晶体管计算机存在物理极限，因而世界上许多国家很早就开始了各种非晶体管计算机的研究，如光子计算机、量子计算机、生物计算机和超导计算机等。这类计算机也被称为第五代计算机或新一代计算机，它们能在更大程度上仿真人的智能。这类技术也是目前世界各国计算机技术研究的重点。

### 6. 信息与信息技术

信息是对客观世界中各种事物的运动状态和变化的反映，简单地说，信息是经过加工的数据，或者说信息是数据处理的结果，泛指人类社会传播的一切内容。信息技术（Information Technology，IT）是一门综合的技术，人们对信息技术的定义，因其使用目的、范围和层次不同而表述不一。信息技术是管理和处理信息所采用的各种技术的总称，主要用于设计、开发、安装和实施信息系统及应用软件。它主要包括传感技术、计算机与智能技术、通信技术和控制技术。

现代信息技术的发展趋势可以概括为数字化、多媒体化、高速化、网络化、宽频化、智能化等。

## 1.2　信息的表示与存储

计算机最基本的功能是对信息进行采集、存储、处理和传输。信息的载体是数据，数据包括数值、字符、图像、声音等多种形式。计算机内部采用二进制方式表示数据，因此各类数据均需转换为二进制编码形式，以便计算机进行运算处理与存储。

1. 计算机中的数据及其单位

在计算机中，各种信息都是以数据的形式出现的，对数据进行处理后产生的结果为信息，因此数据是计算机中信息的载体。计算机中的信息均用二进制数来表示。

在计算机内存储和运算数据时，常用的数据单位为比特（Bit）、字节（Byte）、字长。

比特（位）：度量数据的最小单位。在数字电路和计算机技术中采用二进制编码形式表示数据，1 比特只能存放 1 个“0”或 1 个“1”。

字节：信息组织和存储的基本单位，也是计算机体系结构的基本单位。1 字节由 8 比特（位）组成。通常用 Byte（字节）、KB（千字节）、MB（兆字节）、GB（吉字节）、TB（太字节）等为单位来表示存储器的存储容量或文件的大小，1 KB = 1024 Byte，1 MB = 1024 KB，1 GB = 1024 MB，1 TB = 1024 GB。

字长：将计算机一次能够并行处理的二进制位数称为该机器的字长，也称为计算机的一个“字”。字长是计算机的一个重要指标，字长越长，计算机的数据处理速度越快。计算机的字长通常是字节的整倍数，如 8 位、16 位、32 位。技术发展到今天，微型机的字长为 64 位，大型机的字长已达 128 位。

2. 常用数制及其转换

数制也称计数制，是指将一组特定的数字符号按照先后顺序排列起来，从低位向高位进位计数来表示数的方法，又称作进制。数制中有数位、基数（Base）和位权（Weight）3 个要素。

数位：指数码在某个数中所处的位置。

基数：指在某种数制中，每个数位上所能使用的数码的个数。

位权：指数码在不同的数位上所表示的数值的大小，简称“权”。位权以指数形式表达，以基数为底，其指数是数位的序号。

（1）$R$ 进制数转换为十进制数

在 $R$ 进制数（如十进制数、二进制数、八进制数和十六进制数等）中，遵循“逢 $R$ 进一”的进位规则，采用“按权展开”并求和的方法，可得到等值的十进制数。

十进制（Decimal）：任意一个十进制数都可用 0、1、2、3、4、5、6、7、8、9 共 10 个数码组成的字符串来表示。它的基数 $R$=10，其进位规则是“逢十进一”，它的位权可表示成 $10^i$。其按权展开式举例如下。

$(123.45)_D = 1\times10^2+2\times10^1+3\times10^0+4\times10^{-1}+5\times10^{-2}$

二进制（Binary）：任意一个二进制数可用 0、1 共 2 个数码组成的字符串来表示。它的基数

$R$=2，其进位规则是“逢二进一”，它的位权可表示成 $2^i$。其按权展开式举例如下。

$$(1101.11)_B = 1\times2^3+1\times2^2+0\times2^1+1\times2^0+1\times2^{-1}+1\times2^{-2}$$
$$= 8+4+0+1+0.5+0.25$$
$$= 13.75$$

转换结果：$(1101.11)_B = (13.75)_D$

八进制（Octal）：和十进制与二进制的讨论类似，任意一个八进制数可用 0、1、2、3、4、5、6、7 共 8 个数码组成的字符串来表示。它的基数 $R$=8，其进位规则是“逢八进一”，它的位权可表示成 $8^i$。其按权展开式举例如下。

$$(345.04)_O = 3\times8^2+4\times8^1+5\times8^0+0\times8^{-1}+4\times8^{-2}$$
$$= 192+32+5+0+0.0625$$
$$= 229.0625$$

转换结果：$(345.04)_O = (229.0625)_D$

十六进制（Hexadecimal）：和十进制与二进制的讨论类似，任意一个十六进制数可用 0、1、2、3、4、5、6、7、8、9、A、B、C、D、E、F 共 16 个数码组成的字符串来表示，其中符号 A、B、C、D、E、F 分别代表十进制数值 10、11、12、13、14、15。它的基数 $R$=16，其进位规则是“逢十六进一”，它的位权可表示成 $16^i$。其按权展开式举例如下。

$$(2AB.8)_H = 2\times16^2+10\times16^1+11\times16^0+8\times16^{-1}$$
$$= 512+160+11+0.5$$
$$= 683.5$$

转换结果：$(2AB.8)_H = (683.5)_D$

（2）十进制数转换为 $R$ 进制数

整数的转换采用“除 $R$ 取余，逆序排列”法，将待转换的十进制数连续除以 $R$，直到商为 0，每次得到的余数按相反的次序（即第一次除以 $R$ 所得到的余数排在最低位，最后一次除以 $R$ 所得到的余数排在最高位）排列起来就是相应的 $R$ 进制数。

小数的转换采用“乘 $R$ 取整，顺序排列”法，将被转换的十进制纯小数反复乘以 $R$，每次相乘乘积的整数部分若为 1，则 $R$ 进制数的相应位为 1，若整数部分为 0，则相应位为 0。由高位向低位逐次进行，直到剩下的纯小数部分为 0 或达到所要求的精度为止。

以十进制数转换为二进制数为例，将十进制数$(124.8125)_D$转换成二进制数。

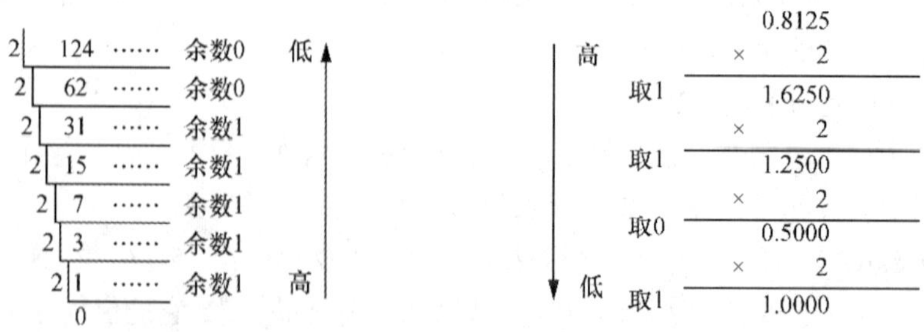

| 除数 | 被除数 | | 余数 | |
|---|---|---|---|---|
| 2 | 124 | …… | 余数0 | 低 |
| 2 | 62 | …… | 余数0 | |
| 2 | 31 | …… | 余数1 | |
| 2 | 15 | …… | 余数1 | |
| 2 | 7 | …… | 余数1 | |
| 2 | 3 | …… | 余数1 | |
| 2 | 1 | …… | 余数1 | 高 |
| | 0 | | | |

| | | 0.8125 |
|---|---|---|
| 高 | | × 2 |
| | 取1 | 1.6250 |
| | | × 2 |
| | 取1 | 1.2500 |
| | | × 2 |
| | 取0 | 0.5000 |
| | | × 2 |
| 低 | 取1 | 1.0000 |

转换结果：$(124.8125)_D = (1111100.1101)_B$

（3）二进制数与八进制数、十六进制数的相互转换

二进制数转换为八进制数时，以小数点为界向左右两边分组，每 3 位为一组，两头不足 3 位

补 0 即可。同样，二进制数转换为十六进制数时，按每 4 位为一组进行分组转换即可。

例如：

$(1101010.110101)_B = (\underline{001}\ \underline{101}\ \underline{010}.\underline{110}\ \underline{101})_B = (152.65)_O$

1　5　2　6　5

$(10101011.11010100)_B = (\underline{1010}\ \underline{1011}.\underline{1101}\ \underline{0100})_B = (AB.D4)_H$

A　B　D　4

同样，八进制数或十六进制数转换为二进制数，只要将 1 位（八进制数或十六进制数）转换为 3 或 4 位（二进制数）表示即可。

例如：

$(6237.26)_O = (\underline{110}\ \underline{010}\ \underline{011}\ \underline{111}.\ \underline{010}\ \underline{110})_B$

6　2　3　7　2　6

$(2D5C.74)_H = (\underline{0010}\ \underline{1101}\ \underline{0101}\ \underline{1100}.\ \underline{0111}\ \underline{0100})_B$

2　D　5　C　7　4

### 3. 计算机西文字符编码

计算机中的信息都是用二进制编码形式表示的。用以表示字符的二进制编码称为字符编码。计算机中常用的字符编码有 EBCDIC 码和 ASCII 码。IBM 系列大型机采用 EBCDIC 码，微型机采用 ASCII 码。

美国标准信息交换码（American Standard Code for Information Interchange，ASCII）被国际标准化组织指定为国际标准。它有 7 位码和 8 位码两种版本，其中 7 位码是用 7 位二进制数表示一个字符的编码，其编码范围为 0000000B～1111111B，共有 $2^7$=128 个不同的码值，相应可以表示 128 个不同的字符，包括 10 个数字、26 个小写字母、26 个大写字母、各种标点符号及专用符号、功能符等。数字“0”的 ASCII 码值是 0110000B，即 30H（其他数字的 ASCII 码值就是在数字“0”的 ASCII 码值的基础上加相应数字值）；字母“A”的 ASCII 码值是 1000001B，即 41H；字母“a”的 ASCII 码值是 1100001B，即 61H（其他字母的 ASCII 码值就是在字母“A”或“a”的 ASCII 码值的基础上加相应的序号值）。

### 4. 计算机中文字符编码

（1）汉字输入码

汉字输入码是利用计算机标准键盘按键的不同排列组合来对汉字的输入进行编码的，也叫外码。目前，汉字输入码种类繁多，基本上可分为音码、形码、语音、手写输入或扫描输入等。若输入法不同，则输入码也不同，但最终存入计算机的总是汉字机内码，与所采用的输入法无关。在输入码与国标码之间存在着对应关系，不同输入码通过输入字典转换为国标码。

（2）汉字国标码

我国于 1980 年制定了国家标准《信息交换用汉字编码字符集基本集》（GB 2312—1980）。汉字国标码简称国标码，有 7445 个字符编码，其中有 682 个非汉字图形符号和 6763 个汉字的代码。6763 个汉字中有第一级汉字 3755 个，第二级汉字 3008 个，第一级汉字按字母顺序排列，第二级汉字按部首顺序排列。一个汉字对应一个区位码，由四位数字组成，前两位数字为区码（1～94），后两位数字为位码（1～94）。非汉字图形符号位于第 1～9 区；第一级汉字 3755 个，位于第 16～

55 区；第二级汉字 3008 个，位于第 56～87 区。1 个国标码用 2 字节存储，1KB 的存储空间能存储 512 个国标码。

（3）汉字机内码

汉字机内码是计算机内部进行文字（字符、汉字）信息处理时使用的编码，简称内码。汉字信息在输入计算机后，都要转换为汉字机内码，才能进行存储、加工、传输、显示和打印等处理。汉字机内码是将国标码的两个字节的最高位分别置为 1 得到的。机内码和国标码之间的差值总是 8080H。

（4）汉字地址码

汉字地址码是指字库中存储汉字字型信息的逻辑地址码。它与汉字机内码有着简单的对应关系。

（5）汉字字型码

汉字字型码也叫字模或汉字输出码，用于计算机显示和打印输出汉字的外形，也就是字体或字库。汉字字型码通常有点阵表示方式和矢量表示方式。用点阵表示汉字的字型时，汉字显示通常使用 16×16 点阵，汉字打印可选用 24×24、32×32、48×48 等点阵。点数越多，打印的字形质量越高，但汉字占用的存储空间也越大，而不同的字体又对应不同的字库。

例如，如果用 16×16 点阵表示一个汉字，则一个汉字占 16 行，每行有 16 个点，在存储时用 2 字节存放 1 行上 16 个点的信息。对应位为“0”，表示该点为“白”；对应位为“1”，表示该点为“黑”。因此，一个 16×16 点阵的汉字占 32 字节。要存放 10 个 24×24 点阵的汉字字模，需要 10×24×24/8=720 字节。

（6）各种汉字代码之间的关系

汉字的输入、处理和输出的过程实际上是汉字的各种代码之间的转换过程。图 1-1 所示为汉字代码在汉字信息处理系统中的位置及它们之间的关系。

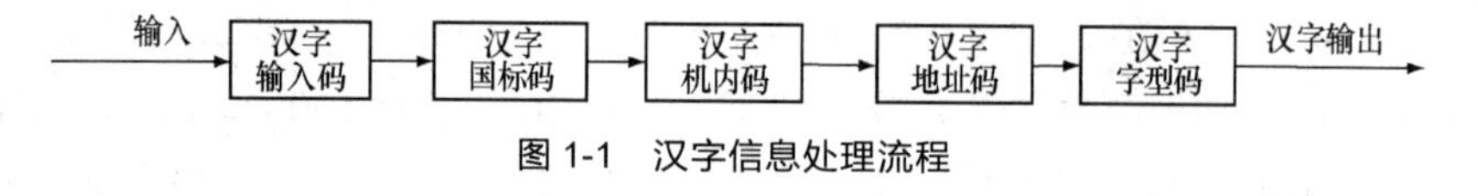


图 1-1　汉字信息处理流程

汉字国标码的编码范围为 2121H～7E7EH。区位码和国标码之间的转换方法是，将一个汉字的十进制区码和十进制位码分别转换成十六进制数，然后再分别加上 20H，就成为此汉字的国标码。

汉字国标码 ＝ 汉字区位码＋2020H

而得到汉字的国标码之后，就可以使用以下公式计算汉字机内码。

汉字机内码 ＝ 汉字国标码＋8080H

# 1.3　多媒体技术

1. 多媒体技术概念

媒体（Media）是指承载和传输某种信息或物质的载体。按照国际电信联盟制定的广义媒体分类标准，可以将媒体分为感觉媒体（视觉、听觉、触觉）、表示媒体（计算机数据格式）、表现媒体（输入、输出）、存储媒体（存储介质）和传输媒体（网络传输介质）等 5 大类。

多媒体（Multimedia）是指融合两种或两种以上的媒体信息的载体，信息借助这些载体进行处理和集成呈现。可以理解为多媒体就是文本、图像、声音等多种形式的信息进行科学整合形成的一种信息媒体。

多媒体技术（Multimedia Technology）是指利用计算机技术对多种不同形式的媒体信息进行综合处理和控制，使这些媒体信息的各个要素之间建立逻辑连接，完成一系列随机性交互式操作的技术。它是一种以计算机为核心的综合技术，包括数字化处理技术、数字化音频视频技术、现代通信技术、现代网络技术、计算机硬件和软件技术、大众媒体技术、虚拟现实技术、人机交互技术等，因此它是一门跨学科的综合性高新技术。

2. 多媒体技术的特征

多媒体技术除信息载体的多样化以外，还具有交互性、集成性、多样性、实时性、非线性等关键特性，它使得高效而方便地处理多种媒体信息成为可能。

（1）交互性

交互性是指多媒体技术可以实现人按照自己的思维习惯和意愿对信息的主动选择和控制，具有人机交互功能。交互性是多媒体技术的关键特性，没有交互性的系统就不是多媒体系统。

（2）集成性

集成性是指以计算机为中心，采用数字信号将多种媒体信息（文本、图像、声音等）有机地组织在一起，共同表达一个完整的概念。

（3）多样性

多样性是指多媒体信息是多样化和多维化的，同时也指媒体输入、传播、再现和展示手段的多样化。

（4）实时性

实时性是指声音与视频必须在时间上保持同步和连续。

（5）非线性

非线性是指多媒体技术可借助超文本链接的方法，把内容以一种更灵活、更具变化的方式呈现给读者。这将改变人们传统的线性读写模式。

3. 多媒体信息数字化

多媒体信息数字化是指以数字化为基础，对多种媒体信息（包括音频即声音、图像、视频等）进行采样、量化和编码等，并在各种媒体信息之间建立起有机的逻辑联系，使之成为一个具有良好交互性的整体。

声音通过高频率的采样来实现数字化记录并存储，图像是以 RGB 或 CMYK 等数字化格式存储的，视频也是通过色彩及声音信息的量化数字信息来记录的。

4. 常用媒体文件格式

（1）音频文件格式

在多媒体系统中，声音是必不可少的。存储声音信息的文件格式有多种，包括 WAV、MIDI、MP3、RA、WMA 等。

WAV 文件（.wav）：WAV 是微软采用的波形声音文件存储格式，声音直接录制自外部音源（话筒、录音机），经声卡转换成数字化信息，播放时还原成模拟信号输出。WAV 文件直接记录真实声音的二进制采样数据，通常文件较大，多用于存储简短的声音片段。

MIDI 文件（.midi）：乐器数字接口（Musical Instrument Digital Interface，MIDI）是电子乐器与计算机之间交换音乐信息的规范，是数字音乐的国际标准。MIDI 文件中的数据记录的是乐曲中的每个音符的数字信息，而不是实际的声音采样，因此 MIDI 文件要比 WAV 文件小很多，而且易于编辑、处理。

MP3 文件（.mp3）：采用 MPEG 音频标准进行压缩的文件。MPEG 音频标准压缩是一种有损压缩，根据压缩质量和编码复杂程度的不同，可分为 3 层（MPEG-1 Audio Layer 1/2/3），分别对应 MP1、MP2、MP3 这 3 种文件，其中 MP3 文件因为其压缩比高、音质接近 CD、制作简单、便于交换等优点，非常适合在网上传播，是目前使用最多的音频文件，其音质稍差于 WAV 文件。

RA 文件（.ra）：RA 是由 Real Network 公司制定的网络音频文件格式，压缩比较高，采用了“音频流”技术，可实时传输音频信息。

WMA 文件（.wma）：WMA 是微软新一代 Windows 操作系统平台音频标准，压缩比高，音质比 MP3 和 RA 格式强，适合网络实时传播。

此外还有其他的音频文件格式，如 UNIX 操作系统下的 Au（.au）文件、苹果机的 AIF（.aif）文件等。

（2）图像文件格式

图像包括静态图像和动态图像。其中，静态图像又可分为矢量图形和位图图像，动态图像又分为视频和动画。常见的静态图像文件格式包括 BMP、GIF、JPEG、TIFF、PNG 等。

BMP 位图文件（.bmp）：BMP 是 Windows 操作系统采用的图像文件存储格式。

GIF 文件（.gif）：GIF 是供联机图形交换使用的一种图像文件格式，目前在网络上被广泛采用，压缩比高，占用空间少，但颜色深度不能超过 8，即 256 色。

JPEG 文件（.jpg/.jpeg）：JPEG 格式压缩比高，适用于处理真彩大幅面图像，可以把文件压缩到很小，是互联网中最受欢迎的图像格式。

TIFF 文件（.tiff）：TIFF 是一种二进制文件格式，广泛用于桌面出版系统、图形系统和广告制作系统，并用于跨平台图形转换。

PNG 文件（.png）：PNG 是适合网络传播的无损压缩流式图像文件格式。

（3）视频文件格式

视频文件一般比其他媒体文件要大一些，常见的视频文件格式包括 AVI、MOV、ASF、WMV、MPG、FLV、RMVB 等。

AVI 文件（.avi）：AVI 是 Windows 操作系统中数字视频文件的标准格式。

MOV 文件（.mov）：MOV 是 QuickTime for Windows 视频处理软件所采用的视频文件格式，其图像画面的质量比 AVI 文件要好。

ASF 文件（.asf）：ASF 是高级流视频格式，主要优点包括可本地或网络回放、可扩充媒体类型、可部件下载以及扩展性好等。

WMV 文件（.wmv）：WMV 是 Windows 操作系统媒体视频文件格式，Windows Media 的核心。

MPG 文件（.mpeg/.dat/.mp4）：MPG 是包括 MPEG-1、MPEG-2 和 MPEG-4 在内的视频格式，MPEG 系列标准已成为国际上影响最大的多媒体技术标准。

FLV 文件（.flv）：FLV 是 Flash Video 的简称，FLV 流媒体格式是一种新的视频格式。它形成的文件极小、加载速度极快，使得在线观看视频成为可能。

RMVB 文件（.rmv/.rmvb）：RMVB 前身为 RM 格式，是 Real Networks 公司制定的视频压缩规范，根据不同的网络传输速率制定出不同的压缩比率，从而实现在低速率的网络上进行影像数据实时传送和播放，具有体积小、品质接近于 DVD 的优点，是主流的视频格式之一。

5. 多媒体数据压缩

多媒体信息数字化之后，其数据量往往非常庞大。为了解决视频、音频数据的大容量存储和实时传输问题，除了提高计算机本身的性能及通信信道的带宽外，更重要的是对多媒体数据进行有效的压缩。

数据压缩实际上是一个编码过程，即对原始的数据进行编码压缩，因此，数据压缩方法也称为编码方法。数据压缩可以分为无损压缩和有损压缩两种类型。

## 1.4 计算机病毒及其防治

计算机安全的最大威胁是计算机病毒（Computer Virus）。计算机病毒是一种特殊的程序，它能自我复制到其他程序体内，影响和破坏程序的正常执行和数据的正确性；或者非法入侵并隐藏在存储介质中的引导部分、可执行程序或数据文件中，在一定条件下被激活，从而破坏计算机系统。

在《中华人民共和国计算机信息系统安全保护条例》中，计算机病毒被明确定义为“编制或者在计算机程序中插入的破坏计算机功能或者破坏数据，影响计算机使用，并能自我复制的一组计算机指令或者程序代码”。

1. 计算机病毒的特征和分类

（1）计算机病毒的特征

计算机病毒一般具有寄生性、破坏性、传染性、潜伏性和隐蔽性等特征。

（2）计算机病毒的分类

计算机病毒的分类方法很多，按计算机病毒的感染方式，分为引导区型病毒、文件型病毒、混合型病毒、宏病毒、Internet 病毒（网络病毒）等 5 类。

2. 计算机病毒的防治

（1）计算机感染病毒的常见症状

尽快发现计算机病毒，是有效控制病毒危害的关键。检查计算机有无病毒一是靠反病毒软件进行检测，二是要细心留意计算机运行时是否有异常状况。下列异常现象可作为检查计算机病毒时的参考症状。

- 系统的内存空间明显变小。
- 磁盘文件数目无故增多。
- 文件或数据无故丢失，或文件长度自动发生了变化。
- 系统引导或程序装入时速度明显减慢，或正常情况下可以运行的程序却突然因内存不足而不能装入。
- 计算机经常出现异常死机和重启动现象。

✧ 系统不承认硬盘或硬盘不能引导系统。

✧ 显示器上经常出现一些莫名其妙的信息。

✧ 文件的日期/时间被修改成最近的日期或时间（用户自己并没有修改）。

✧ 编辑文本文件时，频繁地自动存盘。

（2）计算机病毒的清除

发现计算机病毒应立即清除，将病毒危害降到最低限度。发现计算机病毒后的解决方法如下。

✧ 启动最新的反病毒软件，对整个计算机系统进行病毒扫描和清除，使系统或文件恢复正常。

✧ 如果可执行文件中的病毒不能被清除，一般应将其删除，然后重新安装相应的应用程序。

✧ 某些病毒在 Windows 状态下无法完全清除，此时应用事先准备好的干净系统引导盘引导系统，然后运行相关反病毒软件进行清除。

✧ 如果计算机染上了病毒，反病毒软件也被破坏了，最好立即关闭系统，以免更多的文件遭受破坏。然后应用事先准备好的干净系统引导盘引导系统，安装和运行相关反病毒软件进行清除。

**3. 计算机病毒的防范**

计算机病毒主要通过移动存储介质（如 U 盘、移动硬盘）和计算机网络两大途径进行传播。人们从工作实践中总结出一些预防计算机病毒的简易可行的措施，这些措施实际上是要求用户养成使用计算机的良好习惯，具体归纳如下。

✧ 有效管理系统内建的 Administrator 账户、Guest 账户以及用户创建的账户，包括密码管理、权限管理等，使用计算机系统的口令来控制对系统资源的访问，以提高系统的安全性。这是防病毒措施中最容易和最经济的方法之一。

✧ 安装有效的反病毒软件并根据实际需求进行安全设置。同时，定期升级反病毒软件并经常全盘查毒、杀毒。这也是预防病毒的重中之重。

✧ 打开反病毒软件的“系统监控”功能，从注册表、系统进程、内存、网络等多方面对病毒进行主动防御。

✧ 扫描系统漏洞，及时更新系统补丁。

✧ 对于未检测过是否感染病毒的光盘、U 盘及移动硬盘等移动存储设备，在使用前应首先用反病毒软件查毒，未经检查的可执行文件不能复制到硬盘，更不能使用。

✧ 不使用盗版或来历不明的软件，浏览网页、下载文件时要选择正规的网站，对下载的文件使用反病毒软件进行检查。

✧ 尽量使用具有查毒功能的电子邮箱，尽量不要打开陌生的可疑邮件。

✧ 禁用远程功能，关闭不需要的服务。

✧ 合理修改 IE 浏览器中与安全相关的设置。

✧ 关注流行计算机病毒的感染途径、发作形式及防范方法，做到预先防范，感染后及时查毒以避免遭受更大的损失。

✧ 准备一张干净的系统引导光盘或 U 盘，并将常用的工具软件复制到该盘上，然后妥善保存。一旦系统受到病毒侵犯，就可以使用该盘引导系统，进行检查、杀毒等操作。

✧ 分类管理数据，对各类重要数据、文档和程序应分类备份保存。

# 1.5　计算思维与计算机新技术

1. 计算思维

（1）计算思维的定义

计算思维是运用计算机科学的基础概念进行问题求解、系统设计以及人类行为理解等涵盖计算机科学之广度的一系列思维活动，由周以真于 2006 年 3 月首次提出。2010 年，周以真教授又指出计算思维是与形式化问题及其解决方案相关的思维过程，其解决问题的表示形式应该能有效地被信息处理智能体执行。

（2）计算思维的特性

✧　计算思维是概念化的抽象思维，而非程序化思维。

✧　计算思维是根本的技能，而非刻板的技能。

✧　计算思维是人的思维，而非机器的思维。

✧　计算思维是数学和工程思维的互补与融合。

✧　计算思维是思想，而非人造物。

（3）计算思维的问题求解步骤

计算思维的问题求解要经过以下 4 个步骤。

① 把实际问题抽象为数学问题并建模，也就是将人对问题的理解用数学语言描述。

② 模型映射，将数学模型中的变量和规则用特定的符号表示。

③ 用特定计算机语言把解决问题的逻辑分析过程用算法描述，即把解题思路变成计算机指令形式。

④ 计算机按顺序自动执行指令，实现问题求解。

综上所述，计算思维是与人类思维活动同步发展的思维模式，它融合了数学思维（问题求解的方法）、工程思维（设计、评价大型复杂系统）和科学思维（理解可计算性、智能、心理和人类行为），是涵盖了计算机科学之广度的一系列思维活动。计算思维是一直存在的科学思维方式，它的明确和建立经历了较长的时间，计算机的出现和应用促进了计算思维的发展和应用。

2. 计算机新技术

（1）云计算

云计算（Cloud Computing）是分布式计算的一种，指的是通过网络“云”将巨大的数据计算处理程序分解成无数个小程序，然后，通过多部服务器组成的系统运行这些小程序，得到结果并返回给用户。简单地说，云计算早期就是简单的分布式计算，解决任务分发，并进行计算结果的合并。因而，云计算又称为网格计算。通过这项技术，可以在很短的时间内（几秒）完成对数以万计的数据的处理，从而实现强大的网络服务。

现阶段所说的云服务已经不单单是一种分布式计算，而是分布式计算、效用计算、负载均衡、并行计算、网络存储、热备份和虚拟化等计算机技术混合演进并跃升的结果。

（2）大数据

大数据（Big Data），IT 行业术语，是指无法在一定时间范围内用常规软件工具进行捕捉、管理和处理的数据集合，是需要新处理模式来转化为更强的决策力、洞察发现力和流程优化能力的海量、高增长率和多样化的信息资产。

在维克托·迈尔-舍恩伯格及肯尼斯·库克耶编写的《大数据时代》中，大数据指不用随机分析法（抽样调查）这种捷径，而对所有数据进行分析处理。大数据的5V特点：Volume（大量）、Velocity（高速）、Variety（多样）、Value（低价值密度）、Veracity（真实性）。

（3）虚拟现实技术

虚拟现实（Virtual Reality，VR）技术又称灵境技术，是20世纪发展起来的一项全新的实用技术。虚拟现实技术囊括计算机技术、电子信息技术、仿真技术，其基本实现方式是用计算机模拟虚拟环境，从而给人以环境沉浸感。随着社会生产力和科学技术的不断发展，各行各业对VR技术的需求日益旺盛，VR技术也取得了巨大进步，并逐步成为一个新的科学技术领域。

## 【实验及操作指导】

# 实验1　鼠标、键盘操作

实验1-1：掌握计算机的基本操作方法。（熟悉鼠标、键盘的操作，熟悉中英文输入及输入方法状态切换。）

### 【实验内容】

1. 鼠标操作

指向：将鼠标指针移动到指定的操作对象上，通常会激活对象或显示该对象的有关提示信息。

单击：鼠标指向某个操作对象后单击左键，可以选定该对象。

双击：鼠标指向某个操作对象后双击左键，可以打开或运行该对象窗口或应用程序。

右键单击：鼠标指向某个操作对象后单击右键，可以打开相应的快捷菜单。

拖动：鼠标指向某个操作对象后按住左键并拖曳鼠标指针，可以实现移动操作。

2. 熟悉键盘布局及各键的功能

键盘是计算机最常用的输入设备。PC键盘通常分为主键盘区、功能键区、编辑键区、小键盘区（辅助键区）和状态指示区等5个区域，如图1-2所示。

图1-2　常规键盘示意图

键盘的组成及功能介绍如表 1-1 所示。

**表 1-1　　键盘的组成及功能介绍**

| 键（或区域） | 功能 |
| --- | --- |
| 主键盘区 | |
| 字母键 | 主键盘区的中心区域，按字母键，屏幕上就会出现对应的字母 |
| 数字键 | 主键盘区第一排，直接按数字键，可输入数字，按住<Shift>键不放，再按数字键，可输入数字上方的符号 |
| Tab | 制表键。按此键一次，光标后移若干个字符（通常为 8 个字符） |
| Caps Lock | 大小写转换键。按此键，若键盘右上方 Caps Lock 指示灯亮，即大写锁定，输入字母切换为大写状态；否则为小写状态 |
| Shift | 上挡键。也可用于中英文转换，主键盘区共有两个。按住此键不放，再按双字符键，则输入上挡字符 |
| Ctrl、Alt | 控制键。与其他键配合实现特殊功能 |
| Backspace | 退格键。按此键一次，删除光标左侧一个字符 |
| Space Bar | 空格键。按此键一次，当前光标处产生一个空格 |
| Enter | 回车键。确定有效或结束逻辑行 |
| 功能键区 | |
| Esc | 取消键或退出键。一般被定义为取消当前操作或退出当前窗口 |
| Print Screen | 打印键/拷屏键。按此键可将整个屏幕复制到剪贴板；按<Alt + Print Screen>组合键可将当前活动窗口复制到剪贴板 |
| Pause Break | 暂停键。用于暂停执行程序或命令，按任意字符键后，再继续执行 |
| F1～F12 | 功能键。其功能由操作系统或应用程序所定义 |
| 编辑键区 | |
| Ins/Insert | “插入/改写”转换键。按此键进行“插入/改写”方式转换，在光标左侧插入字符或覆盖光标右侧字符 |
| Del/Delete | 删除键。按此键，删除光标右侧字符 |
| PgUp/PageUp | 向上翻页键。按此键一次，光标上移一页 |
| PgDn/PageDown | 向下翻页键。按此键一次，光标下移一页 |
| Home | 行首键。按此键，光标移到行首 |
| End | 行尾键。按此键，光标移到行尾 |
| ← | 光标移动键。按此键一次，光标左移一列 |
| → | 光标移动键。按此键一次，光标右移一列 |
| ↑ | 光标移动键。按此键一次，光标上移一行 |
| ↓ | 光标移动键。按此键一次，光标下移一行 |
| 小键盘区（辅助键区） | |
| 数字键 | 当 Num Lock 指示灯亮时，该区处于数字键状态，可输入数字和运算符号 |
| 编辑键 | 当 Num Lock 指示灯灭时，该区处于编辑键状态，可进行光标移动、翻页和插入、删除等编辑操作 |
| 状态指示区 | |
| Num Lock 指示灯 | 通过 Num Lock 指示灯的亮灭，可判断出小键盘区状态 |
| Caps Lock 指示灯 | 通过 Caps Lock 指示灯的亮灭，可判断出字母大小写状态 |
| Scroll Lock 指示灯 | 通过 Scroll Lock 指示灯的亮灭，可判断出滚动锁定状态 |

3. 输入方法状态切换

可以使用以下两种方式对输入方法进行状态切换。

✧ 中文与英文输入状态切换：使用<Ctrl+空格>组合键。

✧ 各种中文输入方法之间的切换：使用<Ctrl+Shift >组合键。

注意

录入短文时，尽量使用词组输入，这样可以加快录入速度，也可减少重码。可以定时训练，测试自己的录入速度。

实验 1-2：掌握计算机的基本操作方法。（添加和删除输入法，设置鼠标属性。）

## 【实验内容】

1. 添加和删除输入法

操作系统自带输入法，用户可以根据需要自行添加其他输入法，也可将不常用或多余的输入法删除，以节约选择输入法的时间。具体操作步骤如下。

① 单击“开始”菜单→“设置”命令，打开“Windows 设置”对话框，如图 1-3 所示。选择“时间和语言”选项，打开“时间和语言”设置对话框，如图 1-4 所示。在对话框中选择“语言”选项，打开“语言”设置对话框，如图 1-5 所示。

图 1-3 “Windows 设置”对话框

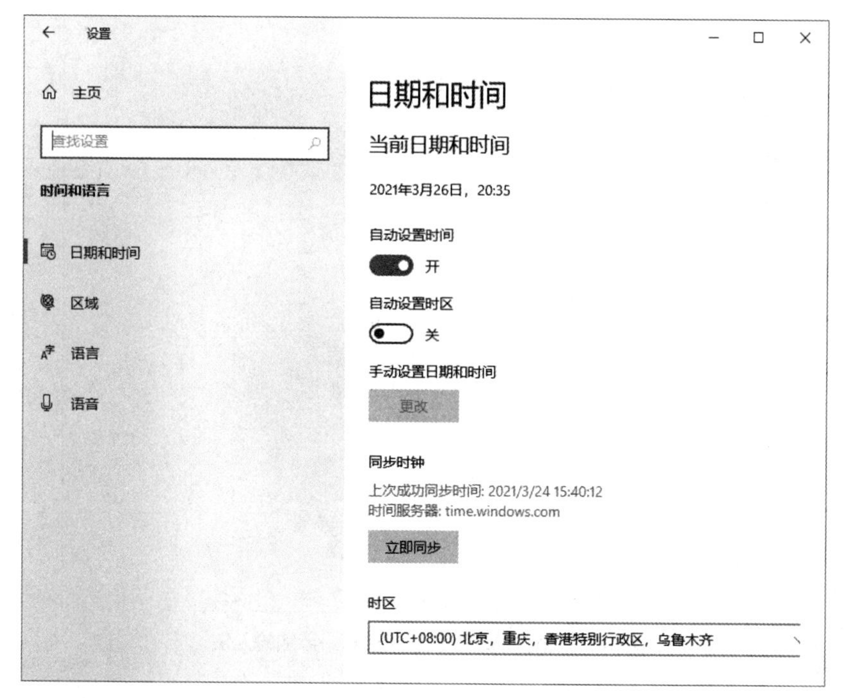


图 1-4 “时间和语言”设置对话框

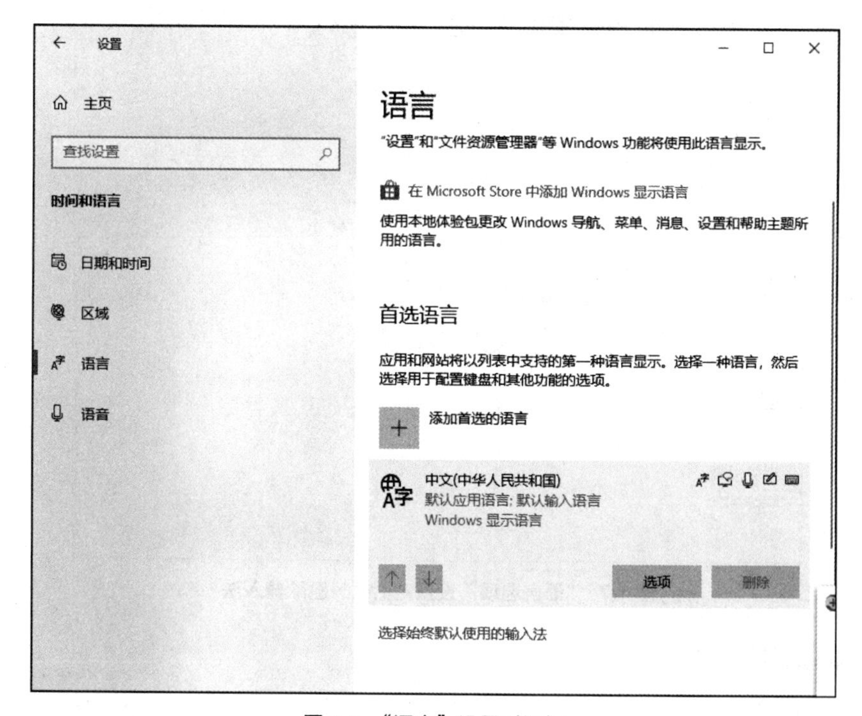


图 1-5 “语言”设置对话框

② 单击“添加首选的语言”→“中文（中华人民共和国）”→“选项”按钮，打开“语言选项”设置对话框。在对话框中选择“键盘”→“添加键盘”选项，可以添加需要的输入法，如图 1-6 所示。

③ 在“语言选项”设置对话框中选择“键盘”下不用的输入法，单击“删除”按钮，即可卸载不需要的输入法，如图 1-7 所示。

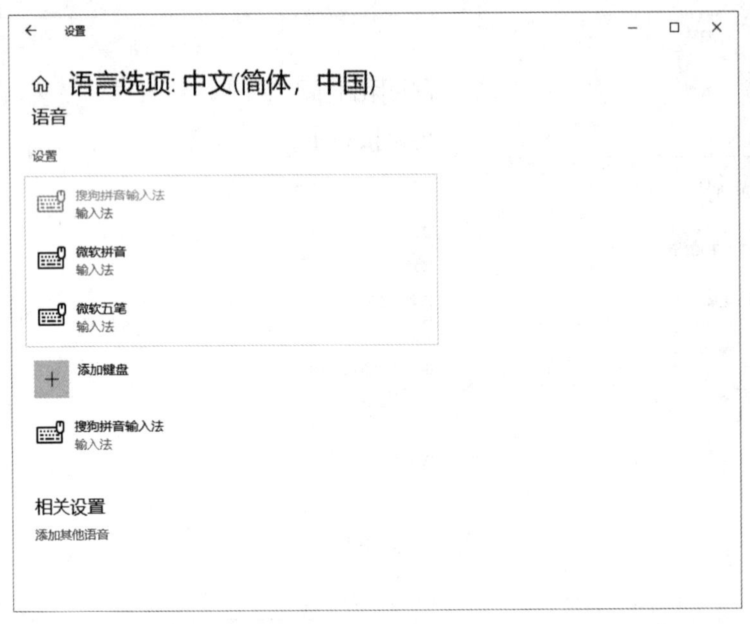


图 1-6 “语言选项”设置对话框→添加输入法

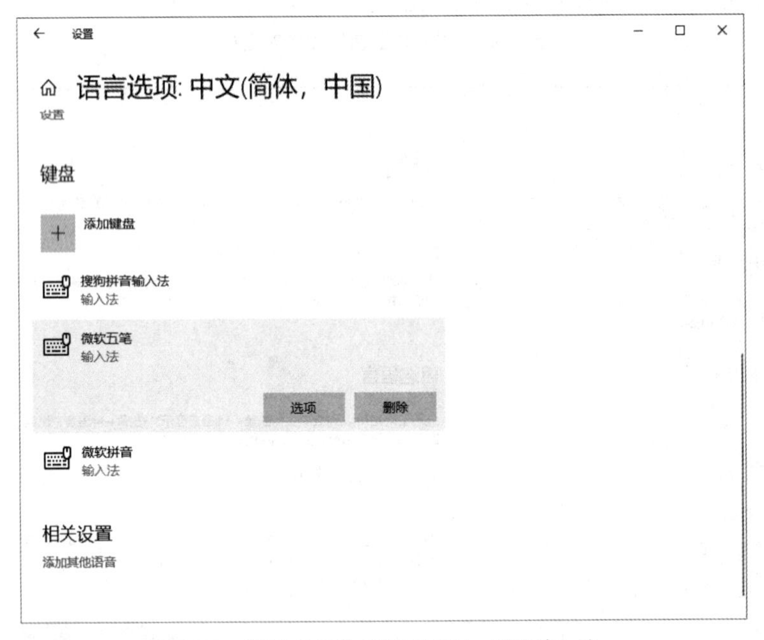


图 1-7 “语言选项”设置对话框→删除输入法

2. 设置鼠标属性

具体操作步骤如下。

① 单击“开始”菜单→“设置”命令，打开“Windows 设置”对话框（见图 1-3）。选择“设备”选项，在打开的“设备”设置对话框中选择“鼠标”选项，打开“鼠标”设置对话框，如图 1-8 所示。

② 在“鼠标”设置对话框中，可对“选择主按钮”项和“滚动鼠标滚轮即可滚动”项进行设置，还可以单击“其他鼠标选项”，打开“鼠标 属性”对话框，如图 1-9、图 1-10 所示。

图 1-8　“鼠标”设置对话框

图 1-9　“鼠标 属性”对话框→“鼠标键”标签页

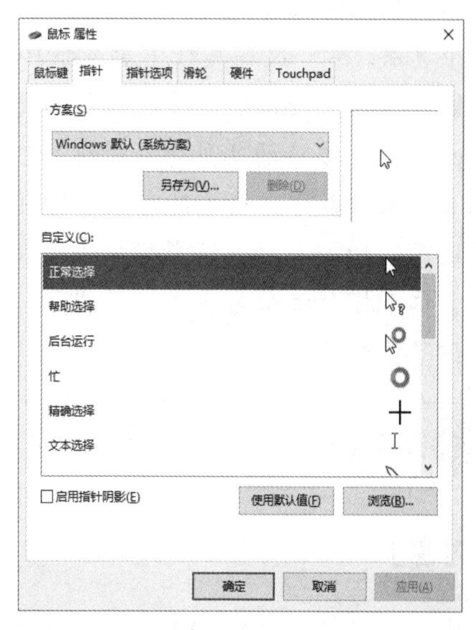


图 1-10　“鼠标 属性”对话框→“指针”标签页

③ 在“鼠标 属性”对话框中，可分别单击“鼠标键”“指针”“指针选项”“滑轮”等标签页，进行相应选项的鼠标属性设置。

④ 设置完成后，单击“确定”按钮即可。

 **实验 1-3：** 英文录入。（熟练掌握英文语句及单词的输入方式。）

## 【实验内容】

完成下列英文录入。输入方法不限，要保持正确的计算机操作姿势和键盘键入指法。

Abstract: Because of a shortage of parking spaces, illegal and sidewalk parking are becoming increasingly prominent in cities. Finding effective measures to increase parking space and alleviate parking problems are challenges faced by many cities. On the basis of research on parking lot distribution and parking rules, this paper proposes a strategy of free and shared parking. Charges for public parking lots should be suspended and parking management should be strengthened. New public buildings, while satisfying their own parking needs, should also take on the responsibility of providing some public parking spaces. Residential districts and public buildings could share their parking spaces.

**实验 1-4**：综合录入。（熟练掌握中文、英文和各种标点符号的输入方式，输入法不限。）

## 【实验内容】

完成下列文字的录入。输入方法不限，要保持正确的计算机操作姿势和键盘键入指法。

“算法”即演算法的中文名称出自《周髀算经》；而英文名称 Algorithm 来自于 9 世纪波斯数学家 al-Khwarizmi，因为 al-Khwarizmi 在数学上提出了算法这个概念。“算法”原为“algorism”，意思是阿拉伯数字的运算法则，在 18 世纪演变为“algorithm”。欧几里得算法被人们认为是史上第一个算法。第一次编写程序是 Ada Byron 于 1842 年为巴贝奇分析机编写求解伯努利方程的程序，因此 Ada Byron 被大多数人认为是世界上第一位程序员。因为查尔斯 • 巴贝奇（Charles Babbage）未能完成他的巴贝奇分析机，这个算法未能在巴贝奇分析机上执行。因为“well-defined procedure”缺少数学上精确的定义，19 世纪和 20 世纪早期的数学家、逻辑学家在定义算法上出现了困难。20 世纪的英国数学家图灵提出了著名的图灵论题，并提出一种假想的计算机的抽象模型，这个模型被称为图灵机。图灵机的出现解决了算法定义的难题，图灵的思想对算法的发展起到了重要作用。

**实验 1-5**：综合录入。（熟练掌握中文、英文和各种标点符号的输入方式，输入法不限。）

## 【实验内容】

完成下列文字的录入。输入方法不限，要保持正确的计算机操作姿势和键盘键入指法。

算法（Algorithm）是对解题方案的准确而完整的描述，是一系列解决问题的清晰指令，即用系统的方法描述解决问题的策略机制。也就是说，针对符合一定规范的输入，利用算法能在有限时间内获得所要求的输出。一个算法一般具有以下几个基本特征。

（1）可行性（Effectiveness）。算法中执行的任何计算步骤都可以被分解为基本的可执行的操作步骤，即每个计算步骤都可以在有限时间内完成（也称之为有效性）。

（2）确切性（Definiteness）。算法的每一步骤必须有确切的定义。

（3）有穷性（Finiteness）。算法必须能在执行有限个步骤之后终止。

（4）输入项（Input）。一个算法有 0 个或多个输入，以刻画运算对象的初始情况，所谓 0 个输入是指算法本身定出了初始条件。

（5）输出项（Output）。一个算法有一个或多个输出，以反映对输入数据加工后的结果。没有输出的算法是毫无意义的。

**实验 1-6：**中文录入。（熟练掌握中文和各种标点符号的输入方式，输入法不限。）

## 【实验内容】

完成下列文字的录入。输入方法不限，要保持正确的计算机操作姿势和键盘键入指法。

算法可大致分为基本算法、数据结构的算法、数论与代数算法、计算几何的算法、图论的算法、动态规划以及数值分析、加密算法、排序算法、检索算法、随机化算法、并行算法，厄米变形模型，随机森林算法。算法可以分为三类。

（1）有限的确定性算法。这类算法在有限的时间内终止。它们可能要花很长时间来执行指定的任务，但仍将在一定的时间内终止。这类算法得出的结果常取决于输入值。

（2）有限的非确定性算法。这类算法在有限的时间内终止，然而，对于一个（或一些）给定的输入值，算法的结果并不是唯一的或确定的。

（3）无限算法。由于没有定义终止定义条件，或定义的条件无法由输入的数据满足而不终止运行的算法。通常，无限算法的产生是由于未能明确定义终止条件。

02

# 第2章 计算机系统

【大纲要求重点】

- 计算机硬、软件系统的组成及主要技术指标。
- 操作系统的基本概念、功能、种类。
- Windows 10 操作系统的基本概念和常用术语：文件、文件夹、库等。
- Windows 10 操作系统的基本操作和应用：掌握桌面外观的设置方法，熟练掌握文件资源管理器的操作与应用，掌握文件、磁盘、显示属性的查看、设置等操作方法，掌握检索文件、查询程序的方法，掌握基本的网络配置方法。
- 了解硬、软件的基本系统工具。

## 【知识要点】

## 2.1 计算机系统的组成

### 1. 计算机的工作原理

计算机的基本工作原理是存储程序和程序控制。计算机的工作过程就是执行程序的过程，即把预先设计好的操作序列（称为程序）和原始数据通过输入设备输送到计算机内存储器中，按照程序的顺序一步一步取出指令，自动地完成指令规定的操作。这一原理最初是由美籍匈牙利数学家冯·诺依曼提出的，故也称为冯·诺依曼原理。

### 2. 计算机系统的组成

一个完整的计算机系统由计算机硬件系统及软件系统两大部分构成。硬件系统是指计算机系统中的实际装置，是构成计算机的看得见、摸得着的物理部件，它是计算机的“躯体”。软件系统是指计算机所需的各种程序及有关资料，它是计算机的“灵魂”。

# 2.2 计算机的硬件系统

1. 计算机硬件系统的组成

尽管各种计算机在性能、用途和规模上有所不同，但其基本结构都遵循冯 • 诺依曼体系，由运算器、控制器、存储器、输入设备和输出设备 5 个部分组成。

（1）运算器

运算器又称为算术逻辑单元（Arithmetic Logic Unit，ALU），是计算机对数据进行加工处理的部件。它的主要功能是执行各种算术运算和逻辑运算。

（2）控制器

控制器是计算机指挥和控制其他各部件工作的指挥中心，是计算机的神经中枢。它的基本功能就是从内存中取出指令和执行指令，对计算机各部件发出相应的控制信息，接收各部件反馈回来的信息，并根据指令的要求使它们协调工作。

运算器和控制器是整个计算机系统的核心部件，这两部分集成在一起合称为中央处理单元（Central Processing Unit，CPU），又称为中央处理器，它可以直接访问内存储器。

（3）存储器

存储器分为两大类，一类是内存储器（简称内存或主存），主要用于临时存放当前运行的程序和所使用的数据。另一类是外存储器（简称外存或辅存），主要用于永久存放暂时不使用的程序和数据。

内存按其功能可划分为随机存取存储器（Random Access Memory，RAM）、只读存储器（Read Only Memory，ROM）、高速缓冲存储器（Cache）等。

随机存取存储器（RAM）：其特点是可以读出，也可以写入。读出时并不改变原来存储的内容，只有写入时才修改原来存储的内容。一旦断电（关机），存储内容立即消失，即具有易失性。

只读存储器（ROM）：其特点是只能读出原有的内容，不能由用户再写入新内容。存储的内容是由厂家一次性写入的，并永久保存下来。它一般用来存放专用的固定程序和数据，断电后信息不会丢失。

高速缓冲存储器（Cache）：位于 CPU 与内存之间的存储器，即 CPU 的缓存。它的存取速度比普通内存快得多，但容量有限，主要用于提高 CPU“读写”程序、数据的速度，从而提高计算机整体的工作速度和整个系统的性能。

外存储器用于备份和补充。外存储器一般容量大，但存取速度相对较慢。目前，常用的外存储器有硬盘、U 盘和光盘等。

（4）输入设备

输入设备负责将数字、文字、符号、图形、图像、声音等信息输送到计算机中。常用的输入设备有键盘、鼠标，此外还有扫描仪、摄像头、触摸屏、条形码阅读器、光学字符阅读器、语音输入设备、书写输入设备、光笔、数码相机等。

（5）输出设备

输出设备负责将主机内的信息转换成数字、文字、符号、图形、图像、声音等形式进行输出。

常用的输出设备有显示器、打印机，此外还有绘图仪、影像输出设备、语音输出设备、磁记录设备等。

2. 计算机的结构

计算机硬件系统的5个部分并非孤立存在，它们在处理信息的过程中需要相互连接以实现传输，计算机的结构反映了计算机各个组成部件之间的连接方式。

早期计算机主要采用直接连接的方式，运算器、控制器、存储器和外部设备之间都有单独的连接线路。

现代计算机普遍采用总线结构。总线（Bus）是一种内部结构，它是CPU、内存、输入设备、输出设备之间传递信息的公用通道，主机的各个部件通过总线相连接，外部设备通过相应的接口电路与总线相连接，从而形成计算机硬件系统。按照所传输的信息种类，计算机的总线可以划分为数据总线、地址总线和控制总线，分别用来传输数据、数据地址和控制信号。

## 2.3 计算机的软件系统

计算机软件系统是为运行、管理和维护计算机而编制的各类程序、数据及相关文档的总称。计算机软件系统与硬件系统相互依存，软件依赖于硬件的物质条件，而硬件在软件支配下才能有效地工作。

1. 计算机软件的概念

软件是用户与硬件之间的接口，用户通过软件使用计算机硬件资源，软件的主体是程序。程序是按一定顺序执行并能完成某一任务的指令集合。用于书写计算机程序的语言则称为程序设计语言。

程序设计语言一般分为机器语言、汇编语言和高级语言3类。

机器语言：采用直接与计算机联系的二进制代码指令的计算机编程语言，是第一代计算机语言，也是唯一能够由计算机直接识别和执行的语言。对于计算机而言，机器语言不需要任何翻译，但对人而言，机器语言不易记忆，难以修改。

汇编语言：采用能反映指令功能的助记符的计算机语言，即第二代计算机语言。汇编语言是符号化的机器语言。用汇编语言写出的程序称为汇编语言源程序，必须翻译成机器语言目标程序才能在计算机中执行，这个翻译过程称为汇编。

高级语言：机器语言和汇编语言都是面向机器的语言。高级语言表面上与具体的计算机指令无关，描述方法接近人类自然语言和数学公式，并具有共享性、独立性等特点。用高级语言编辑输入的程序称为源程序，必须翻译成机器语言目标程序才能在计算机中执行，翻译有编译方式和解释方式。常用的高级语言有Python、C、C++、Java等。

2. 计算机软件系统的组成

计算机软件分为系统软件（System Software）和应用软件（Application Software）两大类。

（1）系统软件

系统软件由一组控制计算机系统并管理其资源的程序组成，其主要功能包括启动计算机，存储、加载和执行应用程序，对文件进行排序、检索，将程序语言翻译成机器语言等。系统软件主要包括操作系统、语言处理系统、数据库管理系统和系统辅助处理程序等，其中最主要的是操作系统，它处在计算机系统的核心位置，可以直接支持用户使用计算机硬件，也支持用户通过应用软件使用计算机。

（2）应用软件

应用软件是用户可以使用的用各种程序设计语言编制的应用程序的集合。常用的应用软件有通用办公处理软件、多媒体处理软件、Internet 工具软件和专用应用软件等。

## 2.4　操作系统

### 1. 操作系统的概念

操作系统（Operating System，OS）是介于硬件和应用软件之间的一个系统软件，是对计算机硬件系统的第一次扩充。操作系统负责控制和管理计算机系统中的各种硬件和软件资源，合理地组织计算机系统的工作流程，为其他软件提供单向支撑，为用户提供一个使用方便、可扩展的工作平台和环境。

操作系统中的重要概念有进程、线程、内核态和用户态。

进程：操作系统中的一个核心概念，一般是指“进行中的程序”，即：进程=程序+执行。

线程：进程的一个实体，是 CPU 调度和分派的基本单位，它是比进程更小的能独立运行的基本单位。

内核态和用户态：内核态即特权态，拥有计算机中所有的软硬件资源，享有最高权限，一般关系到计算机根本运行的程序应该在内核态下执行（如 CPU 管理和内存管理）。用户态即普通态，其访问资源的数量和方式均受到限制，一般将仅与用户数据和应用相关的程序放在用户态下执行。

### 2. 操作系统的功能和种类

（1）操作系统的功能

操作系统是对计算机系统进行管理、控制、协调的程序的集合，其功能按这些程序所要管理的资源来确定。操作系统的功能主要包括处理机管理、存储器管理、作业管理、信息管理、设备管理等。

（2）操作系统的种类

操作系统的种类繁多，按照功能和特性可分为批处理操作系统、分时操作系统和实时操作系统等，按照同时管理用户数的多少可分为单用户操作系统和多用户操作系统，按照有无管理网络环境的能力可分为网络操作系统和非网络操作系统。通常操作系统有单用户操作系统（Single User Operating System）、批处理操作系统（Batch Processing Operating System）、分时操作系统（Time-Sharing Operating System）、实时操作系统（Real-Time Operating System）、网络操作系统（Network Operating System）等 5 种主要类型。

### 3. 常用操作系统

在计算机的发展过程中，出现过许多不同的操作系统，其中常用的有 DOS、macOS、Windows、Linux、FreeBSD、UNIX/Xenix、OS/2 等。从应用的角度来看，可将常用的典型操作系统划分为服务器操作系统、PC 操作系统、实时操作系统和嵌入式操作系统 4 类。

## 2.5 Windows 10 操作系统

1. Windows 10 的概念

Windows 操作系统是当前应用范围最广、使用人数最多的个人计算机操作系统。Windows 10 操作系统是 Microsoft 公司在此前的 Windows 版本基础上改进而推出的新一代跨平台、跨设备使用的操作系统，为用户提供了易于使用和操作便捷的应用环境。

Windows 10 在硬件要求、系统性能、可靠性等方面，都远远超过了以往的 Windows 操作系统，是微软开发的非常成功的一款产品。

Windows 10 对硬件的基本要求如下。

✧ 1GHz 32 位或 64 位处理器或 SoC。

✧ 1 GB 物理内存（32 位）或 2 GB 物理内存（64 位）。

✧ 16 GB 可用硬盘空间（32 位）或 20 GB 可用硬盘空间（64 位）。

✧ DirectX 9 图形设备（WDDM 1.0 或更高版本的驱动程序）。

✧ 分辨率在 800 像素×600 像素及以上，或可支持触摸技术的显示设备。

2. 使用和设置 Windows 10

（1）Windows 10 桌面的组成

启动 Windows 10 后，出现的桌面主要包括桌面图标、桌面背景和任务栏。桌面图标主要包括系统图标和快捷图标，和 Windows 其他版本图标的组成相似，操作方式也是一样的。桌面背景可以根据用户的喜好进行设置。任务栏和 Windows 其他版本相比有很多变化，主要由“开始”按钮、快速启动区、语言栏、操作中心以及显示桌面按钮组成。

（2）Windows 10 桌面的个性化设置

桌面外观设置：右键单击桌面空白处，在弹出的快捷菜单中选择“个性化”命令，打开“个性化”窗口，Windows 10 在“主题”下预置了多个主题，直接单击所需主题即可改变当前桌面的外观。

桌面背景设置：如果需要自定义个性化桌面背景，可以在“个性化”窗口中单击“背景”图标，右侧显示桌面背景设置选项，背景设置有“图片”“纯色”“幻灯片放映”3 种模式，根据需要选择一种模式，单击即完成设置。

Metro 应用：Windows Store 中的内置应用，包括时钟、天气、日历等。在任务栏上的搜索框中输入关键字后，在出现的应用名称上单击鼠标右键，选择“固定到‘开始’屏幕”命令，下次就可以在“开始”菜单右侧的动态磁贴区显示该应用。

## 2.6 管理文件和文件夹资源

1. 文件和文件夹管理的概念

（1）文件和文件夹

文件和文件夹是计算机管理数据的重要方式。文件是以单个名称在计算机上以二进制编码形式存储的信息集合，是操作系统管理信息和独立进行存取的基本（或最小）单位。文件夹是图形用户界面中程序和文件的容器，用于存放文件、快捷方式和子文件夹，由一个“文件夹”的图标和文件夹名来表示。文件通常放在文件夹中，文件夹中除了文件外还可有子文件夹，子文件夹又可以包含文件。

（2）文件资源管理器设置

文件资源管理器是 Windows 操作系统提供的资源管理工具，用户可以使用它查看计算机中的所有资源。特别是它提供的树形文件系统结构，能够让用户更清楚、更直观地查看计算机中的文件和文件夹。Windows 10 文件资源管理器以新界面、新功能带给用户新体验。

在任务栏中单击“文件资源管理器”按钮，或在“开始”按钮上单击鼠标右键，在弹出的快捷菜单中选择“文件资源管理器”命令，或使用<Win+E>组合键，打开 Windows 10“文件资源管理器”窗口，如图 2-1 所示。Windows 10 文件资源管理器窗口主要由功能区、地址栏、搜索栏、导航窗格、状态栏、工作区、详细信息窗格等组成。

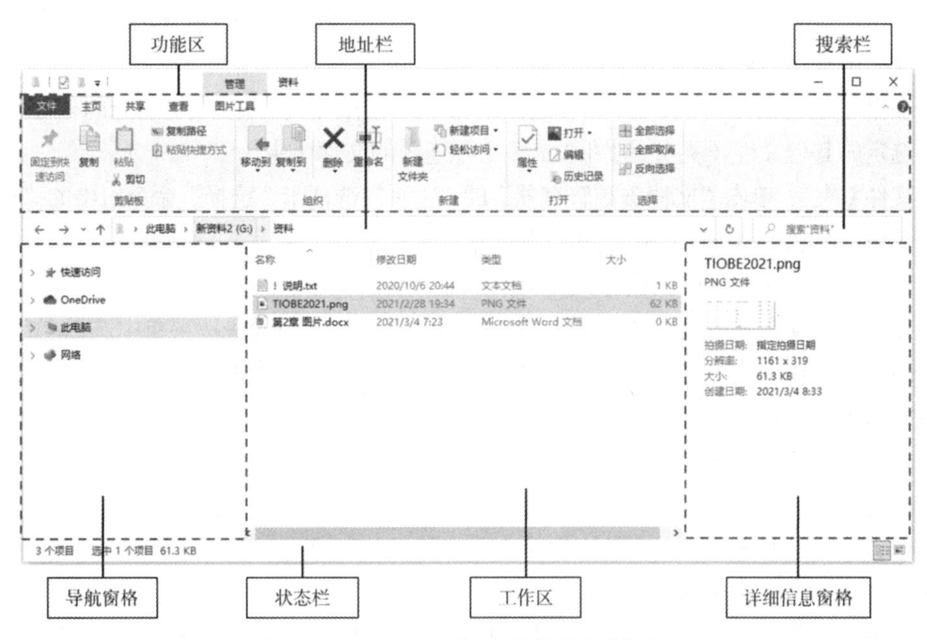


图 2-1 Windows 10“文件资源管理器”窗口

功能区：采用 Ribbon 界面风格，即“选项卡+命令组+功能按钮”，带给用户新体验。

地址栏：Windows 10“文件资源管理器”窗口的地址栏采用了一种新的导航功能，使用级联按钮取代传统的纯文本方式，将不同层级路径以不同按钮分割，用户通过单击按钮即可实现目录跳转。

搜索栏：Windows 10 将搜索栏集成到了“文件资源管理器”窗口的右上角，不但方便随时查找文件，还可以指定文件夹进行搜索。

导航窗格：Windows 10 文件资源管理器提供了“快速访问”“OneDrive”“此电脑”和“网络”等按钮，用户可以使用这些按钮快速跳转到目的结点，从而更好地组织、管理及应用资源，并进行更为高效的操作。

详细信息窗格：在工作区中选择文件，详细信息窗格会显示该文件的详细信息，包括文件名称、文件大小、创建日期、修改日期等。文件类型不同，显示的详细信息种类也会有所变化。

2. 文件和文件夹基本操作

（1）新建文件或文件夹

新建文件可以通过两种方法实现：在需要新建文件的窗口区域中空白处单击鼠标右键，从弹出的快捷菜单中选择“新建”→“DOCX 文档”选项（也可以选择其他类型文件，如“文本文档”等），此时窗口区域中将自动新建一个名为“新建 DOCX 文档”的文件，将其更名后按<Enter>键即可完成新文件的创建和命名；也可以在应用程序窗口中新建文件。

新建文件夹的方法也有两种：通过单击鼠标右键，在弹出的快捷菜单中实现新建文件夹，操作方法与新建文件相似；也可以通过单击“文件资源管理器”的“主页”选项卡“新建”命令组中的“新建文件夹”按钮新建文件夹。

（2）选定文件或文件夹

选定单个文件（夹）：将鼠标指向要选定的文件（夹）并单击。

选定多个连续文件（夹）：单击要选定的第一个文件（夹），按住<Shift>键，再单击要选定的最后一个文件（夹），则可选定多个连续的文件（夹）。

选定多个不连续文件（夹）：单击要选定的第一个文件（夹），按住键盘上的<Ctrl>键，再依次单击要选定的其他文件（夹），则可选定多个不连续的文件（夹）。

全选文件（夹）：单击“文件资源管理器”的“主页”选项卡“选择”命令组中的“全部选择”按钮，或者按键盘上的<Ctrl+A>组合键，则可选定全部文件（夹）。

（3）创建文件或文件夹的快捷方式

在需要创建快捷方式的文件（夹）上单击鼠标右键，从弹出的快捷菜单中选择“创建快捷方式”命令即可。创建好的快捷方式可以存放到桌面上或者其他文件夹中，具体操作与文件（夹）的复制或移动相同。

（4）重命名文件或文件夹

重命名文件（夹）可以通过以下 3 种方法实现。

✧ 先选定再单击需要重命名的文件（夹）名称，此时文件（夹）名称处于可编辑状态，直接输入新的文件（夹）名称即可。

✧ 在需要重命名的文件（夹）上单击鼠标右键，从弹出的快捷菜单中选择“重命名”命令，然后输入新文件（夹）名，从而实现重命名。

✧ 选定需要重命名的文件（夹），单击“主页”选项卡“组织”命令组中的“重命名”按钮，然后输入新文件（夹）名，从而实现重命名。

（5）移动或复制文件或文件夹

关于文件或文件夹的移动或复制，具体有以下 5 种操作方法。

✧ 选定需要移动或复制的文件（夹），按住鼠标左键拖动到目标位置后释放，即可实现同一磁盘文件（夹）的移动和不同磁盘文件（夹）的复制；按住<Ctrl>键的同时按住鼠标左键拖动到目标位置后释放，即可实现同一磁盘文件（夹）的复制；按住<Shift>键的同时按住鼠标左键拖动到目标位置后释放，即可实现不同磁盘文件（夹）的移动。

✧ 选定需要移动或复制的文件（夹），按<Ctrl+X>组合键剪切，进入目标位置，再按<Ctrl+V>组合键即可实现移动文件（夹）；按<Ctrl+C>组合键复制，进入目标位置，再按<Ctrl+V>组合键即可实现复制文件（夹）。

✧　在需要移动或复制的文件（夹）上单击鼠标右键，在弹出的快捷菜单中选择“剪切”“复制”“粘贴”命令来实现文件（夹）的移动或复制。

✧　选定需要移动或复制的文件（夹），在“主页”选项卡“剪贴板”命令组中单击“剪切”“复制”“粘贴”按钮来移动或复制文件（夹）。

✧　选定需要移动或复制的文件（夹），在“主页”选项卡“组织”命令组中单击“移动到”“复制到”按钮，弹出下拉列表框，然后选择“选择位置...”选项，设置目标位置，来实现移动或复制文件（夹）。

（6）删除和恢复文件或文件夹

文件（夹）的删除可以分为暂时删除（暂存到回收站里）或彻底删除（回收站不存储）两种，具体可以通过以下 4 种方法实现。

✧　在需要删除的文件（夹）上单击鼠标右键，在弹出的快捷菜单中选择“删除”命令即可。

✧　选定需要删除的文件（夹），单击“主页”选项卡“组织”命令组中的“删除”按钮，删除文件（夹）。

✧　选定需要删除的文件（夹），按键盘上的<Delete>键即可实现文件（夹）的删除。

✧　选定需要删除的文件（夹），按住鼠标左键拖动到“回收站”图标上也能实现文件（夹）的删除。

通过删除操作放入回收站的文件（夹），都可以从回收站中将其恢复。具体操作：双击桌面上的“回收站”图标，在打开的“回收站”窗口中选中要恢复的文件（夹），单击鼠标右键，在弹出的快捷菜单中选择“还原”命令，或者单击“管理-回收站工具”选项卡“还原”命令组中的“还原选定的项目”按钮。

在“回收站”窗口中单击“管理”命令组中的“清空回收站”按钮，可以彻底删除回收站中的所有项目。

如果文件（夹）被彻底删除，通过“回收站”无法恢复，但通过专门的数据恢复软件（如 FinalData 等）可以实现全部或部分恢复。

（7）隐藏文件或文件夹

设置文件（夹）的隐藏属性，操作方法如下。

在需要隐藏的文件（夹）上单击鼠标右键，在弹出的快捷菜单中选择“属性”命令，在打开的“文件（夹）属性”对话框中选中“隐藏”复选框，单击“确定”按钮，即可完成对所选文件（夹）的隐藏属性设置。

在文件夹选项中设置不显示隐藏文件，操作方法如下。

在“文件资源管理器”窗口“查看”选项卡“显示/隐藏”命令组中，取消选中“隐藏的项目”，即可将设置为隐藏属性的文件（夹）隐藏起来。也可以单击“查看”选项卡最右侧的“选项”按钮，打开“文件夹选项”对话框进行设置。

（8）压缩和解压缩文件或文件夹

与 Windows Vista 一样，Windows 10 也内置了压缩文件程序，用户无须借助第三方压缩软件（如 WinRAR 等），就可以实现对文件（夹）的压缩和解压缩。

选中要压缩的文件(夹),单击鼠标右键,在弹出的快捷菜单中选择“发送到”→“压缩(zipped)文件夹”命令，或者在弹出的快捷菜单中直接选择“添加到……zip”命令。系统弹出“正在压缩…”对话框，绿色进度条显示压缩的进度；“正在压缩…”对话框自动关闭后，可以看到窗口中已经出现了对应文件（夹）的压缩文件，可以重新对其命名。

如果要向压缩文件中添加文件（夹），可以选中要添加的文件（夹），按住鼠标左键拖动到压缩文件中。如果要解压缩文件，可以选中需要解压缩的文件，单击鼠标右键，在弹出的快捷菜单中选择“解压到当前文件夹”命令，即可实现在当前文件夹中解压缩；也可以选择“解压到……”命令，实现更换目录解压缩。

利用 WinRAR 等第三方压缩软件压缩文件（夹）操作与系统内置压缩文件程序操作类似。

3. Windows 10 中的搜索和库

（1）搜索文件或文件夹

利用 Windows 10 提供的搜索功能可以实现在计算机中查找所需的文件或文件夹。根据不同的查找需求可以采用不同的查找方法。

Windows 10 将搜索栏集成到了“文件资源管理器”窗口的右上角，利用搜索栏中的搜索筛选器可以轻松设置检索条件，缩小检索范围。其方法是，在搜索栏中直接单击搜索筛选器，选择需要设置参数的选项，直接输入恰当条件即可。另外，普通文件夹搜索筛选器只包括“修改日期”和“大小”两个选项，而库的搜索筛选器则包括“种类”“类型”“名称”“修改日期”和“标记”等多个选项。

单击 Windows 10 桌面的任务栏上的搜索按钮，可打开“搜索主页”进行快速搜索。在输入框中输入应用程序名、文件名、文件夹名或人名，系统将通过在计算机和 Web 上搜索来获得结果。使用顶部的选项卡可缩小搜索范围。通过鼠标进行选择，完成搜索。

（2）使用 Windows 10 的库

库是 Windows 7 众多新特性中的亮点之一。其功能是将不同位置的文件资源组织在一个个虚拟的“仓库”中，这样集中在一起的各类资源自然可以极大地提高用户的使用效率。Windows 10 继续保留库，因为使用库，打开文件就便捷很多。Windows 10 中默认提供的库有 6 种，即“保存的图片”“本机照片”“视频”“图片”“文档”和“音乐”，其中“保存的图片”“本机照片”又在“图片”库中。

库的使用使文件管理方式从死板的文件夹方式变为灵活方便的库方式。库和文件夹有很多相似之处，例如，库也可以包含各种子库和文件。但库和文件夹有本质区别，在文件夹中保存的文件或子文件夹都存储在该文件夹内，而库中存储的文件来自四面八方。确切地说，库并不存储文件本身，而仅保存文件快照（类似于快捷方式）。

如果要添加文件到库，则可右键单击需要添加的目标文件夹，在弹出的快捷菜单中选择“包含到库中”命令。如果在其子菜单中选择一种库类型，则将文件夹加入对应的库；如果在其子菜单中选择“创建新库”，则将文件夹添加到“库”根目录下，成为库中的新增类型。也可以选中需要添加的目标文件夹，单击“主页”选项卡“新建”命令组中的“轻松访问”按钮，在下拉列表中选择“包含到库中”命令，然后在其下拉子菜单中设置。

如果要增加库，则可在“库”根目录下右键单击窗口空白区域，在弹出的快捷菜单中选择“新建”→“库”命令，输入库名即可创建一个新的库；或单击“主页”选项卡“新建”命令组中的“新建项目”按钮，在下拉列表中选择“库”命令。

## 2.7 管理程序和硬件资源

### 1. 软件兼容性问题

（1）自动解决软件兼容性问题

具体操作步骤如下。

① 右键单击应用程序或其快捷方式图标，在弹出的快捷菜单中选择“兼容性疑难解答”命令，打开“程序兼容性疑难解答”对话框。

② 在该对话框中，单击“尝试建议的设置”命令，系统会根据程序自动提供一种兼容模式让用户尝试运行。单击“测试程序”按钮来测试目标程序是否能正常运行。

③ 完成测试后，单击“下一页”按钮，在“程序兼容性疑难解答”对话框中，如果程序已经正常运行，则单击“是，为此程序保存这些设置”命令，否则单击“否，使用其他设置再试一次”命令。

④ 若系统自动选择的兼容模式能保证目标程序正常运行，则在“测试程序的兼容性设置”对话框中单击“测试程序”按钮，检查程序是否正常运行。

（2）手动解决软件兼容性问题

具体操作步骤如下。

① 右键单击应用程序或其快捷方式图标，在弹出的快捷菜单中选择“属性”命令，打开“属性”对话框，切换到“兼容性”标签页。

② 选中“以兼容模式运行这个程序”复选框，在下拉列表中选择一种与应用程序兼容的操作系统版本。通常基于 Windows 8 开发的应用程序选择“Windows 8”即可正常运行。

③ 默认情况下，上述修改仅对当前用户有效，若希望对所有用户账号均有效，则需要单击“兼容性”标签页中的“更改所有用户的设置”按钮，进行兼容模式设置。

④ 如果当前 Windows 10 默认的账户权限（User Account Control，UAC）无法执行上述操作，则在“所有用户的兼容性”对话框的“特权等级”一栏中选中“以管理员身份运行此程序”复选框，以提升执行权限，然后单击“确定”即可。

（3）硬件管理

将打印机连接到计算机或向家庭网络添加新的打印机后，通常可以立即开始打印。Windows 10 支持大多数打印机，因此不必安装特殊的打印机软件。

以下是安装或添加网络打印机的操作步骤。

① 单击“开始”菜单→“设置”→“设备”，打开“设置”对话框。在窗口左侧窗格中单击“打印机和扫描仪”，然后在右侧单击“添加打印机或扫描仪”命令。

② 等待计算机找到附近的打印机，选择想要使用的打印机并单击“添加设备”按钮。

③ 如果搜索不到，可以手动添加，单击“我需要的打印机不在列表中”，打开“添加打印机”对话框，选择“通过手动设置添加本地打印机或网络打印机”，单击“下一页”按钮。

④ 打开“添加打印机-选择打印机端口”对话框，选中“使用现有的端口”单选项，在其后面的下拉列表框中选择打印机连接的端口（一般使用默认端口设置），单击“下一页”按钮。

⑤ 打开“添加打印机-安装打印机驱动程序”对话框，在“厂商”列表框中选择打印机的生产厂商，在“打印机”列表框中选择安装打印机的型号，单击“下一页”按钮。

⑥ 打开“添加打印机-键入打印机名称”对话框，在“打印机名称”文本框中输入名称（一般使用默认名称），单击“下一页”按钮。

⑦ 系统开始安装驱动程序，安装完成后打开“添加打印机-打印机共享”对话框。如果不需要共享打印机，则选中“不共享这台打印机”单选项，单击“下一页”按钮。在打开的对话框中，单击“完成”按钮即可完成打印机的添加。

打印机安装完成后，单击“设置”窗口，可查看所有安装的打印机。选中某台打印机，单击“管理”按钮，可查看打印机状态、打印测试页、设置打印属性等。

### 2. Windows 10 网络配置和应用

Windows 10 中，几乎所有与网络相关的操作和控制程序都在“网络和共享中心”面板中，通过简单的可视化操作命令，用户可以轻松连接到网络。

（1）连接到宽带网络（有线网络）

操作步骤如下。

① 单击“开始”菜单→“设置”→“网络和 Internet”，打开“设置”对话框。在窗口左侧单击“状态”，然后单击右侧下方的“网络和共享中心”选项，打开窗口。

② 在“更改网络设置”下单击“设置新的连接或网络”命令，在打开的对话框中选择“连接 Internet”命令。

③ 在“连接到 Internet”对话框中选择“宽带（PPPoE）（R）”命令，并在随后弹出的对话框中输入互联网服务提供商提供的“用户名”“密码”以及自定义的“连接名称”等信息，单击“连接”命令。

使用时，只需单击任务栏通知区域的网络图标，选择自建的宽带连接即可。

（2）连接到无线网络

如果安装 Windows 10 的计算机是笔记本电脑或者具有无线网卡的台式机，则可以通过无线网络连接上网，具体操作如下：单击任务栏通知区域的网络图标，在弹出的“无线网络连接”面板中双击需要连接的网络。如果无线网络设有安全加密，则需要输入安全关键字即密码。

### 3. 系统维护和优化

（1）减少 Windows 启动加载项

使用“控制面板”中的“系统配置”功能管理开机启动项，具体操作步骤如下。

① 在任务栏上单击鼠标右键，选择“任务管理器”选项，打开“任务管理器”对话框，单击“启动”，切换到“启动”标签页。

② 在显示的启动项目中禁用不希望登录后自动运行的项目。

尽量不要关闭关键性的自动运行项目，如系统程序、病毒防护软件等。

（2）提高磁盘性能

磁盘碎片整理，具体操作步骤如下。

① 在文件资源管理器窗口中单击任一本地磁盘，在“管理-驱动器工具”选项卡的“管理”命令组中单击“优化”按钮，即可打开“优化驱动器”对话框。

② 在“优化驱动器”对话框中单击“更改设置”按钮，在打开的“优化计划”对话框中可设置系统自动整理磁盘碎片的“频率”和“驱动器”。

③ 在“优化计划”对话框中单击“选择”按钮，在打开的对话框中可选择一个或多个需要整理的目标盘符，还可以设置“自动优化新驱动器”。

## 【实验及操作指导】

# 实验 2　Windows 10 的使用基础

---

**实验 2-1**：Windows 10 的基本操作。（熟练掌握 Windows 10 的窗口操作方式，熟练掌握 Windows 10“开始”菜单和任务栏的设置。）

---

### 【实验内容】

1. 认识 Windows 10 桌面

① 观察 Windows 10 桌面的布局，了解各个图标的简单功能。

② 在桌面上新建一个文件夹，重命名为自己的“学号+姓名”，然后删除到回收站。

③ 在桌面空白处单击鼠标右键，在弹出的快捷菜单中选择“查看”命令，在其级联菜单中依次选择一种图标显示方式（如大图标、中等图标和小图标），观察桌面图标的变化，如图 2-2 所示。

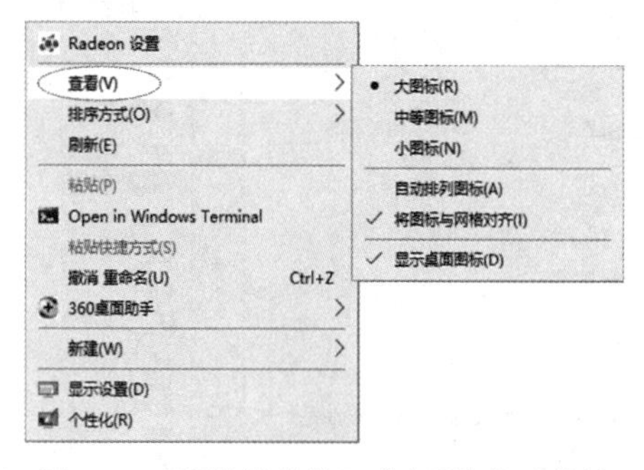


图 2-2　桌面快捷菜单及“查看”级联菜单

④ 任意拖动桌面上的一些图标改变其位置，然后重新自动排列桌面上的图标。

2. 任务栏的自动隐藏与其他设置

① 在任务栏空白处单击鼠标右键，在弹出的快捷菜单中选择“任务栏设置”命令，如图 2-3 所示，在打开的“任务栏”设置对话框中进行任务栏的其他设置，如图 2-4 所示。

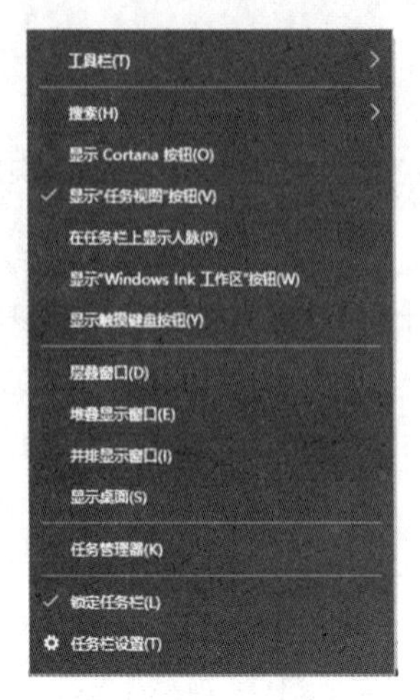


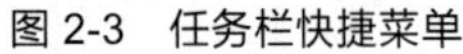
图 2-3　任务栏快捷菜单

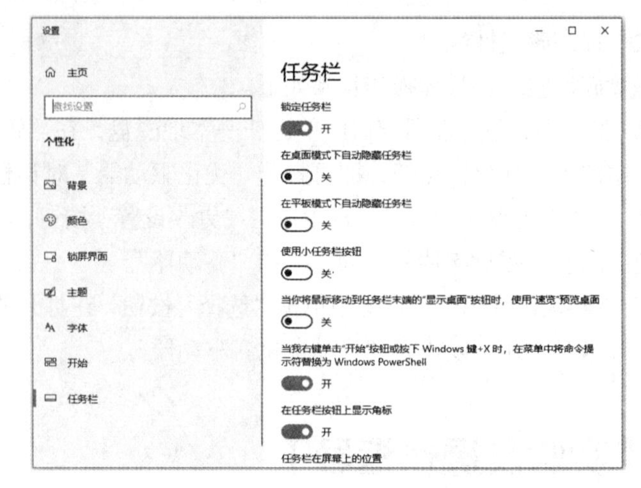


图 2-4　“任务栏”设置对话框

② 观察任务栏的组成，拖动任务栏到屏幕右侧，再恢复到原位；调整任务栏的大小。（此两项操作要注意取消“锁定任务栏”。）

3. “开始”菜单设置

① 在任务栏空白处单击鼠标右键，在弹出的快捷菜单中选择“任务栏设置”命令，在打开的“任务栏”设置对话框左侧“个性化”列表中，单击“开始”选项，窗口右侧显示“开始”菜单的相关设置，如图 2-5 所示。

② 在设置项中，默认打开“在‘开始’菜单中显示应用列表”“显示最近添加的应用”“偶尔在‘开始’菜单中显示建议”等。用户可以根据需要，打开或关闭相关功能。

③ 单击“选择哪些文件夹显示在‘开始’菜单上”链接，在打开的对话框中，根据需要选择出现在“开始”菜单左侧的选项，如图 2-6 所示。在“颜色”设置对话框中，可以设置菜单主题颜色。

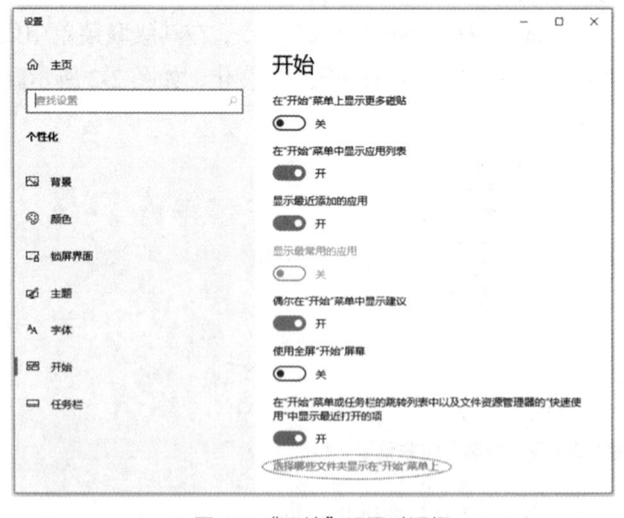


图 2-5　“开始”设置对话框

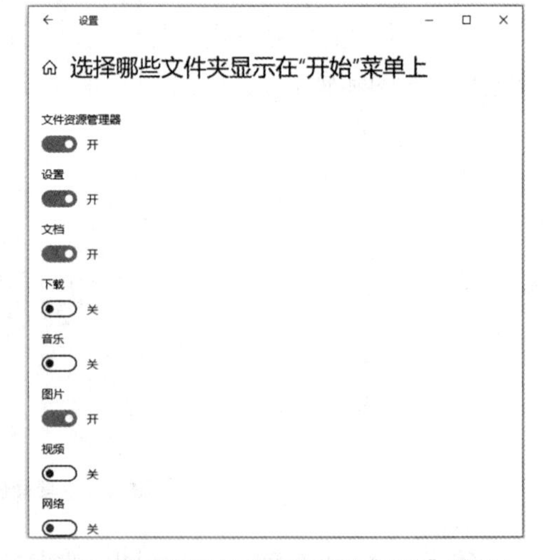


图 2-6　选择哪些文件夹显示在“开始”菜单上

**实验 2-2**：Windows 10 的文件资源管理器的使用。（熟悉“文件资源管理器”窗口操作，掌握“文件夹选项”对话框的使用方法，熟悉库的使用。）

## 【实验内容】

1. 熟悉 Windows 10“文件资源管理器”窗口操作

① 打开 Windows 10“文件资源管理器”窗口。

✧ 单击“开始”菜单，在左侧选择“文件资源管理器”选项。

✧ 单击“开始”菜单→“Windows 系统”→“文件资源管理器”。

✧ 在任务栏中单击“文件资源管理器”按钮。

② 熟悉“文件资源管理器”窗口的构成（主要有功能区、地址栏、搜索栏、导航窗格、状态栏、工作区、详细信息窗格等）。单击“文件资源管理器”窗口右上角“^”按钮（或按<Ctrl+F1>组合键），折叠功能区，“^”按钮变为“∨”按钮。单击右上角的“∨”按钮（或再次按<Ctrl+F1>组合键），展开功能区。

③ 在“查看”选项卡“布局”命令组中，将鼠标指针在“超大图标”“大图标”“中图标”“小图标”“列表”“详细信息”“平铺”“内容”等按钮上停留数秒，观察工作区文件或文件夹的显示方式。

④ 在“查看”选项卡“窗格”命令组中选中或取消选中“导航窗格”“预览窗格”“详细信息窗格”复选框，观察窗口布局的变化。

⑤ 在地址栏右侧的搜索栏内输入在当前磁盘或文件夹内要查找的文件名或文件夹名，按<Enter>键，开始搜索相关的文件与文件夹。

2. 掌握“文件夹选项”对话框的使用方法

单击“文件资源管理器”窗口的“查看”选项卡最右侧的“选项”按钮，或单击“文件”菜单→“更改文件夹和搜索”选项，打开“文件夹选项”对话框，切换到“查看”标签页，如图 2-7 所示，在“高级设置”列表框中进行以下设置。

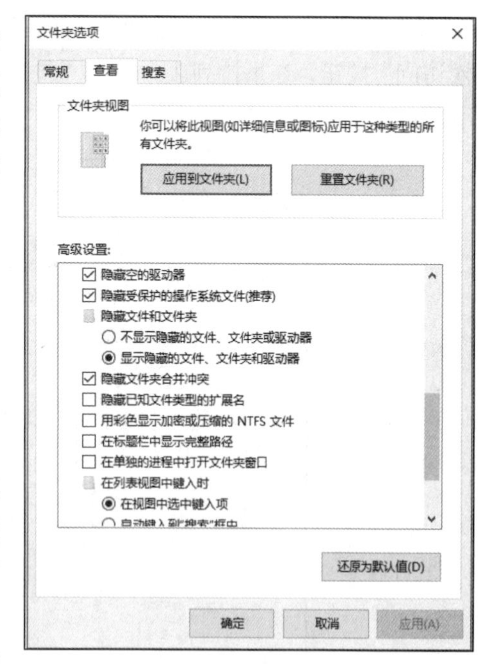


图 2-7 “文件夹选项”对话框→“查看”标签页

① 显示隐藏的文件、文件夹和驱动器。

② 隐藏受保护的操作系统文件。

③ 隐藏已知文件类型的扩展名。

④ 在标题栏中显示完整路径等。

3. 熟悉库的使用

① 打开“文件资源管理器”窗口，在左侧的“导航窗格”中可以看到“库”图标。（如果没有显示，单击“查看”选项卡“窗格”命令组中“导航窗格”按钮，在下拉列表中选择“显示库”。）

② 在“库”根目录下右键单击窗口空白区域（或者右键单击“库”图标），在弹出的快捷菜单中选择“新建”→“库”命令；也可以单击“主页”选项卡“新建”命令组中的“新建项目”按钮，在下拉列表中选择“库”命令，如图 2-8 所示。

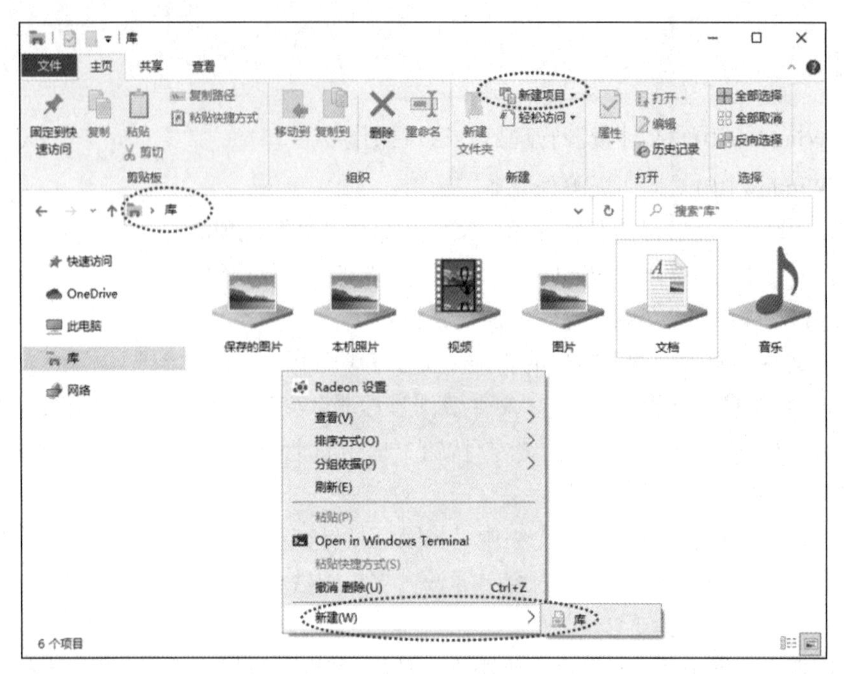


图 2-8　增加库类型（创建新库）

③ 像给文件夹命名一样为这个库命名，即可创建一个新的库。

④ 在"图片"库中添加文件或文件夹。右键单击需要添加的目标文件夹，在弹出的快捷菜单中选择"包含到库中"选项，再在其子菜单中选择一项类型（如"图片"类型），则可将文件夹加入"图片"库；也可以选中需要添加的目标文件夹，单击"主页"选项卡"新建"命令组中的"轻松访问"按钮，在下拉列表中单击"包含到库中"按钮，再在其下拉子菜单中进行设置，如图 2-9 所示。

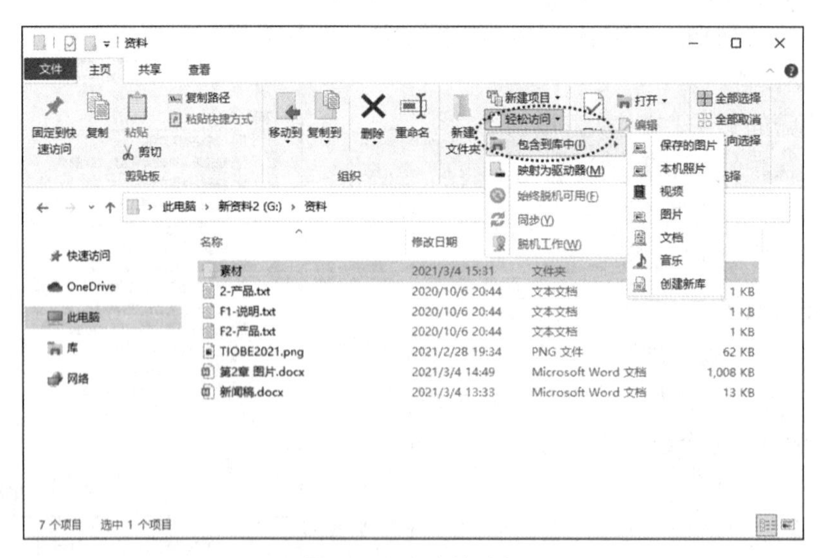


图 2-9　添加文件到库

⑤ 删除或重命名库。在该库上单击鼠标右键，在弹出的快捷菜单中选择"删除"或"重命名"命令即可。删除库不会删除原始文件，只是删除库链接而已。

实验 2-3：Windows 10 的操作与维护。（熟悉“任务管理器”的使用，使用系统工具维护系统。）

## 【实验内容】

1. 熟悉启动“任务管理器”的使用

① 按<Ctrl+Alt+Delete>组合键，在列表项中单击“任务管理器”；或者在任务栏空白处单击鼠标右键，在弹出式菜单中单击“任务管理器”；还可以单击“开始”菜单→“Windows 系统”→“任务管理器”。以上方法均可打开“任务管理器”对话框，如图 2-10 所示。

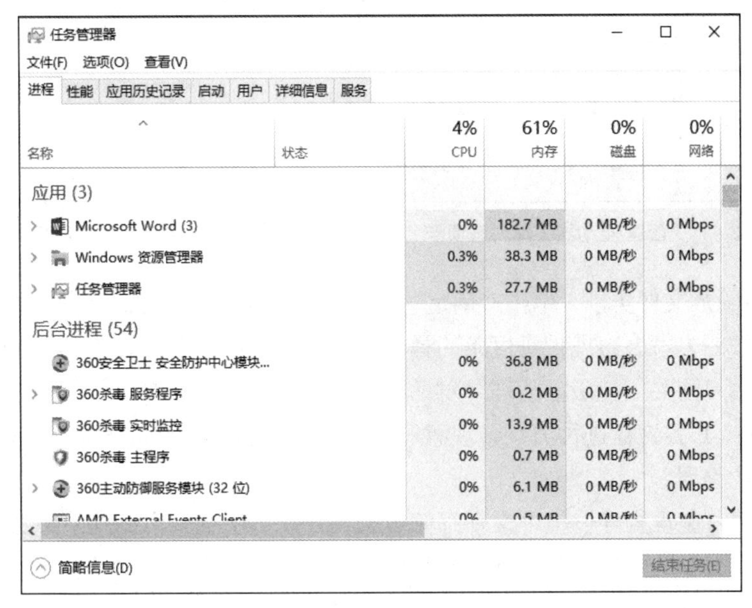


图 2-10　“任务管理器”对话框

② 在“任务管理器”对话框的“进程”标签页中，“应用”下列出了系统正在运行的程序，“后台进程”下列出了系统后台正在运行的进程，“Windows 进程”下列出了系统服务类的进程。

③ 选择一个程序，单击“结束任务”按钮，即可结束该程序的运行。

一般情况下，应用程序都有正常关闭或退出命令。但当运行的程序由于各种原因不能及时响应命令，或系统处于“死机”状态时，只能通过结束任务的方法来强行终止正在运行的程序。若用“任务管理器”也不能终止应用程序，则只能重新启动计算机，但这样做通常会导致数据丢失。

2. 使用系统工具维护系统

（1）磁盘清理

使用“磁盘清理”删除临时文件，释放硬盘空间。

① 双击桌面上的“此电脑”，打开“文件资源管理器”窗口。在“设备和驱动器”下方，选中需要清理的本地磁盘，“管理-驱动器工具”选项卡会自动出现，如图 2-11 所示。

② 在该选项卡“管理”命令组中单击“清理”按钮，打开本地磁盘的“磁盘清理”对话框，如图 2-12 所示。

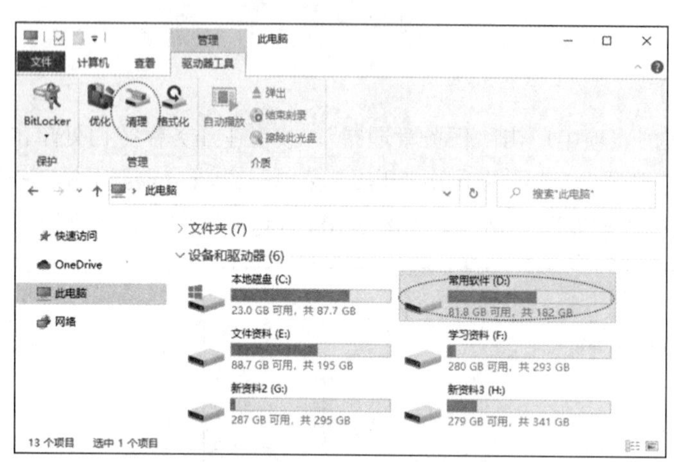


图 2-11 “管理-驱动器工具”选项卡

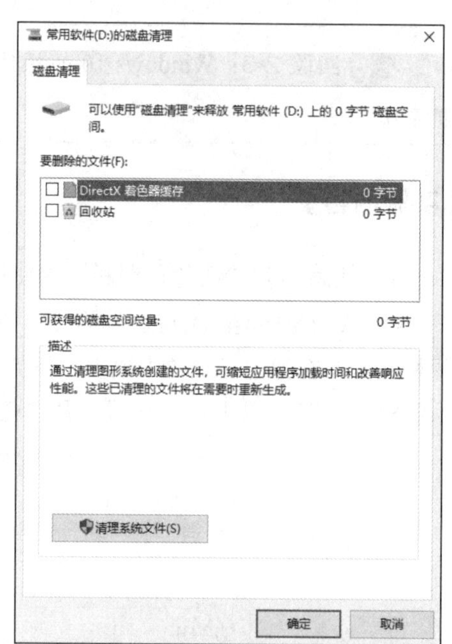


图 2-12 “磁盘清理”对话框

③ 选择要删除的文件类别，单击“确定”按钮，会显示一个“磁盘清理”的确认对话框，单击“删除文件”按钮，就会出现带进度条的释放存储空间的对话框，如图 2-13 所示。

清理完毕后会自动关闭“磁盘清理”对话框。

依次对 C、D、E 各磁盘进行清理，注意观察并记录清理磁盘时获得的空间总数。

（2）磁盘碎片整理

使用“磁盘碎片整理程序”整理文件存储位置，合并可用空间，提高系统性能。

① 双击桌面上的“此电脑”，打开“文件资源管理器”窗口。在“设备和驱动器”下方，选中任一本地磁盘，在出现的“管理-驱动器工具”选项卡“管理”命令组中单击“优化”按钮，打开“优化驱动器”对话框，如图 2-14 所示。

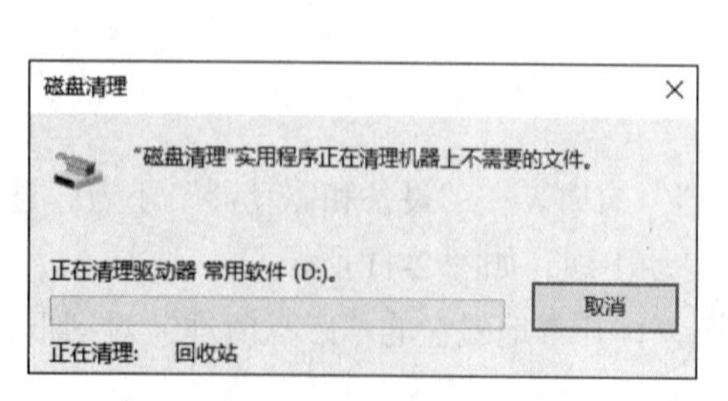


图 2-13 “磁盘清理”进度对话框

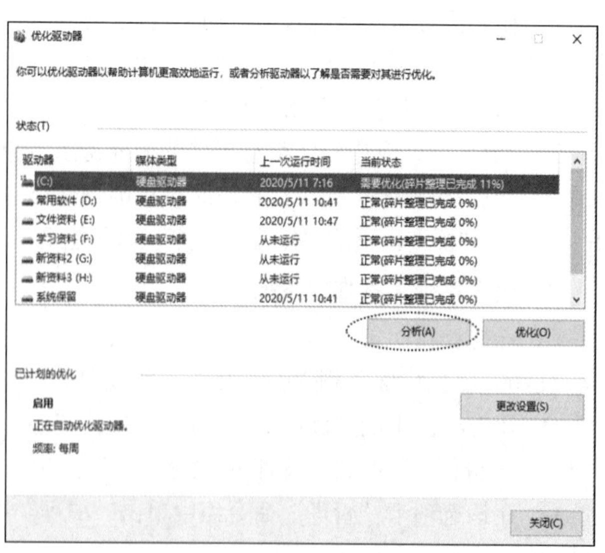


图 2-14 “优化驱动器”对话框

② 选择磁盘驱动器后单击“分析”按钮，进行磁盘分析。

③ 分析完后，根据分析结果选择是否进行磁盘碎片整理。如果显示检查到磁盘碎片的百分比超过了 10%，则应该进行磁盘碎片整理，只需单击“优化”按钮即可。

进行磁盘碎片整理之前，应先把所有打开的应用程序都关闭，因为一些程序在运行的过程中可能要反复读取磁盘数据，会影响磁盘整理程序的正常工作。

**实验 2-4：**文件或文件夹的基本操作。（掌握文件或文件夹的创建、移动/复制、删除、更名、查找及设置属性等操作方法。）

## 【具体要求】

打开实验素材“\EX2\EX2-1”文件夹，按要求顺序进行以下操作。以下要求中的“考生文件夹”指“EX2\EX2-1”文件夹。

① 将考生文件夹下“FENG\WANG”文件夹中的文件“BOOK.PRG”移动到考生文件夹下“CHANG”文件夹中，并将该文件改名为“TEXT.PRG”。

② 将考生文件夹下“CHU”文件夹中的文件“JIANG.TMP”删除。

③ 将考生文件夹下“REI”文件夹中的文件“SONG.FOR”复制到考生文件夹下“CHENG”文件夹中。

④ 在考生文件夹下“MAO”文件夹中建立一个新文件夹“YANG”。

⑤ 将考生文件夹下“ZHOU\DENG”文件夹中的文件“OWER.DBF”取消隐藏属性。

## 【实验步骤】

打开实验素材“\EX2\ EX2-1”文件夹。

① 在“文件资源管理器”窗口的导航窗格中展开“FENG”文件，单击“WANG”文件夹，右侧工作区会显示“BOOK.PRG”文件，鼠标单击选中该文件，直接拖曳到导航窗格中的“CHANG”文件夹图标上，完成文件移动操作；也可以通过“主页”选项卡“剪贴板”命令组中的“剪切”“粘贴”按钮或“组织”命令组中的“移动到”按钮来完成移动操作，如图 2-15 所示。

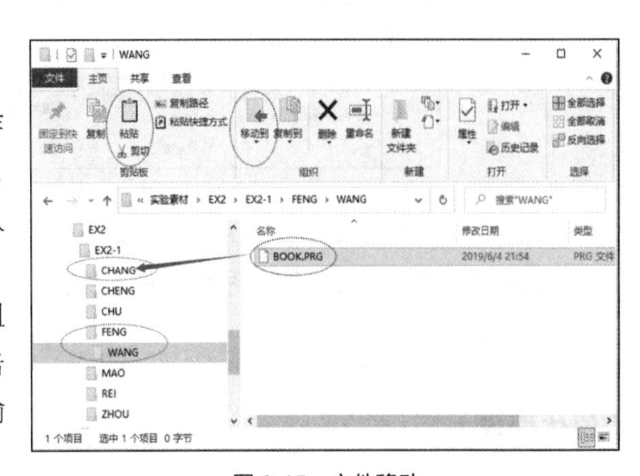


图 2-15　文件移动

在导航窗格中单击“CHANG”文件夹，工作区显示移动来的“BOOK.PRG”文件，选中文件，单击文件名称部分，进入文件名编辑状态，默认选中主文件名，直接输入新的文件名“TEXT”，按<Enter>键即可。也可以通过“主页”选项卡“组织”命令组中的“重命名”按钮，或者右键单击文件，在弹出式菜单中单击“重命名”命令，输入新的文件名“TEXT”，按<Enter>键即可。

② 在导航窗格中单击“CHU”文件夹，选

中右侧工作区中“JIANG.TMP”文件，按<Delete>键。也可以通过单击“主页”选项卡“组织”命令组中的“删除”按钮或右键单击弹出式菜单中的“删除”命令来完成。

③ 在导航窗格中单击“REI”文件夹，选中右侧工作区中“SONG.FOR”文件，按住<Ctrl>键，用鼠标拖曳选中文件到左侧导航窗格中“CHENG”文件夹图标上，松开鼠标和按键，完成文件的复制操作。也可以通过“主页”选项卡“剪贴板”命令组中的“复制”“粘贴”按钮或“组织”命令组中的“复制到”按钮来完成复制操作。

④ 在导航窗格中单击“MAO”文件夹，在右侧工作区的空白处单击鼠标右键，将鼠标指针在弹出式菜单上移动到“新建”命令，在出现的级联菜单中选择“文件夹”，如图 2-16 所示，然后输入文件夹名称“YANG”，按<Enter>键。

⑤ 在导航窗格中展开“ZHOU”文件夹，单击“DENG”文件夹，在右侧工作区中右键单击浅色图标的“OWER.DBF”文件，在弹出式菜单中选择“属性”，打开“OWER.DBF 属性”对话框，在“属性”区域取消选中“隐藏”复选框，单击“确定”按钮，如图 2-17 所示。

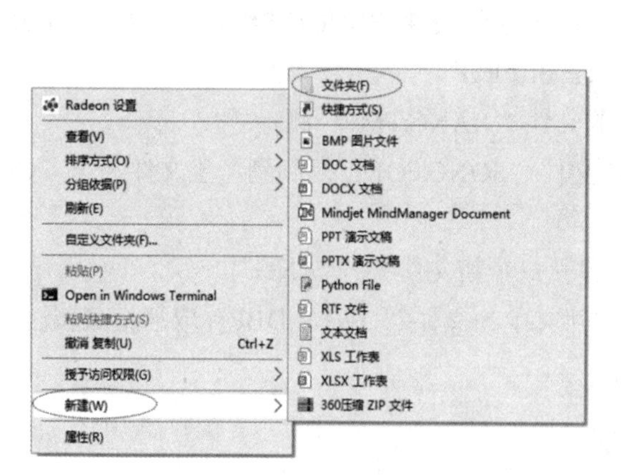


图 2-16　新建文件夹

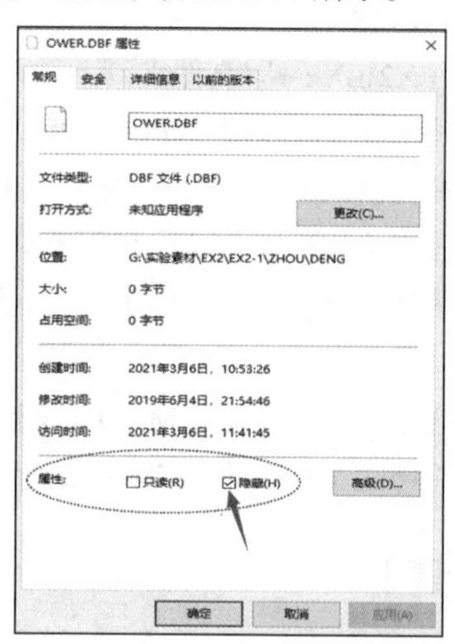


图 2-17　“OWER.DBF 属性”对话框

如果工作区中没有显示隐藏文件，则在“查看”选项卡“显示/隐藏”命令组中选中“隐藏的项目”复选框，如图 2-18 所示，然后就可以看到隐藏文件了。

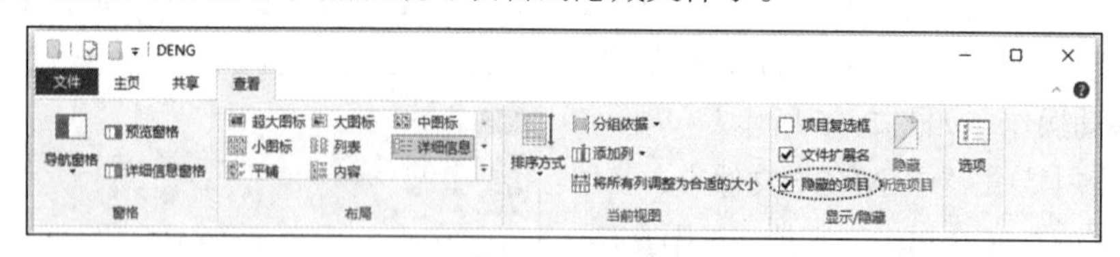


图 2-18　显示隐藏文件

**实验 2-5**：文件或文件夹的基本操作。（掌握文件或文件夹的创建、移动/复制、删除、更名及设置属性等操作方法。）

## 【具体要求】

打开实验素材“\EX2\EX2-2”文件夹，按要求顺序进行以下操作。以下要求中的“考生文件夹”指“EX2\EX2-2”文件夹。

① 将考生文件夹下“MICRO”文件夹中的文件“SAK.PAS”删除。

② 在考生文件夹下“POP\PUI”文件夹中建立一个名为“HUM”的新文件夹。

③ 将考生文件夹下“COONFE”文件夹中的文件“RAD.FOR”复制到考生文件夹下“ZUM”文件夹中。

④ 将考生文件夹下“UEM”文件夹中的文件“MACRO.NEW”设置成隐藏和只读属性。

⑤ 将考生文件夹下“MEP”文件夹中的文件“PGUP.FIP”移动到考生文件夹下“QEEN”文件夹中，并改名为“NEPA.JEP”。

**【实验步骤】**

打开实验素材“\EX2\ EX2-2”文件夹。

① 在“文件资源管理器”窗口的导航窗格中单击“MICRO”文件夹，单击右侧工作区中的“SAK.PAS”文件，按<Delete>键。

② 在导航窗格中展开“POP”文件夹，单击“PUI”文件夹，在右侧工作区的空白处单击鼠标右键，将鼠标指针在弹出式菜单上移动到“新建”命令，在出现的级联菜单中选择“文件夹”，然后输入文件夹名称“HUM”，按<Enter>键。

③ 在导航窗格中单击“COONFE”文件夹，在右侧工作区中选中“RAD.FOR”文件，按住<Ctrl>键，用鼠标拖曳选中文件到左侧导航窗格中“ZUM”文件夹图标上，松开鼠标和按键，即可完成文件的复制操作。

④ 在导航窗格中单击“UEM”文件夹，在右侧工作区中右键单击“MACRO.NEW”文件，选择“属性”命令，打开“MACRO.NEW 属性”对话框。在“属性”区域选中“只读”“隐藏”复选框，单击“确定”按钮。

⑤ 在导航窗格中单击“MEP”文件夹，右侧工作区会显示“PGUP.FIP”文件，鼠标单击选中该文件，直接拖曳到导航窗格中的“QEEN”文件夹图标上，完成文件移动操作。

在导航窗格中单击“QEEN”文件夹，工作区显示移动来的“PGUP.FIP”文件，选中文件，单击文件名称部分，进入文件名编辑状态，默认选中主文件名，但这里要删除全部文件名，输入新的文件名“NEPA.JEP”，按<Enter>键即可。

---

**实验 2-6：** 文件或文件夹的基本操作。（掌握文件或文件夹的创建、移动/复制、删除、更名、查找以及设置属性等操作方法，掌握文件或文件夹快捷方式的创建和使用方法。）

---

**【具体要求】**

打开实验素材“\EX2\EX2-3”文件夹，按要求顺序进行以下操作。以下要求中的“考生文件夹”指“EX2\EX2-3”文件夹。

① 将考生文件夹下“TURO”文件夹中的文件“POWER.DOC”删除。

② 在考生文件夹下“KIU”文件夹中新建一个名为“MING”的文件夹。

③ 将考生文件夹下“INDE”文件夹中的文件“GONG.TXT”设置为只读和隐藏属性。

④ 将考生文件夹下“SOUP\HYR”文件夹中的文件“ASER.FOR”复制到考生文件夹下“PEAG”文件夹中。

⑤ 搜索考生文件夹中的文件“READ.EXE”，为其建立一个名为“READ”的快捷方式，放在考生文件夹下。

## 【实验步骤】

打开实验素材“\EX2\ EX2-3”文件夹。

① 在“文件资源管理器”窗口的导航窗格中单击“TURO”文件夹，单击右侧工作区的“POWER.DOC”文件，按<Delete>键。

② 在导航窗格中单击“KIU”文件夹，在右侧工作区的空白处单击鼠标右键，将鼠标指针在弹出式菜单上移动到“新建”命令，在出现的级联菜单中选择“文件夹”，然后输入文件夹名称“MING”，按<Enter>键。

③ 在导航窗格中单击“INDE”文件夹，在右侧工作区中右键单击“GONG.TXT”文件，选择“属性”命令，打开“GONG.TXT 属性”对话框。在“属性”区域选中“只读”“隐藏”复选框，单击“确定”按钮。

④ 在导航窗格中展开“SOUP”文件夹，单击“HYR”文件夹，在右侧工作区中选中“ASER.FOR”文件，按住<Ctrl>键，用鼠标拖曳选中文件到左侧导航窗格中“PEAG”文件夹图标上，松开鼠标和按键，即可完成文件的复制操作。

⑤ 在导航窗格中单击“EX2-3”文件夹，在地址栏右侧的搜索栏内输入关键字“READ.EXE”，工作区会显示找到的文件，在工作区中右键单击“READ.EXE”文件，在弹出式菜单中选择“创建快捷方式”，此时不会看到任何效果。单击“搜索工具-搜索”选项卡最右侧的“关闭搜索”按钮，结束搜索。鼠标单击搜索栏，在最近输入记录中选择“READ.EXE”，此时工作区会搜索到两个文件，一个是“READ.EXE”文件，一个是该文件的快捷方式（图标的左下角有个箭头），如图 2-19 所示。选中快捷方式，直接拖曳到导航窗格中的“EX2-3”文件夹图标上，完成快捷方式移动操作。

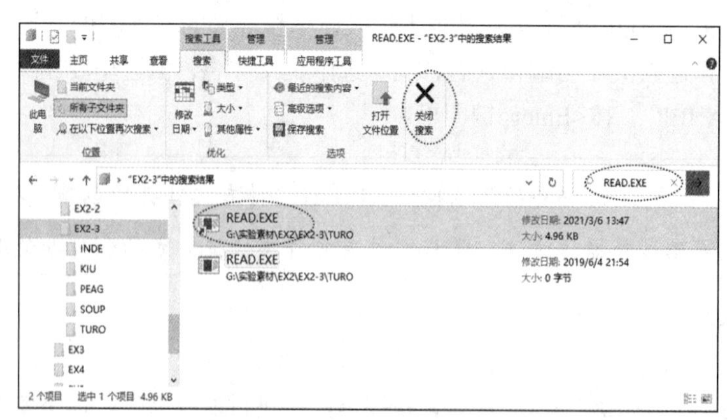


图 2-19 第二次搜索“READ.EXE”

单击“关闭搜索”按钮，回到“EX2-3”文件夹下，选中“READ.EXE”的快捷方式，单击文件名称部分，进入文件名编辑状态，删除“.EXE”，按<Enter>键即可。

# 03 第3章　文字处理Word 2016

【大纲要求重点】

● Word 2016 的基本概念，Word 2016 的基本功能、运行环境、启动和退出。

● 文档的创建、打开、输入、保存等基本操作。

● 文本的选定、插入与删除、移动与复制、查找与替换等基本编辑，多窗口和多文档的编辑。

● 字体格式设置、文本效果修饰、段落格式设置、文档页面设置、文档背景设置和文档分栏等基本排版技术。

● 表格的创建与修改，表格的修饰，表格中数据的输入与编辑，数据的排序和计算。

● 图形和图片的插入，图形的建立和编辑，文本框、艺术字的使用和编辑。

● 文档的保护和打印。

## 【知识要点】

## 3.1　Word 2016 基础

1. Word 2016 的启动

Word 2016 常用的启动方法有以下几种。

✧ 单击“开始”菜单→“Word 2016”命令。

✧ 如果在桌面上已经创建了 Word 2016 的快捷方式，则双击快捷方式图标。

✧ 双击任意一个 Word 文档文件（其扩展名为.docx），Word 2016 会启动并打开相应的文件。

2. Word 2016 的退出

Word 2016 常用的退出方法有以下几种。

✧ 单击标题栏右上角的关闭按钮☒。

✧ 单击标题栏上的“文件”选项卡，在弹出的“文件”面板中单击“关闭”命令。

✧ 在标题栏上单击鼠标右键，在弹出的快捷菜单中单击“关闭”命令。

✧ 按<Alt+F4>组合键。

3. 窗口的组成

Word 2016 应用程序窗口主要由快速访问工具栏、标题栏、功能区、文档编辑区和状态栏等部分组成，如图 3-1 所示。

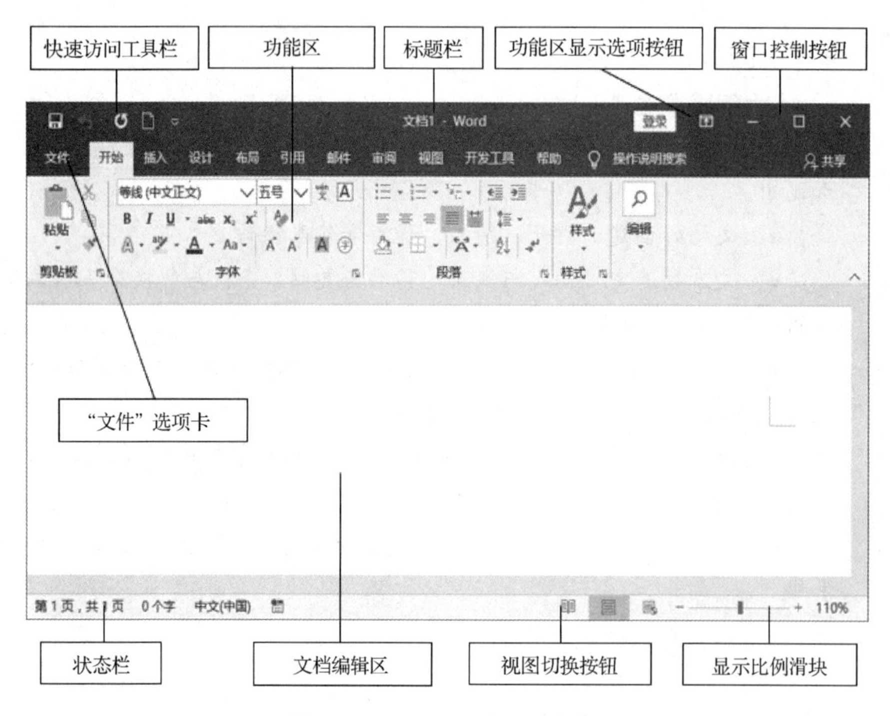


图 3-1 Word 2016 应用程序窗口

窗口中的常用部分介绍如下。

快速访问工具栏：位于标题栏最左侧，用于显示一些常用的工具按钮，默认显示“保存”“撤销”“重复”和“自定义快速访问工具栏”等按钮。单击“自定义快速访问工具栏”按钮，可在弹出的菜单中根据需要选择添加或更改按钮。

“文件”选项卡：位于所有选项卡的最左侧，单击该选项卡会打开“文件”面板，提供文件操作的常用命令，如“信息”“新建”“打开”“保存”“另存为”“打印”“共享”“导出”“关闭”“选项”等命令。其中“共享”命令是 Word 2016 新增加的，该命令可以实现实时协作、将文件保存到云端等多项功能。单击“打开”命令中的“最近”可以查看最近使用的 Word 文档列表。单击“选项”可打开“Word 选项”对话框，对 Word 组件进行常规、显示、校对、保存、版式、语言、高级、自定义功能区、快速访问工具栏、加载项、信任中心等设定。

功能区：位于应用程序窗口的顶部，由选项卡、命令组、命令 3 类基本组件组成。选项卡位于功能区的顶部，包含“开始”“插入”“设计”“布局”“引用”“邮件”“审阅”“视图”等。单击其中的任一选项卡，则可在功能区中看到该选项卡下被打开的若干个命令组和组中的相关命令。

命令指命令组中的按钮和一些用于输入信息的框格等。Word 2016 中还有一些特定的选项卡，只在有特定需要时才会出现（如“图片工具-格式”选项卡、“表格工具-设计”选项卡、“表格工具-布局”选项卡等）。

文档编辑区：Word 2016 应用程序窗口最主要的组成部分，是对文档进行输入文字、插入图形或图片，以及编辑对象格式等操作的工作区域。新建的 Word 文档中，文档编辑区是空白的，仅有一个闪烁的光标（称为插入点）。插入点就是当前的编辑位置，它将随着输入字符位置的改变而改变。文档编辑区除了可以编辑文档之外，还有水平标尺、垂直标尺、水平滚动条和垂直滚动条等辅助功能。在文档编辑区中通过拖动鼠标选择文本，释放鼠标的瞬间，会以弹出形式出现一个浮动工具栏，提供部分常用的快捷命令，实现对所选择文本进行快捷编辑和设置。

视图切换按钮：位于状态栏右侧，用于切换视图模式。Word 2016 的视图模式包括“阅读视图”“页面视图”“Web 版式视图”“大纲视图”“草稿”等。不同的视图模式分别从不同的角度、按不同的方式显示文档。也可通过“视图”选项卡→“视图”命令组中的“视图”按钮切换视图模式。

## 3.2 文档的创建、打开和保存

### 1. 新建文档

Word 2016 新建文档通常有以下几种方法。

✧ 单击“文件”选项卡→“新建”命令，单击“空白文档”，系统会以新建文档的顺序依次将其命名为“文档 1”“文档 2”“文档 3”……每个新建文件对应一个独立的应用程序窗口，任务栏中也有一个相应的应用程序按钮与之对应。

✧ 单击“自定义快速访问工具栏”按钮，在弹出的下拉菜单中选择“新建”命令，再单击快速访问工具栏中新添加的“新建”按钮，即可创建一个空白文档。

✧ 按<Ctrl+N>组合键，可直接创建一个空白文档。

### 2. 打开文档

Word 2016 打开文档通常有以下几种方法。

✧ 直接双击要打开的文件图标。

✧ 单击“文件”选项卡→“打开”命令，选择“浏览”命令，则打开“打开”对话框，选择要打开的文件，单击“打开”按钮（或双击要打开的文件）即可。也可以通过单击“最近”或“这台电脑”，打开使用过且已存储的文件。

✧ 单击“自定义快速访问工具栏”按钮，在弹出的下拉菜单中选择“打开”命令，再单击快速访问工具栏中新添加的“打开”按钮即可。

### 3. 保存文档

下列几种方法都可以实现保存文档。

✧ 单击快速访问工具栏上的“保存”按钮。

✧ 单击“文件”选项卡→“保存”命令。

✧ 按<Ctrl+S>组合键。

✧ 按<F12>键。

# 3.3 文档的录入与编辑

### 1. 输入文本

新建一个空白文档后，可以直接在文档编辑区中输入文本，输入的内容显示在插入点处。插入点是指文档编辑区中的一个闪烁的黑色竖条“|”，它表明输入字符将出现的位置。输入文本时，插入点自动后移。

Word 有自动换行的功能，当输入到每行的末尾时，不必按<Enter>键，Word 会自动换行；需要新设一个段落时，才按<Enter>键。按<Enter>键标识一个段落的结束和新段落的开始。

### 2. 选定文本

（1）利用鼠标选定文本

✧ 选定一个词：双击该词的任意位置。

✧ 选定一个句子：按住<Ctrl>键的同时单击句子中的任意位置。

✧ 选定一行：将鼠标指针移到该行最左边，当指针变为时单击。

✧ 选定多行：将鼠标指针移到首行最左边，当指针变为时，按住鼠标左键向下拖动到要选定的末行。

✧ 选定一个段落：将鼠标指针移到段落的最左边，当指针变为时，双击鼠标左键；也可在段落中直接三击鼠标左键。

✧ 选定整个文档：将鼠标指针移到文档最左边的任一位置，当指针变为时，三击鼠标左键。

✧ 选定文档中的矩形区域：按住<Alt>键并按住鼠标左键拖动。

✧ 选定文档中的任意连续区域：单击起始位置，按住<Shift>键并移动鼠标指针至终止位置单击。

✧ 选定文档中的任意不连续区域：按住<Ctrl>键，并先后选定待选区域。

（2）利用功能区按钮选定文本

单击“开始”选项卡→“编辑”命令组→“选择”按钮，在弹出的下拉列表框中选择相应操作。

### 3. 插入与删除文本

（1）插入文本

按<Insert>键可以在“插入/改写”方式之间切换，系统默认的输入方式是“插入”方式。“插入”方式下，只要将插入点移到需要插入文本的位置，输入新文本即可。输入时，插入点右边的字符或文字随着新的字符或文字的输入逐一向右移动。“改写”方式下，插入点右边的字符或文字将被新输入的字符或文字替代。

（2）删除文本

要删除单个的字符或文字，可以将插入点置于字符或文字的右边，按<Backspace>键，或将插入点置于字符或文字的左边，按<Delete>键。如果要删除几行或一大块文本，则可以先选定要删除的文本，然后按<Delete>键，或单击“开始”选项卡→“剪贴板”命令组→“剪切”按钮。

如果插入或删除之后想让文本恢复原状，那么只要单击快速访问工具栏上的“撤销”按钮即可。

#### 4. 移动或复制文本

文本的移动或复制通常有以下几种操作方法。

✧ 选定需要移动或复制的文本，按住鼠标左键拖动，将其拖动到目标位置上后释放鼠标，即可将文本移动到目标位置。按住<Ctrl>键的同时按住鼠标左键并拖动鼠标，将其拖到目标位置后释放鼠标及<Ctrl>键即可复制所选文本。

✧ 选定需要移动或复制的文本，按<Ctrl+X>组合键剪切，进入目标位置，按<Ctrl+V>组合键，即可实现移动文本。按<Ctrl+C>组合键复制，进入目标位置，按<Ctrl+V>组合键，即可复制文本。

✧ 选定需要移动或复制的文本，单击鼠标右键，在弹出的快捷菜单中选择“剪切”命令（或“复制”命令），将插入点移到目标位置，在快捷菜单中选择“粘贴”命令，即可将所选定的文本移动（或复制）到目标位置。

✧ 选定需要移动或复制的文本，单击“开始”选项卡→“剪贴板”命令组→“剪切”按钮（或“复制”按钮），将插入点移到目标位置，单击“剪贴板”命令组→“粘贴”按钮，即可将所选定的文本移动（或复制）到目标位置。

#### 5. 查找与替换文本

（1）用“导航”输入框查找文本

具体操作步骤如下。

① 单击“开始”选项卡→“编辑”命令组→“查找”按钮，在下拉列表框中选择“查找”命令，文档编辑区左侧出现“导航”输入框。

② 在“导航”输入框中，输入需要查找的内容（如“文本”），文档中所有的对应字符自动被突出显示。

（2）用“查找和替换”对话框查找文本

具体操作步骤如下。

① 单击“开始”选项卡→“编辑”命令组→“替换”按钮，在打开的“查找和替换”对话框中单击“查找”标签页；或者单击“开始”选项卡→“编辑”命令组→“查找”右侧下拉按钮，在弹出的下拉列表框中选择“高级查找”命令，打开“查找和替换”对话框的“查找”标签页。

② 可直接在“查找内容”输入框中输入文字或通配符来进行查找。

③ 单击“更多”按钮，会显示出更多搜索选项。此时，“不限定格式”按钮呈暗灰色禁用状态，而“格式”按钮和“特殊格式”按钮可用。

④ 设定搜索内容和搜索规则后，单击“查找下一处”按钮。Word 将按搜索规则查找指定的文本，并突出显示找到的符合查找条件的内容。

⑤ 如果此时单击“取消”按钮，关闭“查找和替换”对话框，插入点停留在当前查找到的文本处。如果还需继续查找，可重复单击“查找下一处”按钮，直到整个文档查找完毕为止。

（3）用“查找和替换”对话框替换文本

具体操作步骤如下。

① 单击“开始”选项卡→“编辑”命令组→“替换”按钮，打开“查找和替换”对话框的“替换”标签页。

② 在“查找内容”输入框中输入要查找的文本内容，在“替换为”输入框中输入要替换的文

本内容。

③ 单击“更多”按钮，会显示出更多搜索选项。在“搜索选项”下指定搜索范围。

④ 单击“替换”按钮或“全部替换”按钮后，Word 按照搜索规则开始查找和替换。如果单击“全部替换”按钮，则 Word 自行查找并替换符合查找条件的所有内容，直到完成全部替换操作。如果单击“替换”按钮，则 Word 逐个突出显示符合查找条件的内容，并在替换时让用户确认。用户可以有选择地进行替换，对于不需要替换的文本，可以单击“查找下一处”按钮，跳过此处。

⑤ 替换完毕后，Word 会弹出一个对话框，表明已经完成文档的替换，单击“确定”按钮，关闭对话框。

### 6. 撤销和恢复

撤销是取消上一步在文档中所做的修改，可采用以下 3 种操作方法之一。

✧ 单击快速访问工具栏上的“撤销”按钮，可撤销上一步操作，继续单击该按钮，可撤销多步操作。

✧ 单击“撤销”右侧下拉按钮，在下拉列表框中可选择撤销到某一指定的操作。

✧ 按<Ctrl+Z>（或<Alt+Backspace>）组合键，可撤销上一步操作，继续按该组合键，可撤销多步操作。

恢复操作和撤销操作是相对应的，恢复的就是被撤销的操作。可采用以下 2 种操作方法之一。

✧ 单击快速访问工具栏上的“恢复”按钮，可恢复被撤销的上一步操作，继续单击该按钮，可恢复被撤销的多步操作。

✧ 按<Ctrl+Y>组合键，可恢复被撤销的上一步操作，继续按该组合键，可恢复被撤销的多步操作。

## 3.4 文档排版技术

### 1. 字符格式设置

（1）使用功能区按钮快速设置

具体操作步骤如下。

① 选中要设置字符格式的文本。

② 单击“开始”选项卡→“字体”命令组，可直接使用命令组中的相关按钮（以及右侧的下拉按钮），实现快速设置字体、字形和字号，以及颜色、下画线与文字效果等。

（2）使用“字体”对话框进行更具体的设置

具体操作步骤如下。

① 选中要设置字符格式的文本。

② 单击“开始”选项卡→“字体”命令组右下角的“对话框启动器”按钮，打开“字体”对话框，分别在“字体”标签页和“高级”标签页中进行字符格式设置。

③ 单击“确定”按钮即可。

单击“字体”对话框下方的“文字效果”按钮，打开“设置文本效果格式”对话框，可以通过“文本填充与轮廓”标签页对所选择的文本进行“文本填充”和“文本轮廓”效果设置；可以通过“文字效果”标签页对所选择的文本进行“阴影”“映像”“发光”“柔化边缘”“三维格式”等特殊效果设置。

（3）使用“浮动工具栏”设置

选中文本并将鼠标指向文本后，在选中文本的右上角会出现“浮动工具栏”，利用它进行设置的方法与通过功能区按钮进行设置的方法相同。

**2. 段落格式设置**

（1）使用功能区按钮快速设置

具体操作步骤如下。

① 选中要设置段落格式的段落。

② 单击“开始”选项卡→“段落”命令组，可直接使用命令组中的相关按钮快速对段落缩进、段落对齐方式、行和段落间距、边框、底纹、项目符号和编号等进行设置。

（2）使用“段落”对话框设置

具体操作步骤如下。

① 选中要设置段落格式的段落。

② 单击“开始”选项卡→“段落”命令组右下角的“对话框启动器”按钮，打开“段落”对话框，在“缩进和间距”标签页中进行段落格式设置。

③ 单击“确定”按钮即可。

**3. 边框与底纹**

使用“边框和底纹”对话框设置，具体操作步骤如下。

① 选中要设置边框与底纹的对象。

② 单击“设计”选项卡→“页面背景”命令组→“页面边框”按钮；或者单击“开始”选项卡→“段落”命令组→“边框”右侧下拉按钮，在弹出的下拉列表框中选择“边框和底纹”选项。打开“边框和底纹”对话框，分别在“边框”标签页、“页面边框”标签页和“底纹”标签页中进行边框、页面边框和底纹的设置。

③ 单击“确定”按钮即可。

**4. 项目符号和编号**

（1）使用功能区按钮设置

添加项目符号的具体操作步骤如下。

① 选中要添加项目符号的段落。

② 单击功能区的“开始”选项卡→“段落”命令组→“项目符号”按钮，即可给已经存在的段落按默认的样式加项目符号。或者单击该按钮右侧的下拉按钮，在弹出的下拉列表框中选择其他项目符号样式。

添加编号的具体操作步骤如下。

① 选中要添加编号的段落。

② 单击功能区的“开始”选项卡→“段落”命令组→“编号”按钮，即可给已经存在的段落按默认的样式加编号。或者单击该按钮右侧下拉按钮，在弹出的下拉列表框中选择其他编

号样式。

（2）使用对话框设置

具体操作步骤如下。

如果需要定义更多新的项目符号或编号，则单击“项目符号”或“编号”按钮右侧下拉按钮，在下拉列表框中选择“定义新项目符号”选项或“定义新编号格式”选项，在打开的相应对话框中进行设置，最后单击“确定”按钮即可。

**5. 分栏设置**

（1）使用功能区按钮快速设置

具体操作步骤如下。

① 选中需要分栏排版的文本。

② 单击“布局”选项卡→“页面设置”命令组→“分栏”按钮，在弹出的下拉列表框中选择某个选项，即可对所选内容进行相应的分栏设置。

（2）使用“分栏”对话框进行更多形式的分栏设置

具体操作步骤如下。

① 选中需要分栏排版的文本。

② 单击“布局”选项卡→“页面设置”命令组→“分栏”按钮，在弹出的下拉列表框中选择“更多分栏”选项，在打开的“分栏”对话框中进行设置。

③ 单击“确定”按钮即可。

**6. 首字下沉**

（1）使用功能区按钮快速设置

具体操作步骤如下。

① 将插入点放在需要设置首字下沉的段落中，或选中段落开头的多个字符。

② 单击“插入”选项卡→“文本”命令组→“首字下沉”按钮，在下拉列表框中选择所需要的选项。

（2）使用“首字下沉”对话框进行更具体的设置

具体操作步骤如下。

① 将插入点放在需要设置首字下沉的段落中，或选中段落开头的多个字符。

② 单击“插入”选项卡→“文本”命令组→“首字下沉”按钮，在下拉列表框中选择“首字下沉选项”，在打开的“首字下沉”对话框中进行设置。

③ 单击“确定”按钮即可。

**7. 应用样式**

如果要对文档中的文本应用样式，则先选中这段文本，然后单击“开始”选项卡→“样式”命令组中提供的样式即可。

如果需要更多的样式选项，则可以单击功能区的“开始”选项卡→“样式”命令组右侧的“其他”按钮，在下拉列表框中显示出了可供选择的所有样式。

如果要删除某文本中已经应用的样式，可先将其选中，单击“开始”选项卡→“样式”命令组右侧的“其他”按钮，在下拉列表框中选择“清除格式”选项即可。

# 3.5　表格处理

### 1. 表格的创建

（1）使用功能区按钮快速插入表格

具体操作步骤如下。

① 将光标定位到文档中需要插入表格的位置。

② 单击“插入”选项卡→“表格”命令组→“表格”按钮，弹出的下拉列表框中显示一个示意网格。

③ 在示意网格中拖动鼠标指针，顶部显示当前表格的列数和行数（如“4×5 表格”），与此同时，文档中也同步出现相应行列的表格，显示满意的行列（如“7×6 表格”）时，单击即可快速插入相应的表格。

（2）使用“插入表格”对话框创建表格

具体操作步骤如下。

① 将光标定位到要插入表格的位置。

② 单击“插入”选项卡→“表格”命令组→“表格”按钮，在弹出的下拉列表框中选择“插入表格”选项，打开“插入表格”对话框进行表格的具体设置。

③ 单击“确定”按钮即可。

（3）通过绘制表格功能自定义插入需要的表格

具体操作步骤如下。

① 将光标定位到要插入表格的位置。

② 单击“插入”选项卡→“表格”命令组→“表格”按钮，弹出“插入表格”下拉列表框。

③ 在“插入表格”下拉列表框中选择“绘制表格”选项，鼠标指针呈现铅笔形状，在文档中拖动鼠标指针手动绘制表格。

（4）使用“快速表格”级联菜单实现表格创建

具体操作步骤如下。

① 将光标定位到要插入表格的位置。

② 单击“插入”选项卡→“表格”命令组→“表格”按钮，弹出“插入表格”下拉列表框。

③ 在“插入表格”下拉列表框中选择“快速表格”选项，打开的级联菜单中会显示系统的内置表格样式，从中选择所需要的表格样式，即可快速地创建一个表格。

### 2. 选定表格

选定表格通常有以下几种方法。

✧ 选定一个单元格：单击该单元格左边界。

✧ 选定一行（或多行）：将鼠标指针移到该行最左边，当指针变为↗时单击（向下或向上拖动鼠标）。

✧ 选定一列（或多列）：将鼠标指针移到该列最上边，当指针变为⬇时单击（向左或向右拖动鼠标）。

✧ 选定连续单元格：拖动鼠标选取，或按住<Shift>键用方向键选取。

✧ 选定不连续的单元格：选中一个单元格后，按住<Ctrl>键，依次选中其余多个不连续的区域。

✧ 选定整个表格：选择所有行或所有列，或单击表格左上角的移动控制点。

**3. 调整表格行高或列宽**

调整表格行高或列宽，通常有以下几种操作方法。

（1）使用鼠标拖动调整行高或列宽

具体操作方法如下。

将鼠标指向此行的下边框线，鼠标指针会变成垂直分离的双向箭头，直接拖动即可调整本行的高度。将鼠标指向此列的右边框线，鼠标指针会变成水平分离的双向箭头，直接拖动即可调整本列的宽度。

（2）使用功能区按钮调整行高或列宽

具体操作步骤如下。

① 选定要调整行高和列宽的行、列或表格。

② 单击“表格工具-布局”选项卡→“单元格大小”命令组。在“单元格大小”命令组中的“高度”或“宽度”输入框中输入数值，即可更改单元格大小。

也可以单击“表格工具-布局”选项卡→“单元格大小”命令组→“自动调整”按钮右侧下拉按钮，在弹出的下拉列表框中单击“根据内容自动调整表格”命令，即可实现自动调整表格行高或列宽的目的。

（3）使用“表格属性”对话框调整行高或列宽

具体操作步骤如下。

① 选定要调整行高的行、列或表格。

② 单击“表格工具-布局”选项卡→“表”命令组→“属性”按钮，打开“表格属性”对话框，在“行”标签页中进行行高尺寸的设置，在“列”标签页中进行列宽尺寸的设置。

③ 单击“确定”按钮即可。

**4. 插入或删除行或列**

（1）插入行或列

具体操作步骤如下。

① 将光标定位在要插入行和列的位置。

② 选择“表格工具-布局”选项卡→“行和列”命令组。在“行和列”命令组中根据需要进行选择。

（2）删除行、列或表格

具体操作步骤如下。

① 将光标置于要删除行、列的单元格中。

② 单击“表格工具-布局”选项卡→“行和列”命令组→“删除”按钮，弹出“删除”下拉列表框，根据需要进行选择。

如果选择“删除单元格”选项，会弹出“删除单元格”对话框，进行选择后单击“确定”按钮即可。

**5. 合并和拆分单元格**

（1）合并单元格

具体操作步骤如下。

① 选定要合并的单元格区域。

② 单击“表格工具-布局”选项卡→“合并”命令组→“合并单元格”按钮，即可将所选的单元格区域合并为一个单元格。

（2）拆分单元格

具体操作步骤如下。

① 选定要拆分的单元格。

② 单击“表格工具-布局”选项卡→“合并”命令组→“拆分单元格”按钮，在打开的“拆分单元格”对话框中进行行数、列数的设置。

③ 单击“确定”按钮即可。

**6. 套用表格样式**

如果要对表格应用样式，则在表格的任意单元格内单击鼠标，然后直接单击“表格工具-设计”选项卡→“表格样式”命令组中提供的样式即可。

如果需要更多的表格样式选项，可以单击功能区的“表格工具-设计”选项卡→“表格样式”命令组右侧的“其他”按钮，出现的下拉列表框中显示出了内置的可供选择的所有表格样式。

**7. 设置表格对齐方式**

设置表格对齐方式的具体操作步骤如下。

① 选定需要设置的单元格、行、列或表格。

② 单击“表格工具-布局”选项卡→“对齐方式”命令组，在“对齐方式”命令组中选择所需选项即可。

**8. 设置表格边框与底纹**

设置表格边框与底纹的具体操作步骤如下。

① 选定需要设置的单元格、行、列或表格。

② 单击“表格工具-设计”选项卡→“边框”命令组右下角的“对话框启动器”按钮，打开“边框和底纹”对话框，在对话框的“边框”标签页中进行边框设置，在“底纹”标签页中进行底纹设置。

③ 单击“确定”按钮即可。

**9. 设置表格标题行的重复**

表格标题行重复设置的具体操作步骤如下。

① 选中要设置表格标题行的首行至末行的单列或多列。

② 单击“表格工具-布局”选项卡→“数据”命令组→“重复标题行”按钮，即可设置所选表格标题行的重复。再次单击，则取消设置。

**10. 文本与表格之间的转换**

（1）文本转换成表格

具体操作步骤如下。

① 选中文档中需要转换成表格的文本。

② 单击“插入”选项卡→“表格”命令组→“表格”按钮，在弹出的“表格”下拉列表框中选择“文本转换成表格”选项，在打开的“将文字转换成表格”对话框中进行设置。

③ 单击“确定”按钮即可。

（2）表格转换成文本

具体操作步骤如下。

① 选中需要转换为文本的单元格。如果需要将整张表格转换为文本，则单击表格任意单元格。

② 单击“表格工具-布局”选项卡→“数据”命令组→“转换为文本”按钮，在打开的“表格转换成文本”对话框中进行设置。

③ 单击“确定”按钮即可。

**11. 表格的计算**

表格计算可以使用公式和函数两种方法。

（1）公式计算

具体操作步骤如下。

① 单击准备存放计算结果的单元格。

② 单击“表格工具-布局”选项卡→“数据”命令组→“公式”按钮，在打开的“公式”对话框中的“公式”输入框中编辑公式。

③ 单击“确定”按钮，即可在当前单元格中得到计算结果。

（2）函数计算

具体操作步骤如下。

① 单击准备存放计算结果的单元格。

② 单击“表格工具-布局”选项卡→“数据”命令组→“公式”按钮，打开“公式”对话框。

③ 在打开的“公式”对话框中的“粘贴函数”下拉列表框中选择需要的函数。

④ 单击“确定”按钮，即可得到计算结果。

**12. 表格的排序**

表格排序的操作步骤如下。

① 在需要进行数据排序的表格中单击任意单元格。

② 单击“表格工具-布局”选项卡→“数据”命令组→“排序”按钮，在打开的“排序”对话框中进行设置。

③ 单击“确定”按钮即可。

## 3.6 图文混排

**1. 插入图片**

插入来自文件的图片，具体操作步骤如下。

① 将插入点定位到要插入图片的位置。

② 单击“插入”选项卡→“插图”命令组→“图片”按钮，打开“插入图片”对话框。

③ 在“插入图片”对话框中，选择所需图片。

④ 单击“插入”按钮或双击图片文件名，即可将图片插入文档。

### 2. 插入联机图片

插入联机图片的具体操作步骤如下。

① 将插入点定位到要插入联机图片的位置。

② 单击“插入”选项卡→“插图”命令组→“联机图片”按钮，打开“插入图片”对话框。

③ 在“必应图像搜索”中键入查找图片的关键字（如“华为手机”），单击搜索框右侧“搜索必应”按钮。对话框中会搜索出由必应搜索引擎提供支持的相应图片。

④ 选择所需图片并单击“插入”按钮即可。

### 3. 插入形状

插入形状的具体操作步骤如下。

① 将插入点定位到要插入形状的位置。

② 单击“插入”选项卡→“插图”命令组→“形状”按钮，弹出“形状”下拉列表框。

③ 在“形状”选择下拉列表框中选择所需的形状。

④ 移动鼠标指针到文档中要显示自选形状的位置，按住鼠标左键拖动至合适大小后松开，即可绘制出所选的形状。

### 4. 插入 SmartArt 图形

插入 SmartArt 图形的具体操作步骤如下。

① 将插入点定位到要插入 SmartArt 图形的位置。

② 单击“插入”选项卡→“插图”命令组→“SmartArt”按钮，打开“选择 SmartArt 图形”对话框。

③ 在对话框中选择所需 SmartArt 图形，单击“确定”按钮即可。

### 5. 插入文本框

插入文本框的具体操作步骤如下。

① 将插入点定位到要插入文本框的位置。

② 单击“插入”选项卡→“文本”命令组→“文本框”按钮，弹出下拉列表框。

③ 如果要使用软件自带的文本框样式，直接在“内置”栏中选择所需的文本框样式即可。如果要手工绘制文本框，则选择“绘制文本框”选项；如果要使用竖排文本框，则选择“绘制竖排文本框”选项。进行选择后，鼠标指针在文档中变成十字形，将鼠标指针移动到要插入文本框的位置，按住鼠标左键拖动至合适大小后松开即可。

④ 在插入的文本框中输入文字。

### 6. 插入艺术字

插入艺术字的具体操作步骤如下。

① 将插入点定位到要显示艺术字的位置。

② 单击“插入”选项卡→“文本”命令组→“艺术字”按钮，在弹出的艺术字样式框中选择一种样式。

③ 设置字体、大小等字符样式后，在“请在此放置您的文字”框中键入文字即可。

# 3.7 页面设置与打印

## 1. 页面设置

（1）使用功能区按钮快速设置页面

具体操作步骤如下。

单击“布局”选项卡→“页面设置”命令组，可以单击“文字方向”“页边距”“纸张方向”“纸张大小”“分隔符”等下拉按钮，在弹出的下拉列表框中进行设置。

（2）使用“页面设置”对话框设置页面

具体操作步骤如下。

单击“布局”选项卡→“页面设置”命令组→“页边距”按钮，在弹出的“页边距”下拉列表框中选择“自定义边距”选项，打开“页面设置”对话框。或者单击“页面设置”命令组右下角的“对话框启动器”按钮，打开“页面设置”对话框。在“页面设置”对话框中对“页边距”“纸张方向”“纸张大小”等进行设置。

## 2. 设置页眉、页脚和页码

（1）创建页眉或页脚

设置页眉或页脚的操作步骤如下。

① 单击“插入”选项卡→“页眉和页脚”命令组→“页眉”按钮或“页脚”按钮，弹出下拉列表框。

② 在下拉列表框中选择一种页眉或页脚版式；也可以选择“编辑页眉”选项或“编辑页脚”选项，进入页眉或页脚编辑状态，输入页眉或页脚内容。

（2）设置页眉或页脚的首页不同、奇偶页不同

具体操作步骤如下。

① 将插入点放置在要设置首页不同或奇偶页不同的节或文档中。

② 单击“布局”选项卡→“页面设置”命令组右下角的“对话框启动器”按钮，在打开的“页面设置”对话框中的“版式”标签页进行设置。

③ 设置完成后，单击“确定”按钮即可。

（3）插入页码

插入页码的操作步骤如下。

① 单击“插入”选项卡→“页眉和页脚”命令组→“页码”按钮，弹出“页码”下拉列表框。

② 选择一种页码位置（如“页面底端”），再在弹出的列表中选择一种页码样式（如“普通数字 2”），即可在文档中插入指定位置和样式的页码。

## 3. 打印与预览

在打印之前可使用打印预览快速查看打印页的效果。

单击“文件”选项卡→“打印”命令，进入打印预览与打印设置界面。右侧是打印预览区域，可以预览文档的打印效果。左侧是打印设置区域，可以设置打印份数，选择打印机，设置打印文档的范围、页数，还可以对单双面打印、方向、纸张大小等进行设置。最后，单击“打印”按钮即可。

# 【实验及操作指导】

# 实验 3　Word 2016 的使用

实验 3-1：熟悉文档属性添加、封面设计等操作。（掌握字体格式、段落格式、页面颜色等设置方法。掌握表格的修饰等操作方法。）

## 【具体要求】

打开实验素材“\EX3\EX3-1\Wdzc1.docx”，按下列要求完成对此文档的操作并保存。

① 为文档添加如下属性：文档标题为“智慧校园实践”，单位为“某大学”；插入“花丝”型封面，设置“日期”为“2021-1-8”；删除“文档副标题”和“公司地址”内容控件；将页面设置为上、下页边距各“2 厘米”，左、右页边距“2 厘米”，装订线“0.5 厘米”，位置为“左”。

② 设置标题段字体格式为“红色（标准色）”“小三”“黑体”“预设/外部，右下斜偏移阴影”“加粗”“居中”，并添加“着重号”。

③ 将正文第一段至第四段的文字设置为“宋体”“小四”，段落左右各缩进“0.3 字符”，首行缩进“2 字符”，段后间距“0.6 行”，行距为“1.15 倍”行距。

④ 将正文第二段至第三段分为两栏。第 1 栏栏宽为“12 字符”，第 2 栏栏宽为“26 字符”，栏间加分隔线。为正文第一段设置首字下沉“2 行”，距正文“0.2 厘米”。

⑤ 为紧随小标题“①明确信息……”后的 2 段设置项目符号（导入“Tulips.Jpg”图片文件作为项目符号）。为紧随小标题“②规范业务系统建设……”后的 3 段设置项目符号（使用“符号/Wingdings”字体中的笑脸符号作为项目符号）。

⑥ 设置页面颜色为“水绿色，个性色 5，淡色 80%”。

⑦ 将表标题文字设置为“微软雅黑”“小四”“加粗”，文本效果为“填充-红色，着色 2，轮廓-着色 2”。设置表 1 左侧列的 4 组红色词组文本效果为“红色，8pt 发光，个性色 2”。

⑧ 将表格第一行的底纹设置为“图案-15%”，第二行的底纹设置为“橙色，个性色 6，淡色 80%”，第三行的底纹设置为“白色，背景 1，深色 5%”，最后一行的底纹设置为“茶色，背景 2”。将表 1 两侧的“系统运维服务体系”列、“信息化标准和规范”列和“信息安全保障体系”列的边框设置为“0.5 磅”单实线。仔细检查表 1，修改其中的错别字。

⑨ 保存文件“Wdzc1.docx”。

## 【实验步骤】

双击打开实验素材“\EX3\EX3-1\Wdzc1.docx”文档。

① 单击“文件”菜单→“信息”选项卡→“信息”面板上的“属性”下拉按钮→“高级属性”命令，打开“Wdzc1.docx 属性”对话框。默认显示“摘要”标签页。在“标题”文本框中输入“智慧校园实践”，在“单位”文本框中输入“某大学”，单击“确定”按钮，如图 3-2 所示。

单击“插入”选项卡→“页面”命令组→“封面”下拉按钮，在“内置”样式列表中单击“花丝”样式，如图 3-3 所示。单击“日期”内容控件右侧下拉按钮，选择“2021-1-8”，如图 3-4 所示。右键单击“副标题”内容控件，在快捷菜单中选择“删除内容控件”命令，如图 3-5 所示。以同样的操作方法删除“地址”内容控件。

单击“布局”选项卡→“页面设置”命令组右下角的“对话框启动器”按钮，打开“页面设置”对话框。在“页面设置”对话框中单击“页边距”标签页，在“页边距”区域中的“上”“下”“左”“右”组合框中均输入“2 厘米”，“装订线”组合框中输入“0.5 厘米”，单击“装订线位置”下拉按钮，选择“左”，单击“确定”按钮。

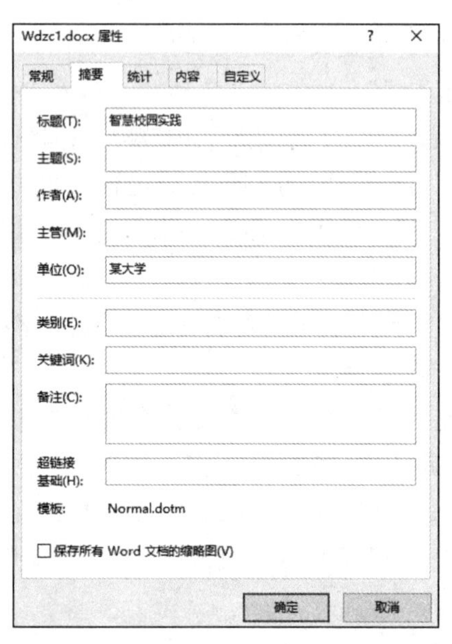


图 3-2 “Wdzc1.docx 属性”对话框→“摘要”标签页

图 3-3 “内置”样式列表

图 3-4 “日期”内容控件

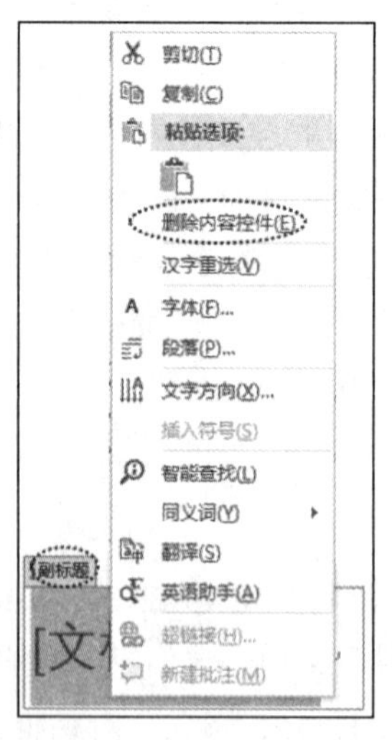


图 3-5 右键单击“内容控件”的快捷菜单

② 选中标题段，单击“开始”选项卡→“字体”命令组右下角的“对话框启动器”按钮，打开“字体”对话框，如图 3-6 所示。在对话框的“字体”标签页中，单击“中文字体”下拉按钮，选择“黑体”；在“字号”组合框中选择“小三”；在“字形”组合框中选择“加粗”；单击“字体颜色”下拉按钮，弹出调色板，在“标准色”中，选择“红色”；单击“着重号”下拉按钮，选择“·”，单击“确定”按钮。单击“开始”选项卡→“字体”命令组→“文本效果和版式”下拉按钮，在弹出的列表中，选择“阴影”，再选择“右下斜偏移”。

单击“开始”选项卡→“段落”命令组→“居中”按钮。

③ 拖动鼠标选择正文的第一段至第四段，单击“开始”选项卡→“字体”命令组右下角的“对话框启动器”按钮，打开“字体”对话框。单击“中文字体”下拉按钮选择“宋体”，在“字号”组合框中选择“小四”，单击“确定”按钮。

单击“开始”选项卡→“段落”命令组右下角的“对话框启动器”按钮，打开“段落”对话框。在“左侧”和“右侧”组合框中输入“0.3 字符”；在“特殊格式”组合框中选择“首行缩进”，在“缩进值”组合框中输入“2 字符”；在“段后”组合框中输入“0.6 行”；单击“行距”下拉按钮，选择“多倍行距”，在“设置值”组合框中输入“1.15”，单击“确定”按钮，如图 3-7 所示。

图 3-6　“字体”对话框→“字体”标签页

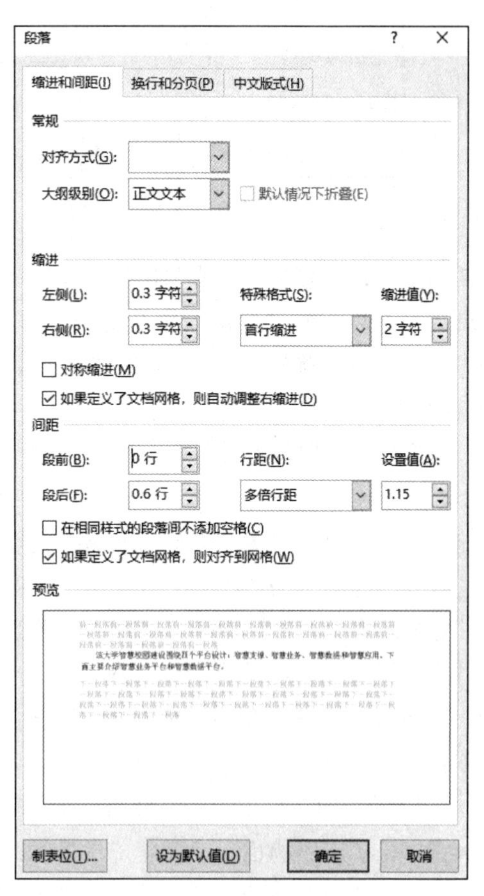


图 3-7　“段落”对话框

④ 拖动鼠标选择正文的第二段至第三段，单击“布局”选项卡→“页面设置”命令组→“分

栏”下拉按钮，选择“更多分栏”选项，弹出“分栏”对话框。在“预设”选项区中，选择“偏左”，在第1栏的“宽度”组合框中输入“12字符”，第2栏的“宽度”组合框中输入“26字符”，选中“分隔线”复选框，单击“确定”按钮，如图3-8所示。

将插入点定位到正文第一段，单击“插入”选项卡→“文本”命令组→“首字下沉”按钮，在下拉列表框中选择“首字下沉”选项，弹出“首字下沉”对话框。在“位置”选项区选择“下沉”，在“下沉行数”组合框中设置“2”，在“距正文”组合框中设置“0.2厘米”，单击“确定”按钮，如图3-9所示。

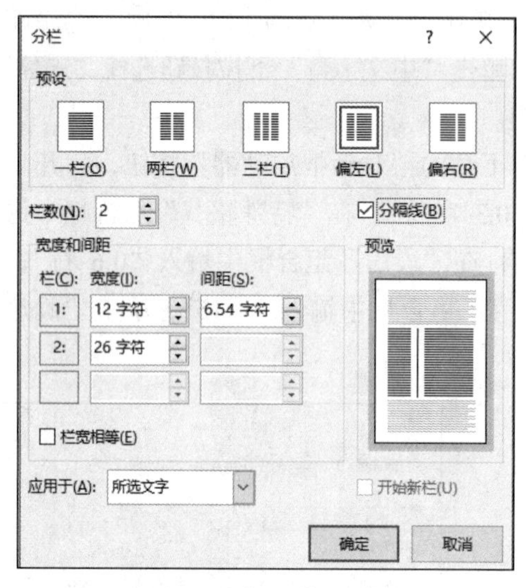


图3-8 “分栏”对话框

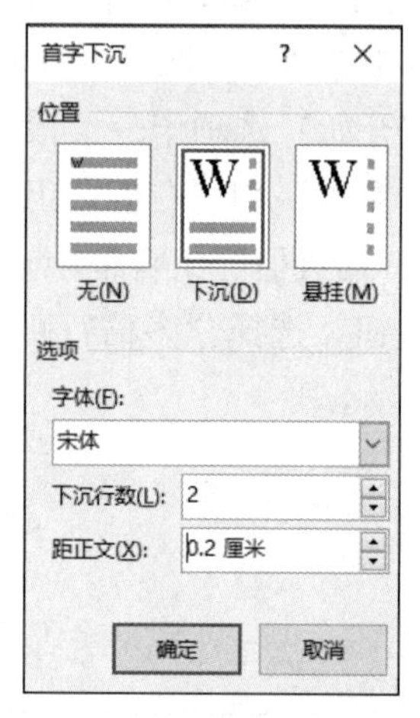


图3-9 “首字下沉”对话框

⑤ 拖动鼠标选择小标题“①明确信息……”后的2段，单击“开始”选项卡→“段落”命令组→“项目符号”下拉按钮，选择“定义新项目符号”命令，打开“定义新项目符号”对话框，如图3-10所示，单击“图片”按钮，打开“插入图片”对话框，选择“从文件”，选择图片所在文件夹，选择图片，单击“插入”按钮。

拖动鼠标选择小标题“②规范业务系统建设……”后的3段，单击“开始”选项卡→“段落”命令组→“项目符号”下拉按钮，选择“定义新项目符号”命令，打开“定义新项目符号”对话框，单击“符号”按钮，打开“符号”对话框，在“字体”组合框中选择“Wingdings”，单击笑脸符号图标，单击“确定”按钮返回“定义新项目符号”对话框，单击“确定”按钮。

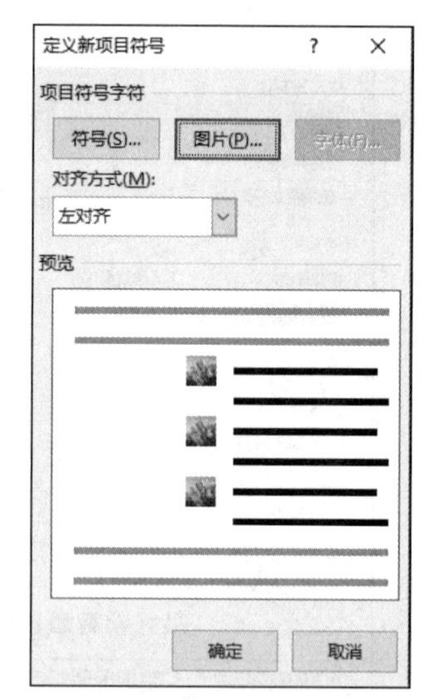


图3-10 “定义新项目符号”对话框

⑥ 单击“设计”选项卡→“页面背景”命令组→“页面颜色”下拉按钮，在“主题颜色”中选择“水绿色，个性色5，淡色80%”。

⑦ 选中表标题，单击“开始”选项卡→“字体”命令组→“字体”下拉按钮，选择“微软雅黑”；单击“字号”下拉按钮，选择“小四”；单击“加粗”按钮；单击“文本效果和版式”下拉按钮，在列表中选择“填充-红色，着色2，轮廓-着色2”。

拖动鼠标选择“智慧应用”红色词组，单击“开始”选项卡→“字体”命令组→“文本效果和版式”，单击“发光”命令，在出现的预设发光样式列表中选择“红色，8pt 发光，个性色 2”。依次选择词组，按<F4>键，完成其他 3 个词组的设置。

⑧ 鼠标选中第一行的单元格，单击“开始”选项卡→“段落”命令组→“边框”右侧下拉按钮，在显示的下拉列表中选择“边框和底纹”命令，打开“边框和底纹”对话框，切换到“底纹”标签页。在“图案-样式”列表里选择“15%”，单击“确定”按钮，如图 3-11 所示。

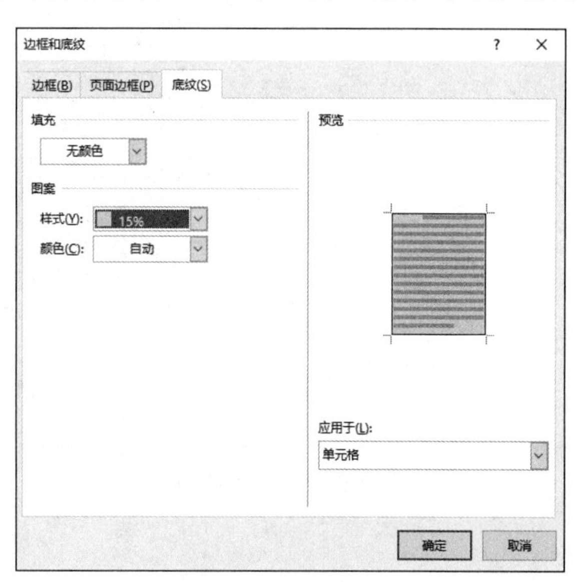


图 3-11　“边框和底纹”对话框→“底纹”标签页

鼠标选中第二行的单元格，单击“表格工具-设计”选项卡→“表格样式”命令组→“底纹”下拉按钮，在弹出的“颜色”面板中单击“橙色，个性色 6，淡色 80%”，如图 3-12 所示。

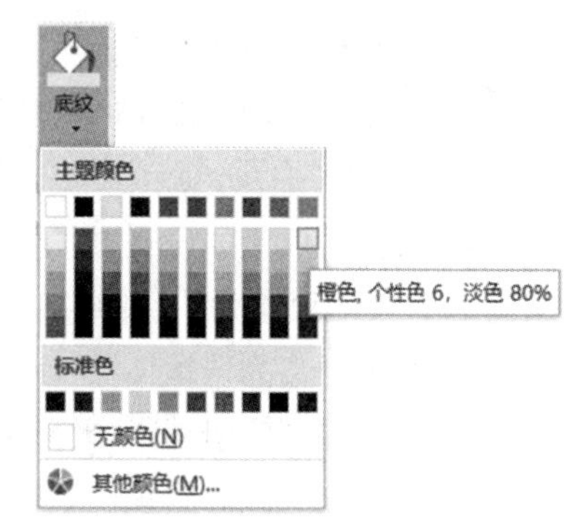


图 3-12　“底纹”颜色面板

同样的操作方法，选中第三行的单元格，在颜色面板中单击“白色，背景 1，深色 5%”。

选中最后一行的单元格，在颜色面板中单击“茶色，背景 2”。

选中“系统运维服务体系”列，单击“表格工具-设计”选项卡→“边框”命令组→“边框”下拉按钮，单击“所有框线”按钮。

同样方法，选中“信息化标准和规范”列和“信息安全保障体系”列，再次单击“所有框线”按钮。将表格中的“摘要”改为“资源”。

⑨ 单击快速访问工具栏上的“保存”按钮。完成后的样张如图 3-13 所示。

**实验 3-2**：掌握页面边框的设置方法。掌握文本效果、分栏等设置方法。掌握表格应用样式、表格的修饰、表格中数据的计算和排序等设置方法。

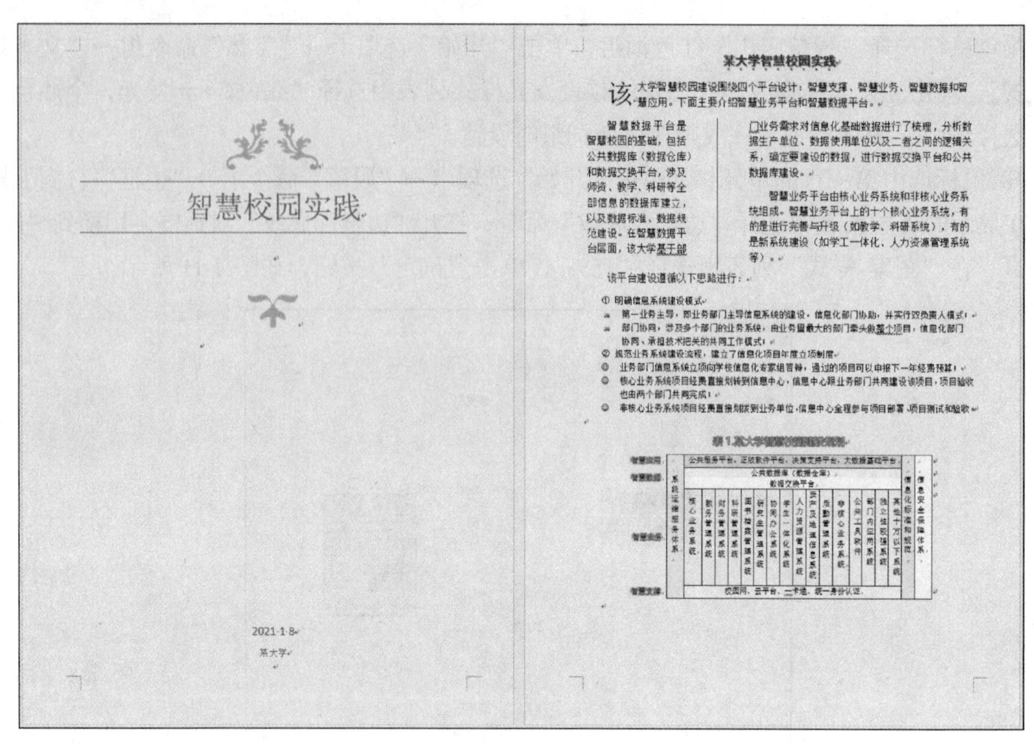


图 3-13　Wdzc1.docx 文档完成样张

## 【具体要求】

打开实验素材“\EX3\EX3-2\Wdzc2.docx”，按下列要求完成对此文档的操作并保存。

① 将文中所有错词“人声”替换为“人生”。

② 为文档页面添加 15 磅“苹果”型艺术边框。设置纸张方向为“横向”，上、下页边距各为“3 厘米”，左、右页边距为“2.5 厘米”。

③ 将标题段文字设置为“隶书”“小三”“红色”“加粗”，文本效果为“红色，11pt 发光，个性色 2”，段落设置为“居中”。

④ 设置正文为“楷体”“小四”，段落格式为首行缩进“2 字符”，“1.15”倍行距。

⑤ 将文本“活出精彩 搏出人生……我终于学会了坚强。”分为等宽的 2 栏、栏宽为“32 字符”，并添加分隔线。添加内置“空白”型页眉。键入文字“校园报”，设置页眉文字为“黑体”“三号”“深红（标准色）”“加粗”。

⑥ 将文中后 12 行文字转换为一个 12 行 5 列的表格，文字分隔位置为“空格”；设置表格列宽为“2.5 厘米”，行高为“0.5 厘米”；将表格第一行合并为一个单元格。为表格应用样式“浅色网格-着色 2”。设置表格整体居中。

⑦ 将表格第一行文字设置为“黑体”“小三”，字间距“加宽”“1.5 磅”，并以“黄色”突出显示；统计各班金、银、铜牌合计，各类奖牌合计填入相应的行和列。

⑧ 以“金牌”为主要关键字，“降序”；“银牌”为次要关键字，“降序”；“铜牌”为第三关键字，“降序”，对 9 个班进行排序。

⑨ 保存文件“Wdzc2.docx”。

## 【实验步骤】

双击打开实验素材“\EX3\EX3-2\Wdzc2.docx”文档。

① 单击“开始”选项卡→“编辑”命令组→“替换”按钮，打开“查找和替换”对话框的“替换”标签页。在“查找内容”文本中输入“人声”，在“替换为”文本中输入“人生”，单击“全部替换”按钮，如图 3-14 所示。

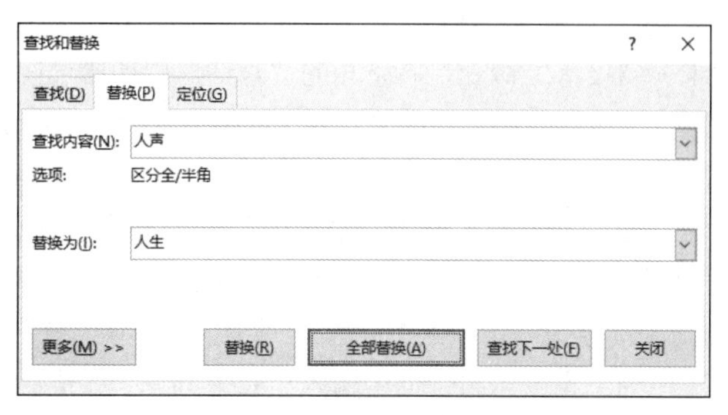


图 3-14 “查找和替换”对话框

② 单击“设计”选项卡→“页面背景”命令组→“页面边框”按钮，打开“边框和底纹”对话框的“页面边框”标签页，单击“艺术型”下拉按钮，选择“苹果”，在“宽度”组合框中输入“15 磅”，单击“确定”按钮，如图 3-15 所示。

单击“布局”选项卡→“页面设置”命令组右下角的“对话框启动器”按钮，打开“页面设置”对话框。在“页面设置”对话框中选择“页边距”标签页，在“纸张方向”选项区单击“横向”，在“页边距”区域中的“上”“下”组合框中输入“3 厘米”、“左”“右”组合框中输入“2.5 厘米”，单击“确定”按钮，如图 3-16 所示。

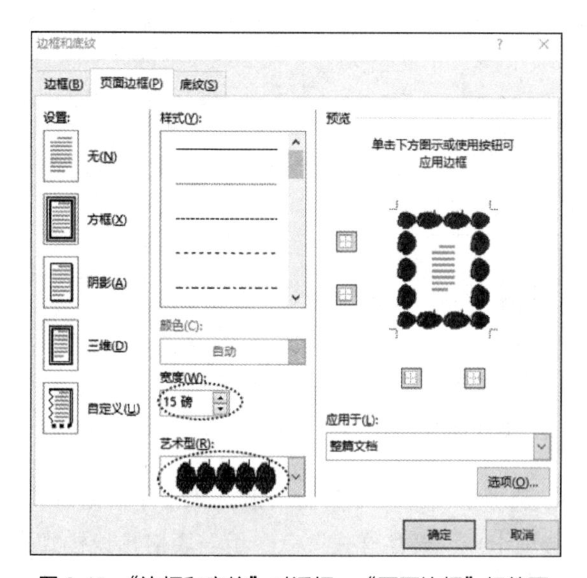


图 3-15 “边框和底纹”对话框→“页面边框”标签页

图 3-16 “页面设置”对话框

③ 选中标题段，在“开始”选项卡→“字体”命令组→“字体”下拉按钮，选择“隶书”；单击“字号”组合框选择“小三”；单击“字体颜色”下拉按钮，在“颜色”面板的“标准色”中，单击“红色”；单击“加粗”按钮；单击“文本效果和版式”下拉按钮，单击“发光”命令，在弹出的预设发光样式列表中，选择“红色，11pt 发光，个性色 2”。

单击“开始”选项卡→“段落”命令组→“居中”按钮。

④ 拖动鼠标选择正文部分，在“开始”选项卡→“字体”命令组中，单击“字体”组合框选择“楷体”，单击“字号”组合框选择“小四”。

单击“开始”选项卡→“段落”命令组右下角的“对话框启动器”按钮，打开“段落”对话框。“特殊格式”选择“首行缩进”，在“缩进值”组合框中输入“2 字符”；单击“行距”组合框选择“多倍行距”，在“设置值”组合框中输入“1.15”，单击“确定”按钮。

⑤ 将插入点定位到标题前，拖动鼠标选到正文结束（“活出精彩 搏出人生……我终于学会了坚强。”），单击“布局”选项卡→“页面设置”命令组→“分栏”下拉按钮，选择“更多分栏”选项，弹出“分栏”对话框。在“预设”选项区中，选择“两栏”，选中“分隔线”复选框，选中“栏宽相等”复选框，在第 1 栏的“宽度”组合框中输入“32 字符”，单击“确定”按钮。

单击“插入”选项卡→“页眉和页脚”命令组→“页眉”下拉按钮，在“内置”样式中选择“空白”型页眉，在“在此处键入”处输入“校园报”。

选中输入的文字，在“开始”选项卡→“字体”命令组→“字体”下拉按钮，选择“黑体”；单击“字号”组合框选择“三号”；单击“加粗”按钮；单击“字体颜色”下拉按钮，单击“标准色”中的“深红”。单击“页眉和页脚工具-设计”选项卡→“关闭”命令组→“关闭页眉和页脚”按钮。

⑥ 拖动鼠标选择文中后 12 行，单击“插入”选项卡→“表格”命令组→“表格”下拉按钮，选择“文字转换成表格”，弹出“将文字转换成表格”对话框，在“文字分隔位置”区域中选中“空格”单选项，单击“确定”按钮，如图 3-17 所示。

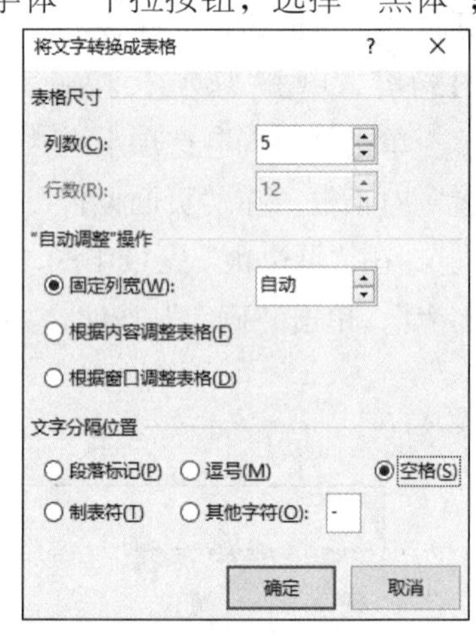

图 3-17 “将文字转换成表格”对话框

选中整张表格，在“表格工具-布局”选项卡→“单元格大小”命令组“宽度”“高度”组合框中分别输入“2.5 厘米”“0.5 厘米”；单击“表格工具-布局”选项卡→“对齐方式”命令组→“水平居中”按钮，如图 3-18 所示。

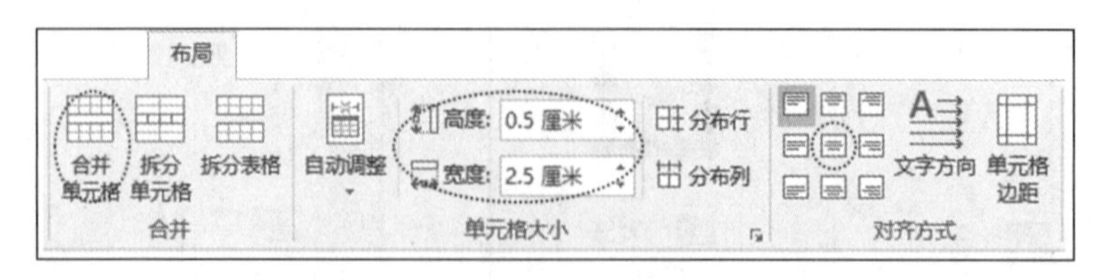

图 3-18 “表格工具-布局”选项卡

选中表格第一行，单击“表格工具-布局”选项卡→“合并”命令组→“合并单元格”按钮。

选中整张表格，单击“表格工具-设计”选项卡→“表格样式”命令组→表格预设样式列表右侧的“其他”按钮，选择“修改表格样式”命令，打开“修改样式”对话框，在“样式基准”下拉列表中选择“浅色网格-着色 2”，单击“确定”按钮，如图 3-19 所示。单击“表格工具-布局”选项卡→“表”命令组→“属性”按钮，打开“表格属性”对话框，在“表格”标签页的“对齐方式”选项区中选择“居中”，单击“确定”按钮，如图 3-20 所示。

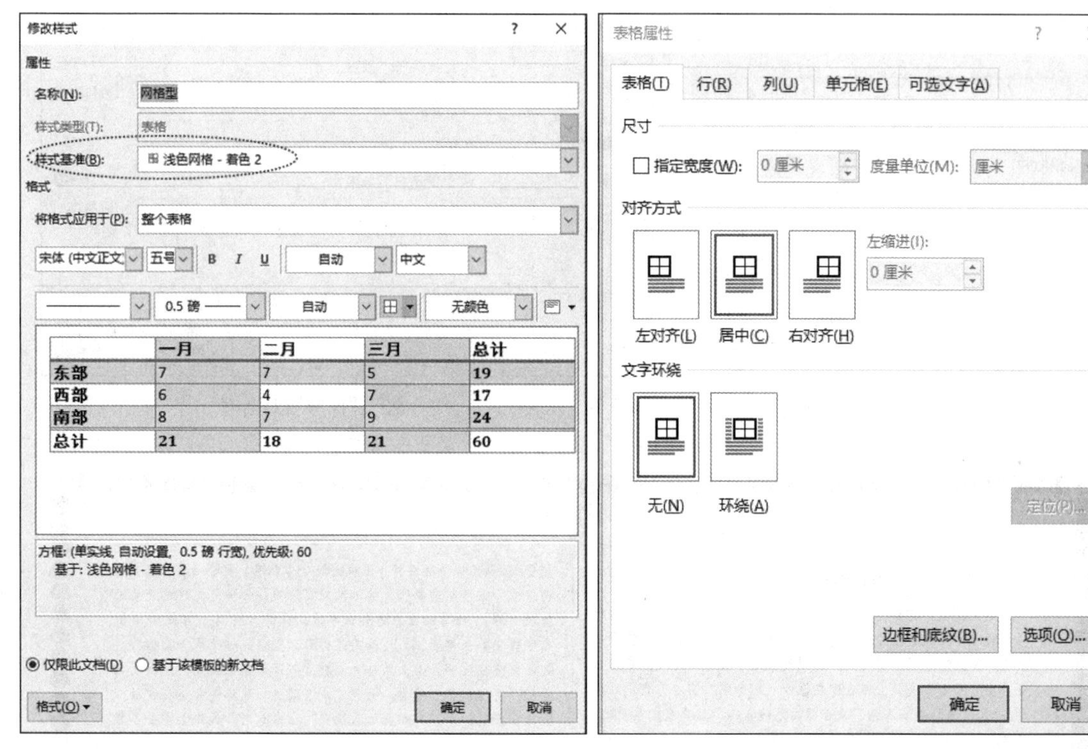


图 3-19 “修改样式”对话框　　　　图 3-20 “表格属性”对话框

⑦ 选中第一行文字，单击“开始”选项卡→“字体”命令组右下角的“对话框启动器”按钮，打开“字体”对话框。在对话框的“字体”标签页中，在“中文字体”组合框选择“黑体”，在“字号”组合框中选择“小三”。单击“高级”标签页，在“间距”组合框中选择“加宽”，在“磅值”组合框中输入“1.5 磅”，单击“确定”按钮。单击“开始”选项卡→“字体”命令组→“以不同颜色突出显示文本”下拉按钮，单击“黄色”。

鼠标光标定位到表格中“商务 1 班”对应的合计单元格，单击“表格工具-布局”选项卡→“数据”命令组→“公式”按钮，打开“公式”对话框，输入公式“=SUM(LEFT)”，单击“确定”按钮，如图 3-21 所示。光标定位到其他单元格，按<F4>键，完成其他班级的奖牌合计。光标定位到第 2 列的最下面单元格，依照上述方法，输入公式“=SUM(ABOVE)”，完成奖牌合计。

⑧ 拖动鼠标选择表格第 2 行到第 11 行，单击“表格工具-布局”选项卡→“数据”命令组→“排序”按钮，打开“排序”对话框。在“列表”区域，选中“有标题行”单选项，在“主要关键字”组合框中选择“金牌”，在“类型”组合框中选择“数字”，选中“降序”单选项；用同样方法设定“银牌”为次要关键字，“铜牌”为第三关键字，单击“确定”按钮，如图 3-22 所示。

⑨ 单击快速访问工具栏上的“保存”按钮。完成后的样张如图 3-23 所示。

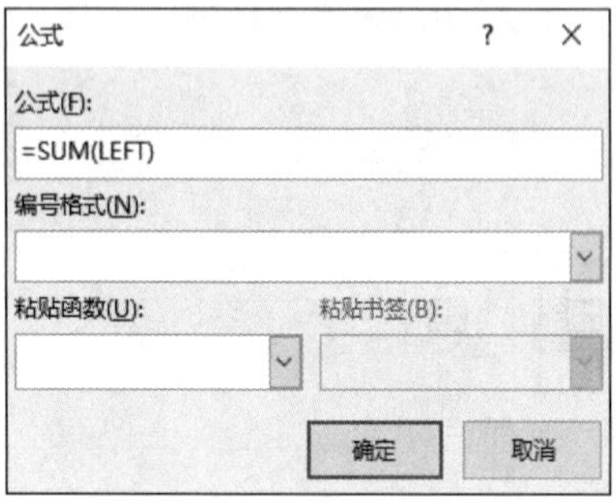

公式 ? ×

公式(F):

=SUM(LEFT)

编号格式(N):

粘贴函数(U): 粘贴书签(B):

确定 取消

图 3-21 “公式”对话框

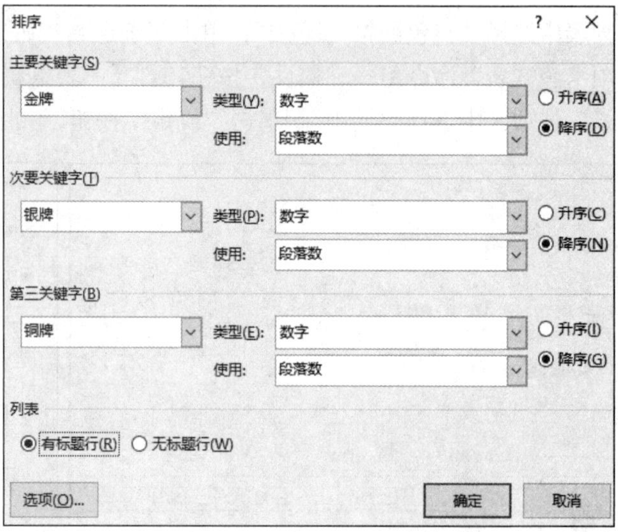

排序 ? ×

主要关键字(S)

金牌 类型(Y): 数字 ○升序(A)

使用: 段落数 ◉降序(D)

次要关键字(T)

银牌 类型(P): 数字 ○升序(C)

使用: 段落数 ◉降序(N)

第三关键字(B)

铜牌 类型(E): 数字 ○升序(I)

使用: 段落数 ◉降序(G)

列表

◉有标题行(R) ○无标题行(W)

选项(O)... 确定 取消

图 3-22 “排序”对话框

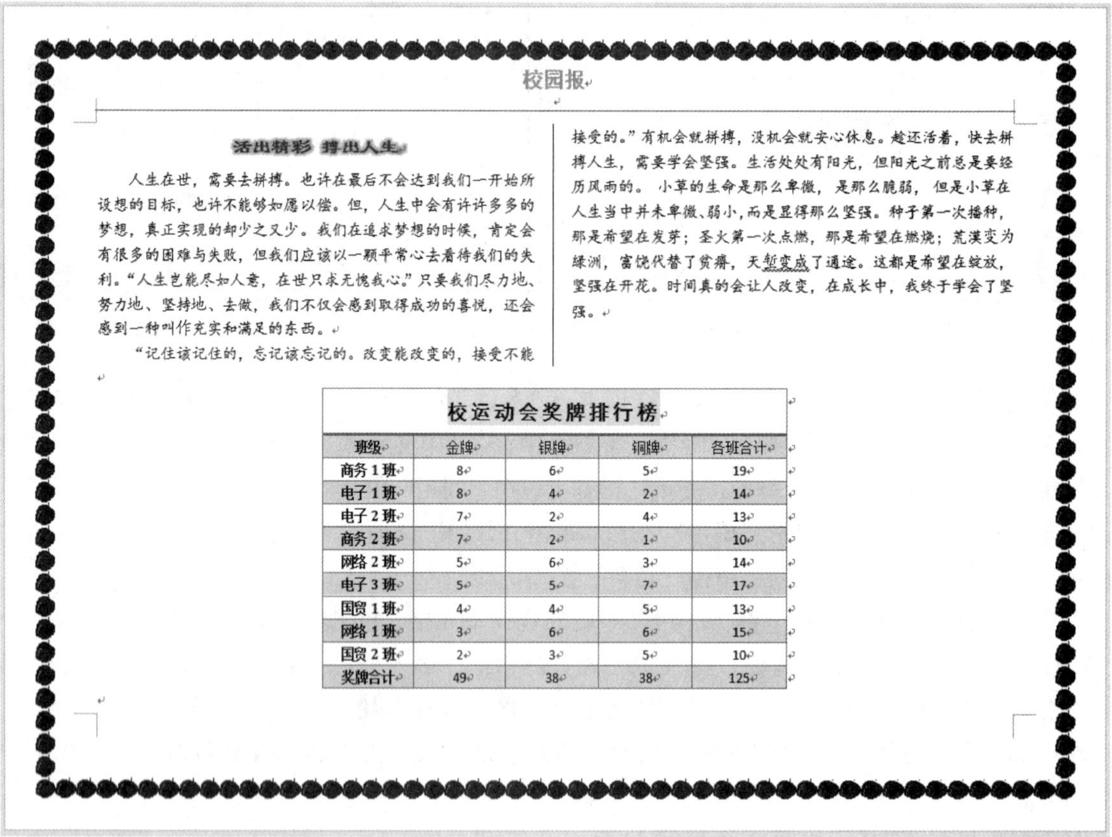

校园报

活出精彩 拼出人生

人生在世，需要去拼搏。也许在最后不会达到我们一开始所设想的目标，也许不能够如愿以偿。但，人生中会有许许多多的梦想，真正实现的却少之又少。我们在追求梦想的时候，肯定会有很多的困难与失败，但我们应该以一颗平常心去看待我们的失利。“人生岂能尽如人意，在世只求无愧我心。”只要我们尽力地、努力地、坚持地、去做，我们不仅会感到取得成功的喜悦，还会感到一种叫作充实和满足的东西。

“记住该记住的，忘记该忘记的。改变能改变的，接受不能接受的。”有机会就拼搏，没机会就安心休息。趁还活着，快去拼搏人生，需要学会坚强。生活处处有阳光，但阳光之前总是要经历风雨的。小草的生命是那么卑微，是那么脆弱，但是小草在人生当中并未卑微、弱小，而是显得那么坚强。种子第一次播种，那是希望在发芽；圣火第一次点燃，那是希望在燃烧；荒漠变为绿洲，富饶代替了贫瘠，天堑变成了通途。这都是希望在绽放，坚强在开花。时间真的会让人改变，在成长中，我终于学会了坚强。

校运动会奖牌排行榜

| 班级 | 金牌 | 银牌 | 铜牌 | 各班合计 |
|---|---|---|---|---|
| 商务 1 班 | 8 | 6 | 5 | 19 |
| 电子 1 班 | 8 | 4 | 2 | 14 |
| 电子 2 班 | 7 | 2 | 4 | 13 |
| 商务 2 班 | 7 | 2 | 1 | 10 |
| 网络 2 班 | 5 | 6 | 3 | 14 |
| 电子 3 班 | 5 | 5 | 7 | 17 |
| 国贸 1 班 | 4 | 4 | 5 | 13 |
| 网络 1 班 | 3 | 6 | 6 | 15 |
| 国贸 2 班 | 2 | 3 | 5 | 10 |
| 奖牌合计 | 49 | 38 | 38 | 125 |

图 3-23 Wdzc2.docx 文档完成样张

**实验 3-3**：掌握设置文本效果、插入图片、设置页码、为页面添加文字水印等方法。掌握文字转换成表格、表格边框底纹设置等方法。

【具体要求】

打开实验素材“\EX3\EX3-3\Wdzc3.docx”，按下列要求完成对此文档的操作并保存。

① 将标题段的文本效果设置为内置样式“中等渐变-个性色 6”，方向为“线性向下”，并修改其阴影效果为“透视/左上对角透视”，阴影颜色为“蓝色（标准色）”；将标题段文字设置为“二号”“微软雅黑”“加粗”“居中”，字间距“加宽”“2.2 磅”。

② 将正文各段文字设置为“宋体”“小四”，段落格式设置为“1.26”倍行距，段前间距“0.3 行”，首行缩进“2 字符”。

③ 为正文第三段至第五段添加新定义的项目符号“✈”（“Wingdings”字体中）。

④ 在第六段后插入考生文件夹下的图片“图 3.2”，设置图片大小缩放：高度“80%”，宽度“80%”。图片色调为“色温：5300K”，文字环绕为“上下型”，图片“居中”。

⑤ 在页面底端插入“普通数字 2”样式页码，设置页码编号格式为“-1-, -2-, -3-, …”，起始页码为“- 5-”；在页面顶端插入“空白”型页眉，页眉内容为“学位论文”；为页面添加文字水印“传阅”。

⑥ 将文中最后 12 行文字转换成一个 12 行 4 列的表格；合并第一列的第 2～6 个单元格、第 7～9 个单元格、第 10～12 个单元格。

⑦ 将表格第一行所有文字设置为“华文新魏”“小四”，内容“水平居中”；设置表格“居中”，表格中第一列、第四列内容“水平居中”；设置表格第四列宽为“2.2 厘米”。

⑧ 设置表格外框线和第一行、第二行间的内框线为“红色（标准色）”、“1.5 磅”单实线，其余内框线为“红色（标准色）”、“0.75 磅”单实线；为单元格填充底纹“紫色，个性色 4，淡色 80%”。

⑨ 保存文件“Wdzc3.docx”。

【实验步骤】

双击打开实验素材“\EX3\EX3-3\Wdzc3.docx”文档。

① 选中标题段，单击“开始”选项卡→“字体”命令组右下角的“对话框启动器”按钮，打开“字体”对话框。在对话框的“字体”标签页中，单击“中文字体”下拉按钮，选择“微软雅黑”，在“字形”组合框中选择“加粗”，在“字号”组合框中选择“二号”。单击“文字效果”按钮，打开“设置文本效果格式”对话框，在“文本填充与轮廓”标签页中，选择“渐变填充”，在“预设渐变”组合框里选择“中等渐变-个性色 6”，方向选择“线性向下”；在“文字效果”标签页中，在“阴影”的“预设”组合框里选择“左上对角透视”，阴影颜色选择“蓝色”，如图 3-24 所示，单击“确定”按钮，返回“字体”对话框。单击“高级”标签页，在“间距”组合框中选择“加宽”，在“磅值”组合框中输入“2.2 磅”，单击“确定”按钮。

单击“开始”选项卡→“段落”命令组→“居中”按钮。

② 拖动鼠标选择正文，在“开始”选项卡→“字体”命令组中，单击“字体”组合框，选择“宋体”；单击“字号”组合框，选择“小四”。

单击“开始”选项卡→“段落”命令组右下角的“对话框启动器”按钮，打开“段落”对话框。在“特殊格式”组合框中选择“首行缩进”，在“缩进值”组合框中输入“2 字符”；在“段前”组合框中输入“0.3 行”；单击“行距”下拉按钮，选择“多倍行距”，在“设置值”组合框中输入“1.26”，单击“确定”按钮。

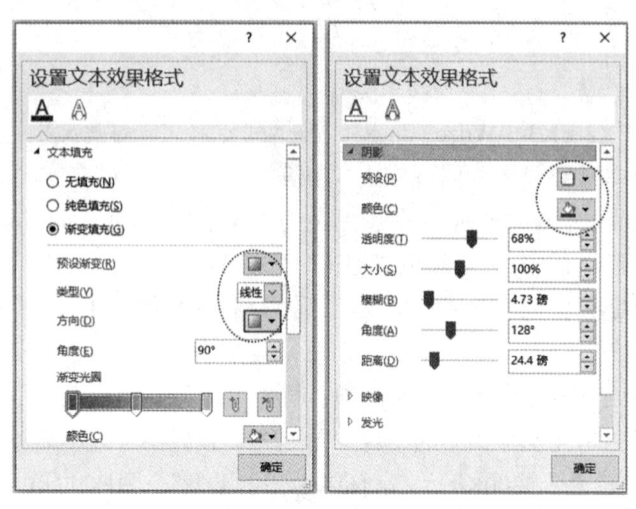


图 3-24 “设置文本效果格式”对话框

③ 拖动鼠标选择第三段到第五段，单击“开始”选项卡→“段落”命令组→“项目符号”右侧下拉按钮，选择“定义新项目符号”命令，打开“定义新项目符号”对话框，单击“符号”按钮，打开“符号”对话框，在“字体”组合框中选择“Wingdings”，单击“✈”符号，单击“确定”按钮，返回“定义新项目符号”对话框，单击“确定”按钮。

④ 光标定位到第六段后一段，单击“插入”选项卡→“插图”命令组→“图片”按钮，打开“插入图片”对话框，选择图片所在的文件夹，选中图片，单击“插入”按钮。

单击“图片工具-格式”选项卡→“大小”命令组右下角的“对话框启动器”按钮，打开“布局”对话框。单击“文字环绕”标签页，在“环绕方式”选项区中选择“上下型”，如图 3-25 所示；单击“位置”标签页，在“水平”区域选择“居中”对齐方式；单击“大小”标签页，在“缩放”区域设置“宽度”“高度”均为“80%”，单击“确定”按钮。

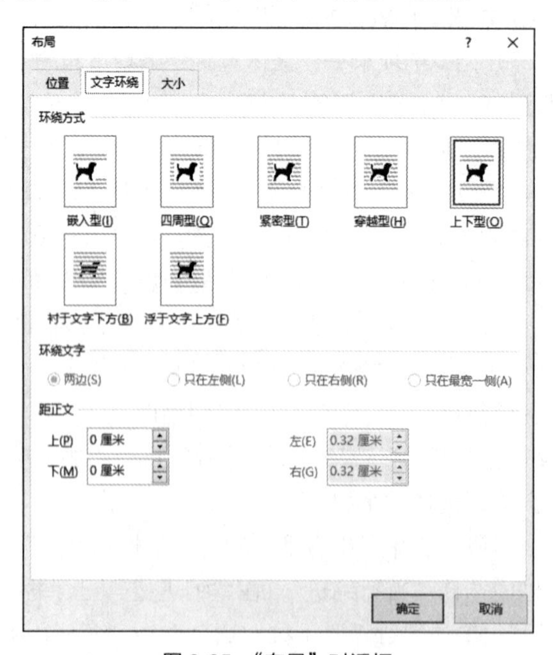


图 3-25 “布局”对话框

单击“图片工具-格式”选项卡→“调整”命令组→“颜色”下拉按钮，在下拉列表框的“色调”区域单击“色温：5300K”。

⑤ 单击“插入”选项卡→“页眉和页脚”命令组→“页码”下拉按钮，选择“页面底端”选项，在弹出的页码样式中选择“普通数字 2”，如图 3-26 所示。

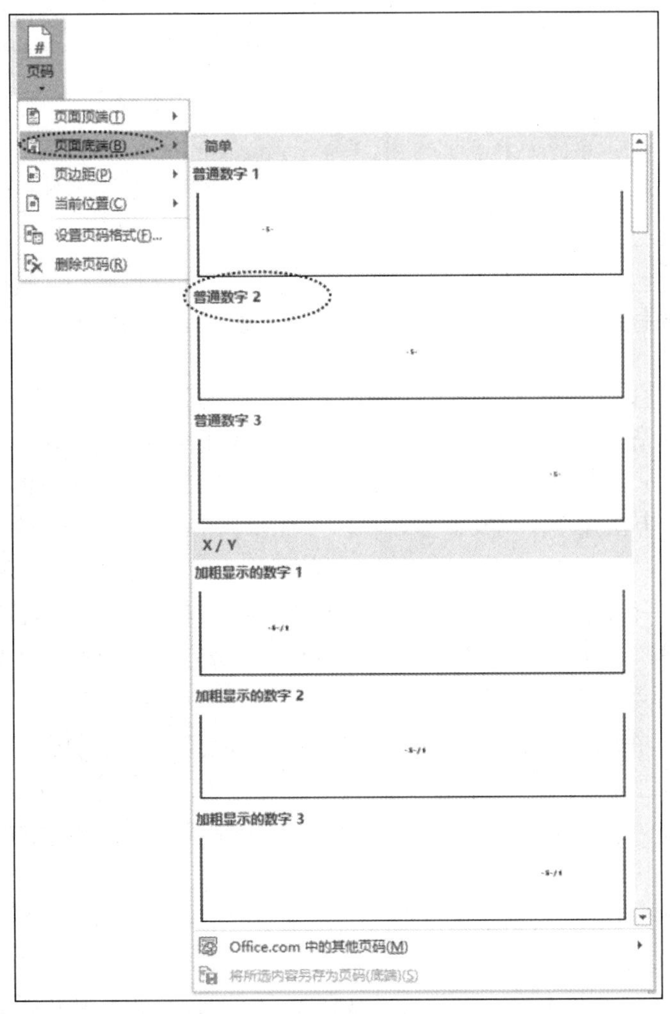


图 3-26　选择页码样式

单击“页眉和页脚工具-设计”选项卡→“页眉和页脚”命令组→“页码”下拉按钮，选择“设置页码格式”选项，打开“页码格式”对话框，设置“编号格式”为“-1-, -2-, -3-, …”，设置“起始页码”为“-5-”，单击“确定”按钮，如图 3-27 所示。

单击“插入”选项卡→“页眉和页脚”命令组→“页眉”下拉按钮，在“内置”样式中选择“空白”型页眉，在“在此处键入”输入“学位论文”，单击“页眉和页脚工具-设计”选项卡→“关闭”命令组→“关闭页眉和页脚”按钮。

单击“设计”选项卡→“页面背景”命令组→“水印”下拉按钮，选择“自定义水印”选项，打开“水印”对话框。选中“文字水印”单选项，在“文字”文本框中输入水印内容“传阅”，单击“确定”按钮，如图 3-28 所示。

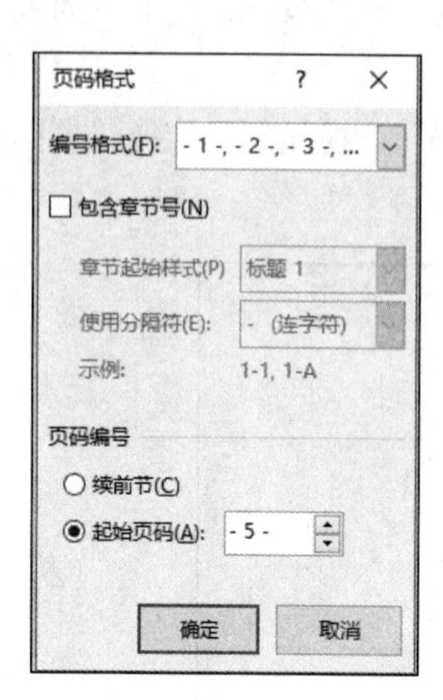


图 3-27 “页码格式”对话框

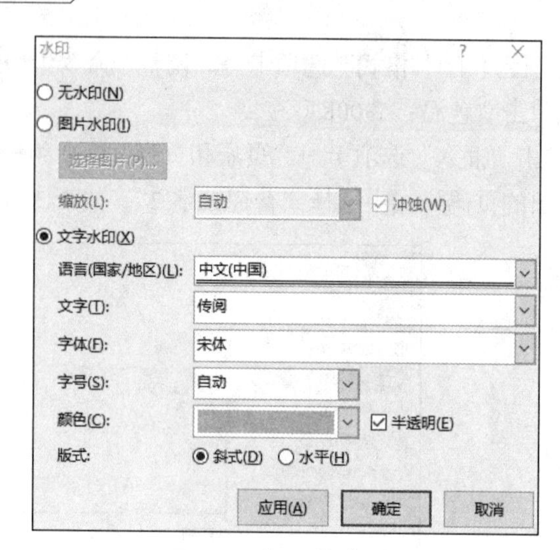


图 3-28 “水印”对话框

⑥ 拖动鼠标选择正文后 12 行，单击“插入”选项卡→“表格”命令组→“表格”下拉按钮，选择“文本转换成表格”，弹出“将文字转换成表格”对话框，单击“确定”按钮。

选中第一列第 2～6 个单元格，单击“表格工具-布局”选项卡→“合并”命令组→“合并单元格”按钮。用相似方法操作，完成第一列第 7～9 个单元格的合并，第一列第 10～12 个单元格的合并。

⑦ 选中表格第一行，在“开始”选项卡→“字体”命令组中，单击“字体”组合框，选择“华文新魏”，单击“字号”组合框，选择“小四”。单击“表格工具-布局”选项卡→“对齐方式”命令组→“水平居中”按钮。

单击“表格工具-布局”选项卡→“表”命令组→“属性”按钮，打开“表格属性”对话框，在“表格”标签页的“对齐方式”选项区中选择“居中”，单击“确定”按钮。

选中表格第一列、第四列，单击“表格工具-布局”选项卡→“对齐方式”命令组→“水平居中”按钮。

选中表格第四列，单击“表格工具-布局”选项卡→“单元格大小”命令组，在“宽度”组合框中输入“2.2 厘米”。

⑧ 选中整个表格，在“表格工具-设计”选项卡→“边框”命令组中，单击“笔画粗细”下拉按钮，选择“0.75 磅”，单击“笔颜色”下拉按钮，选择“红色”，单击“边框”下拉按钮，选择“内部框线”，单击“笔画粗细”下拉按钮，选择“1.5 磅”，单击“边框”下拉按钮，选择“外侧框线”。

选中表格第一行，单击“边框”下拉按钮，选择“下框线”。

选中整个表格，单击“表格工具-设计”选项卡→“表格样式”命令组→“底纹”下拉按钮，在“主题颜色”中选择“紫色，个性色 4，浅色 80%”。

⑨ 单击快速访问工具栏上的“保存”按钮。完成后的样张如图 3-29 所示。

**实验 3-4**：掌握查找与替换、项目编号、页面设置、页眉/页脚、插入脚注等操作方法。掌握表格的修饰、表格中数据的输入和表格底纹设置等方法。

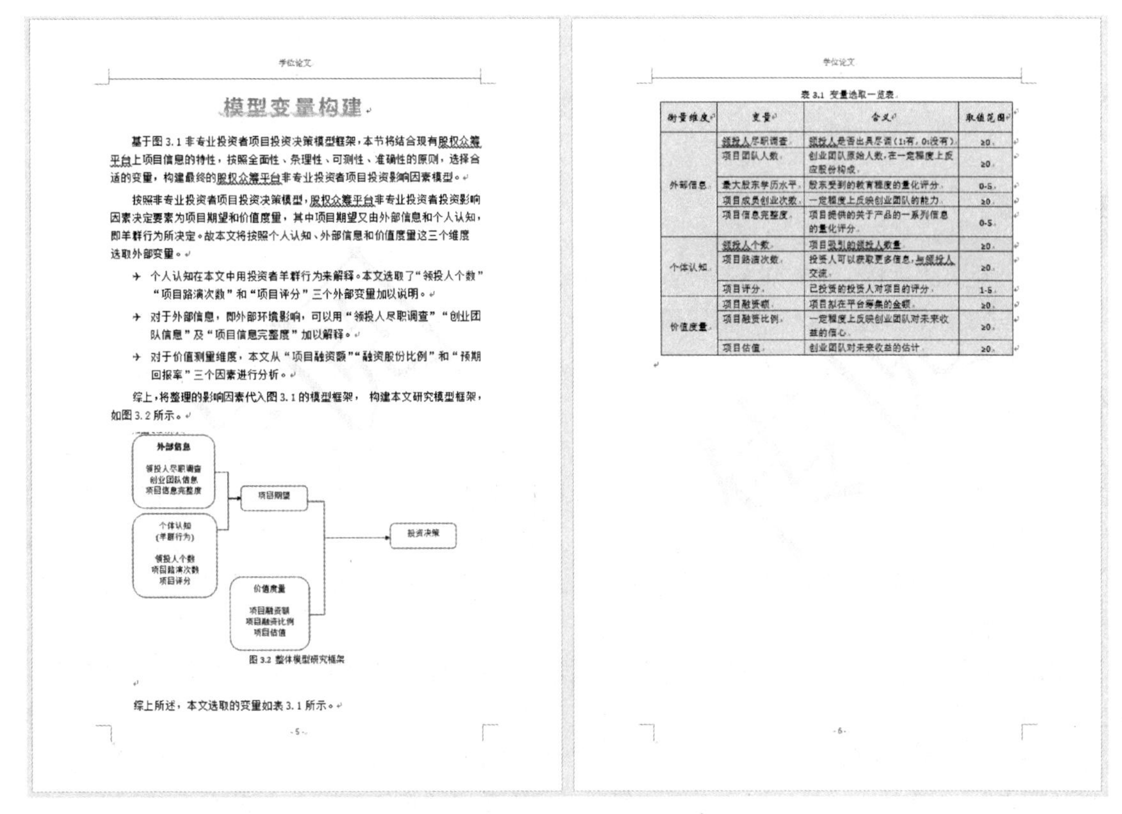

学位论文

模型变量构建

基于图 3.1 非专业投资者项目投资决策模型框架，本节将结合现有股权众筹平台上项目信息的特性，按照全面性、条理性、可测性、准确性的原则，选择合适的变量，构建最终的股权众筹平台非专业投资者项目投资影响因素模型。

按照非专业投资者项目投资决策模型，股权众筹平台非专业投资者投资影响因素决定要素为项目期望和价值度量，其中项目期望又由外部信息和个人认知，即羊群行为所决定。故本文将按照个人认知、外部信息和价值度量这三个维度选取外部变量。

- 个人认知在本文中用投资者羊群行为来解释。本文选取了“领投人个数”“项目路演次数”和“项目评分”三个外部变量加以说明。
- 对于外部信息，即外部环境影响，可以用“领投人尽职调查”“创业团队信息”及“项目信息完整度”加以解释。
- 对于价值测量维度，本文从“项目融资额”“融资股份比例”和“预期回报率”三个因素进行分析。

综上，将整理的影响因素代入图 3.1 的模型框架，构建本文研究模型框架，如图 3.2 所示。



图 3.2 整体模型研究框架

综上所述，本文选取的变量如表 3.1 所示。

-5-

学位论文

表 3.1 变量选取一览表

| 衡量维度 | 变量 | 含义 | 取值范围 |
| --- | --- | --- | --- |
| 外部信息 | 领投人尽职调查 | 领投人是否出具尽调（1:有，0:没有） | ≥0 |
| | 项目团队人数 | 创业团队原始人数，在一定程度上反应股份构成 | ≥0 |
| | 最大股东学历水平 | 股东受到的教育程度的量化评分 | 0-5 |
| | 项目成员创业次数 | 一定程度上反映创业团队的能力 | ≥0 |
| | 项目信息完整度 | 项目提供的关于产品的一系列信息的量化评分 | 0-5 |
| 个体认知 | 领投人个数 | 项目吸引的领投人数量 | ≥0 |
| | 项目路演次数 | 投资人可以获取更多信息，与领投人交流 | ≥0 |
| | 项目评分 | 已投资的投资人对项目的评分 | 1-5 |
| 价值度量 | 项目融资额 | 项目拟在平台筹集的金额 | ≥0 |
| | 项目融资比例 | 一定程度上反映创业团队对未来收益的信心 | ≥0 |
| | 项目估值 | 创业团队对未来收益的估计 | ≥0 |

-6-

图 3-29　Wdzc3.docx 文档完成样张

## 【具体要求】

打开实验素材“\EX3\EX3-4\Wdzc4.docx”，按下列要求完成对此文档的操作并保存。

① 将文中所有错词“按理”替换为“案例”。

② 将标题段文字设置为“仿宋”“加粗”“二号”“紫色（标准色）”“居中”，字间距“紧缩”“1.5 磅”；设置标题段文字的效果为“红色，18pt 发光，个性色 2”，轮廓为粗细“1.5 磅”的圆点虚线。

③ 设置正文第一段至第五段字体为“微软雅黑”“小四”，首行缩进“2 字符”，“单倍行距”；将正文第一段的缩进格式修改为“无”，并设置该段为首字下沉“2 行”、距正文“0.2 厘米”。为正文第二段至第四段加项目编号“(1)”“(2)”“(3)”。

④ 设置页面上、下、左、右页边距分别为“2.3 厘米”“2.3 厘米”“3.2 厘米”“2.8 厘米”。装订线位于左侧“0.5 厘米”处；插入分页符将第五段及其后面的文本置于第二页。

⑤ 为文档添加“怀旧”样式页眉。页眉标题内容为“研究报告”，日期为“今日”日期；设置页面颜色为“橙色，个性色 6，淡色 80%”。

⑥ 在文末倒数第 4 行末尾插入脚注，脚注内容为“资料来源：本研究调研整理”。

⑦ 将文中最后 3 行文字转换为 3 行 5 列的表格；为第一行第一列单元格加斜下框线（对角线），对角线上方文字为“阶段”，下方文字为“种类”；设置表格第二列到第五列列宽为“2 厘米”；设置表格“居中”，表格中除第一行第一列单元格外的所有单元格内容“水平居中”。

⑧ 为表格的第一行添加“茶色，背景 2，深色 25%”底纹；其余行添加“白色，背景 1，深色 5%”底纹。

⑨ 保存文件“Wdzc4.docx”。

**【实验步骤】**

双击打开实验素材“\EX3\EX3-4\Wdzc4.docx”文档。

① 单击“开始”选项卡→“编辑”命令组→“替换”按钮，打开“查找和替换”对话框的“替换”标签页。在“查找内容”文本框中输入“按理”，在“替换为”文本框中输入“案例”，单击“全部替换”按钮。

② 拖动鼠标选择标题段，单击“开始”选项卡→“字体”命令组右下角的“对话框启动器”按钮，打开“字体”对话框。在对话框的“字体”标签页中，单击“中文字体”下拉按钮，选择“仿宋”字体，在“字形”组合框中选择“加粗”，在“字号”组合框中选择“二号”，在“字体颜色”下拉列表的“标准色”中单击“紫色”；单击“高级”标签页，在“间距”组合框中选择“紧缩”，在“磅值”组合框中输入“1.5 磅”，单击“确定”按钮。

单击“开始”选项卡→“字体”命令组→“文本效果和版式”下拉按钮，单击“发光”命令，在弹出的预设发光样式列表中单击“红色，18pt 发光，个性色 2”。单击“开始”选项卡→“字体”命令组→“文本效果和版式”下拉按钮，单击“轮廓”命令，在级联菜单中单击“虚线”命令，选择“圆点”；再次单击“轮廓”命令，在级联菜单中单击“粗细”命令，选择“1.5 磅”。

单击“开始”选项卡→“段落”命令组→“居中”按钮。

③ 拖动鼠标选择正文第一段至第五段，在“开始”选项卡→“字体”命令组中，单击“字体”组合框，选择“微软雅黑”，单击“字号”组合框，选择“小四”。

单击“开始”选项卡→“段落”命令组右下角的对话框启动器，打开“段落”对话框。在“特殊格式”下拉列表中选择“首行缩进”，在“缩进值”组合框中输入“2 字符”，在“行距”组合框中选择“单倍行距”，单击“确定”按钮。

将插入点定位到正文第一段第一个字符前，按<Backspace>键。单击“插入”选项卡→“文本”命令组→“首字下沉”按钮，在下拉列表框中选择“首字下沉选项”，弹出“首字下沉”对话框。在“位置”区域选择“下沉”，在“下沉行数”组合框中设置“2”，在“距正文”组合框中设置“0.2 厘米”，单击“确定”按钮。

选中正文第二段至第四段，单击“开始”选项卡→“段落”命令组→“编号”下拉按钮，在列表中选择需要的样式。

④ 单击“布局”选项卡→“页面设置”命令组右下角的“对话框启动器”按钮，打开“页面设置”对话框。在“页面设置”对话框中选择“页边距”标签页，在“页边距”区域中的“上”“下”“左”“右”组合框中输入“2.3 厘米”“2.3 厘米”“3.2 厘米”“2.8 厘米”，在“装订线”组合框中输入“0.5 厘米”，单击“装订线位置”下拉按钮，选择“左”，单击“确定”按钮。

将插入点定位到第五段的段首位置，单击“布局”选项卡→“页面设置”命令组→“分隔符”下拉按钮，选择“分页符”。

⑤ 单击“插入”选项卡→“页眉和页脚”命令组→“页眉”下拉按钮，在“内置”样式中选

择“怀旧”型页眉，在“键入文档标题”控件中输入“研究报告”，在“选取日期”控件中单击右侧下拉按钮选择“今日”，单击“页眉和页脚工具-设计”选项卡→“关闭”命令组→“关闭页眉和页脚”按钮。

单击“设计”选项卡→“页面背景”命令组→“页面颜色”下拉按钮，在“主题颜色”中选择“橙色，个性色 6，淡色 80%”。

⑥ 将插入点定位到正文倒数第 4 行末尾，单击“引用”选项卡→“脚注”命令组→“插入脚注”按钮。或者单击“脚注”命令组右下角的“对话框启动器”按钮，打开“脚注和尾注”对话框，单击“插入”按钮，如图 3-30 所示。在文档当前页下方的脚注位置，输入脚注内容“资料来源：本研究调研整理”，如图 3-31 所示。

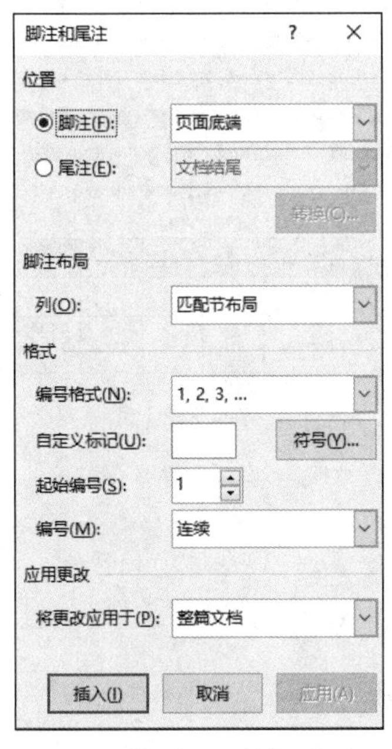


图 3-30　“脚注和尾注”对话框

图 3-31　输入脚注内容

⑦ 选中最后 3 行，单击“插入”选项卡→“表格”命令组→“表格”下拉按钮，选择“文本转换成表格”，弹出“将文字转换成表格”对话框，单击“确定”按钮。

插入点定位到表格第一行第一列单元格的“种类”文本前，单击“表格工具-布局”选项卡→“边框”命令组→“边框”下拉按钮，单击“斜下框线”。在“种类”前输入“阶段”，按<Enter>键。选中“阶段”，单击“开始”选项卡→“段落”命令组→“右对齐”按钮。

选中表格第二列到第五列，在“表格工具-布局”选项卡→“单元格大小”命令组的“宽度”组合框中输入“2 厘米”。

选中整个工作表，单击“表格工具-布局”选项卡→“表”命令组→“属性”按钮，打开“表格属性”对话框，在“表格”标签页的“对齐方式”选项区中选择“居中”，单击“确定”按钮。

拖动鼠标选择表格第一行的第二列到第五列，单击“表格工具-布局”选项卡→“对齐方式”命令组→“水平居中”按钮。拖动鼠标选择表格第二行和第三行，单击“表格工具-布局”选项卡→“对齐方式”命令组→“水平居中”按钮。

⑧ 选中表格第一行，单击“表格工具-设计”选项卡→“表格样式”命令组→“底纹”下拉

按钮，在“主题颜色”中选择“茶色，背景 2，深色 25%”。

选中表格第二行和第三行，单击“表格工具-设计”选项卡→“表格样式”命令组→“底纹”下拉按钮，在“主题颜色”中选择“白色，背景 1，深色 5%”。

⑨ 单击快速访问工具栏上的“保存”按钮。完成后的样张如图 3-32 所示。

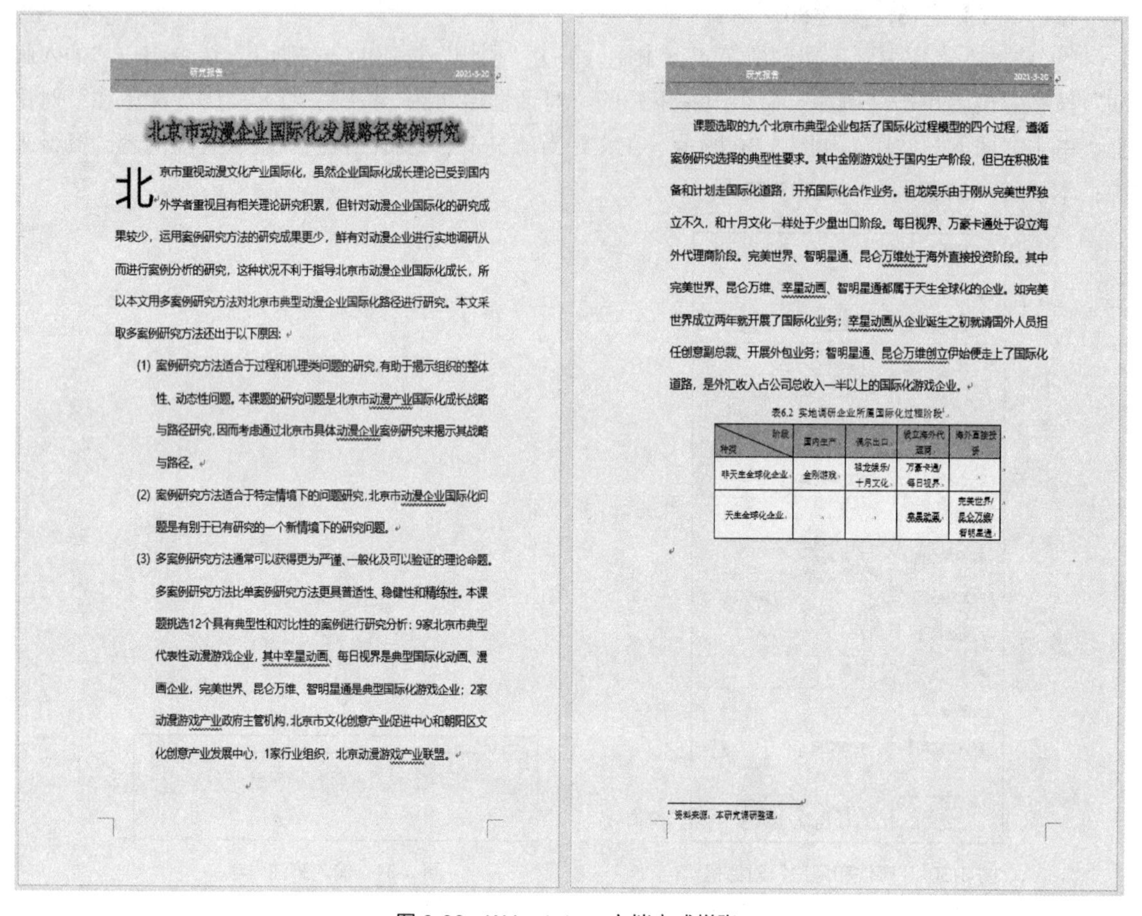

研究报告 2021-3-20

北京市动漫企业国际化发展路径案例研究

北京市重视动漫文化产业国际化，虽然企业国际化成长理论已受到国内外学者重视且有相关理论研究积累，但针对动漫企业国际化的研究成果较少，运用案例研究方法的研究成果更少，鲜有对动漫企业进行实地调研从而进行案例分析的研究，这种状况不利于指导北京市动漫企业国际化成长，所以本文用多案例研究方法对北京市典型动漫企业国际化路径进行研究。本文采取多案例研究方法还出于以下原因：

(1) 案例研究方法适合于过程和机理类问题的研究，有助于揭示组织的整体性、动态性问题。本课题的研究问题是北京市动漫产业国际化成长战略与路径研究，因而考虑通过北京市具体动漫企业案例研究来揭示其战略与路径。

(2) 案例研究方法适合于特定情境下的问题研究，北京市动漫企业国际化问题是有别于已有研究的一个新情境下的研究问题。

(3) 多案例研究方法通常可以获得更为严谨、一般化及可以验证的理论命题。多案例研究方法比单案例研究方法更具普适性、稳健性和精练性。本课题挑选12个具有典型性和对比性的案例进行研究分析：9家北京市典型代表性动漫游戏企业，其中幸星动画、每日视界是典型国际化动画、漫画企业，完美世界、昆仑万维、智明星通是典型国际化游戏企业；2家动漫游戏产业政府主管机构，北京市文化创意产业促进中心和朝阳区文化创意产业发展中心，1家行业组织，北京动漫游戏产业联盟。

研究报告 2021-3-20

课题选取的九个北京市典型企业包括了国际化过程模型的四个过程，遵循案例研究选择的典型性要求。其中金刚游戏处于国内生产阶段，但已在积极准备和计划走国际化道路，开拓国际化合作业务。祖龙娱乐由于刚从完美世界独立不久，和十月文化一样处于少量出口阶段。每日视界、万豪卡通处于设立海外代理商阶段。完美世界、智明星通、昆仑万维处于海外直接投资阶段。其中完美世界、昆仑万维、幸星动画、智明星通都属于天生全球化的企业。如完美世界成立两年就开展了国际化业务；幸星动画从企业诞生之初就请国外人员担任创意副总裁、开展外包业务；智明星通、昆仑万维创立伊始便走上了国际化道路，是外汇收入占公司总收入一半以上的国际化游戏企业。

表6.2 实地调研企业所属国际化过程阶段[1]

| 阶段<br>种类 | 国内生产 | 偶尔出口 | 设立海外代理商 | 海外直接投资 |
|---|---|---|---|---|
| 非天生全球化企业 | 金刚游戏 | 祖龙娱乐/十月文化 | 万豪卡通/每日视界 | |
| 天生全球化企业 | | | 幸星动画 | 完美世界/昆仑万维/智明星通 |

[1] 资料来源：本研究调研整理。

图 3-32　Wdzc4.docx 文档完成样张

**实验 3-5**：掌握文本效果、分栏、页面纹理、水印、首字下沉等设置方法。掌握文字转换成表格、表格边框底纹设置等方法。

## 【具体要求】

打开实验素材“\EX3\EX3-5\Wdzc5.docx”，按下列要求完成对此文档的操作并保存。

① 将标题段的文本效果设置为内置样式“填充-黑色，文本 1，轮廓-背景 1，清晰阴影-背景 1”，并修改其阴影效果为“外部/右上斜偏移”，阴影颜色为“红色（标准色）”；将标题段文字设置为“微软雅黑”“加粗”“小二”“居中”，字间距“加宽”“1.5 磅”。

② 设置页面纸张大小为“A4（21 厘米×29.7 厘米）”，将页面颜色的填充效果设置为“纹理/新闻纸”，为页面添加内容为“高考”文字型水印，水印颜色为“红色（标准色）”。

③ 在页面底端插入“普通数字 1”样式页码，设置页码编号格式为“-1-, -2-, -3-, …”、起始页码为“-3-”；在页面顶端插入“空白”型页眉，页眉内容为文档主题。

④ 将正文各段文字设置为“宋体”“小四”，段落格式设置为“1.25”倍行距，段前间距“0.5”行；设置正文第一段为首字下沉“2 行”，距正文“0.2 厘米”。正文其余段落首行缩进“2 字符”。

⑤ 将正文最后一段分为等宽两栏，栏间添加分隔线。

⑥ 将文中最后 13 行文字转换成一个 13 行 5 列的表格；在表格下方添加一行，并在该行首列单元格中输入“合计”，在该行其余列单元格中利用公式分别计算相应列的合计值。

⑦ 设置表格“居中”，表格第一行和第一列的内容“水平居中”，其余单元格内容“中部右对齐”；设置表格列宽为“2.5 厘米”，行高为“0.7 厘米”，表格中所有单元格的左右边距均为“0.25 厘米”；为表格第一行设置表格“重复标题行”。

⑧ 设置表格外框线和第一行、第二行间的内框线为“红色（标准色）”“0.75 磅”“双实线”，其余内框线为“红色（标准色）”“0.5 磅”“单实线”；设置表格底纹颜色为主题颜色“橙色，个性色 6，淡色 80%”。

⑨ 保存文件“Wdzc5.docx”。

## 【实验步骤】

双击打开实验素材“\EX3\EX3-5\Wdzc5.docx”文档。

① 选中标题段，单击“开始”选项卡→“字体”命令组右下角的“对话框启动器”按钮，打开“字体”对话框。在对话框的“字体”标签页中，单击“中文字体”下拉按钮，选择“微软雅黑”字体，在“字形”组合框中选择“加粗”，在“字号”组合框中选择“小二”；单击“高级”标签页，在“间距”组合框中选择“加宽”，在“磅值”组合框中输入“1.5 磅”，单击“确定”按钮。

单击“开始”选项卡→“字体”命令组→“文本效果和版式”按钮，在“内置”样式列表里单击“填充-黑色，文本 1，轮廓-背景 1，清晰阴影-背景 1”，如图 3-33 所示；再次单击“文本效果和版式”按钮，单击“阴影”，选择“阴影选项”，打开“设置文本效果格式”窗格，在“预设”标签页的“外部”组里选择“右上斜偏移”，“阴影颜色”设置为“标准色”里的“红色”，单击右上角的关闭按钮。

单击“开始”选项卡→“段落”命令组→“居中”按钮。

② 单击“布局”选项卡→“页面设置”命令组→“纸张大小”下拉按钮，在列表中选择“A4（21 厘米×29.7 厘米）”。

单击“设计”选项卡→“页面背景”命令组→“页面颜色”下拉按钮，选择“填充效果”，打开“填充效果”对话框，切换到“纹理”标签页，选择“新闻纸”，单击“确定”按钮，如图 3-34 所示。

单击“设计”选项卡→“页面背景”命令组→“水印”下拉按钮，选择“自定义水印”选项，打开“水印”对话框。选中“文字水印”单选项，在“文字”文本框输入水印内容“高考”，单击“颜色”下拉按钮，选择“红色”，单击“确定”按钮。

图 3-33 “内置”样式列表

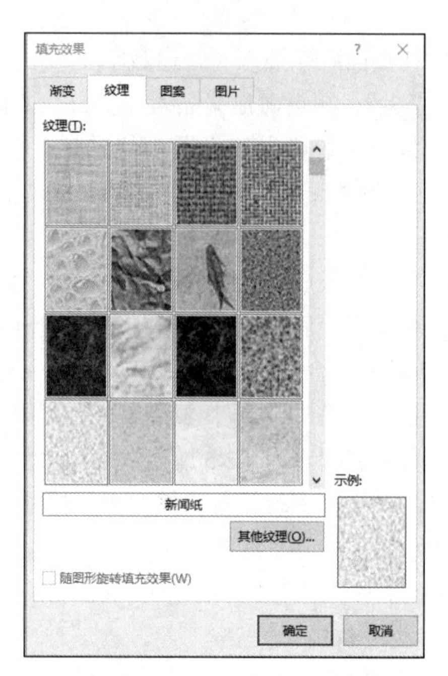


图 3-34 “填充效果”对话框→“纹理”标签页

③ 单击“插入”选项卡→“页眉和页脚”命令组→“页码”下拉按钮，在列表中选择“页面底端”，在弹出的页码样式中选择“普通数字 1”。单击“页眉和页脚工具-设计”选项卡→“页眉和页脚”命令组→“页码”下拉按钮，在列表中选择“设置页码格式”命令，打开“页码格式”对话框，设置“编号格式”为“-1-, -2-, -3-, …”，设置“起始页码”为“-3-”，单击“确定”按钮。

单击“插入”选项卡→“页眉和页脚”命令组→“页眉”下拉按钮，在“内置”样式中选择“空白”型页眉，选中“在此处键入”控件，单击“页眉和页脚-设计”选项卡→“插入”命令组→“文档部件”下拉按钮，在下拉列表框中选择“文档属性”，单击“主题”，如图 3-35 所示。单击“页眉和页脚工具-设计”选项卡→“关闭”命令组→“关闭页眉和页脚”按钮。

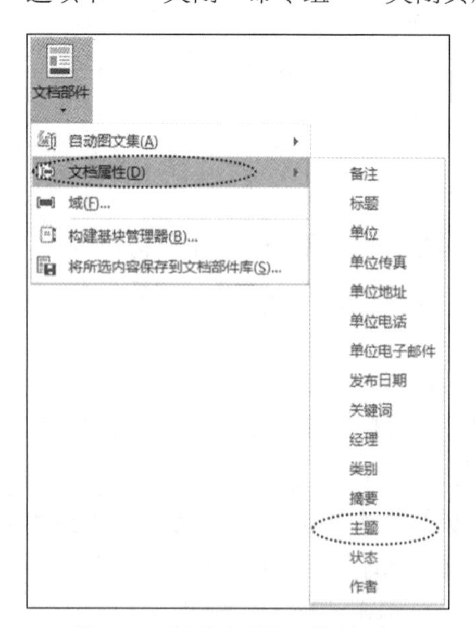


图 3-35 “文档部件”下拉列表框

④ 选中正文各段，在“开始”选项卡→“字体”命令组中，单击“字体”组合框选择“宋体”，单击“字号”组合框选择“小四”。

单击“开始”选项卡→“段落”命令组右下角的“对话框启动器”按钮，打开“段落”对话框。在“特殊格式”组合框里选择“首行缩进”，在“缩进值”组合框里输入“2 字符”，在“段前”组合框里输入“0.5 行”，单击“行距”下拉按钮，选择“多倍行距”，在“设置值”组合框中输入“1.25”，单击“确定”按钮。

将插入点定位到正文第一段行首，按<Backspace>键，单击“插入”选项卡→“文本”命令组→“首字下沉”按钮，在下拉列表框中选择“首字下沉选项”，弹出“首字下沉”对话框。在“位置”选项区选择“下沉”，在“下沉行数”组合框中设置“2”，在“距正文”组合框中设置“0.2 厘米”，单击“确定”按钮。

⑤ 拖动鼠标选择正文的最后一段的内容，单击“布局”选项卡→“页面设置”命令组→“分栏”下拉按钮，选择“更多分栏”，弹出“分栏”对话框。在“预设”选项区中，选择“两栏”，选中“栏宽相等”复选框，选中“分隔线”复选框，单击“确定”按钮。

⑥ 拖动鼠标选择文中最后 13 行，单击“插入”选项卡→“表格”命令组→“表格”下拉按钮，选择“文本转换成表格”，弹出“将文字转换成表格”对话框，单击“确定”按钮。

鼠标单击表格最后一行，单击“表格工具-布局”选项卡→“行和列”命令组→“在下方插入行”按钮。单击最后一行的首列单元格，输入“合计”。将光标定位到要计算的单元格，单击“表格工具-布局”选项卡→“数据”命令组→“公式”按钮，打开“公式”对话框，输入公式“=SUM(ABOVE)”，单击“确定”按钮。光标移动到其他单元格，按<F4>键，完成其他项合计。

⑦ 拖动鼠标选择整个表格，单击“表格工具-布局”选项卡→“对齐方式”命令组→“水平居中”按钮。拖动鼠标选择除第一行和第一列的单元格，单击“表格工具-布局”选项卡→“对齐方式”命令组→“中部右对齐”按钮。

选中整张表格，在“表格工具-布局”→“单元格大小”命令组中“宽度”“高度”后的组合框中分别输入“2.5 厘米”“0.7 厘米”。

单击“表格工具-布局”→“对齐方式”命令组→“单元格边距”按钮，打开“表格选项”对话框。在“左”“右”组合框输入“0.25 厘米”，单击“确定”按钮，如图 3-36 所示。

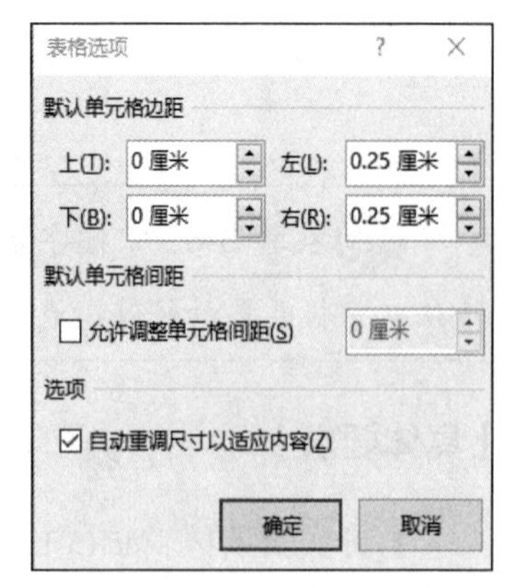


图 3-36 “表格选项”对话框

选中表格第一行，单击“表格工具-布局”选项卡→“数据”命令组→“重复标题行”按钮。

⑧ 选中整个表格，在“表格工具-设计”选项卡→“边框”命令组中，单击“边框样式”下拉按钮，选择“主题边框”的“单实线”，单击“笔画粗细”下拉按钮，选择“0.75 磅”，单击“笔颜色”下拉按钮，选择“红色”，单击“边框”下拉按钮，选择“内部框线”。选中表格第一行，单击“边框样式”下拉按钮，选择“主题边框”的“双实线”，单击“笔画粗细”下拉按钮，选择“0.75 磅”，单击“笔颜色”下拉按钮，选择“红色”，单击“边框”下拉按钮，选择“下框线”。选中整个表格，在“表格工具-设计”选项卡→“边框”命令组中，单击“边框样式”下拉按钮，选择“主题边框”的“双实线”，单击“笔画粗细”下拉按钮，选择“0.75 磅”，单击“笔颜色”下拉按钮，选择“红色”，单击“边框”下

拉按钮，选择“外侧框线”。

选中整个表格，单击“表格工具-设计”选项卡→“表格样式”命令组→“底纹”下拉按钮，在“主题颜色”中选择“橙色，个性色 6，浅色 80%”。

⑨ 单击快速访问工具栏上的“保存”按钮。完成后的样张如图 3-37 所示。

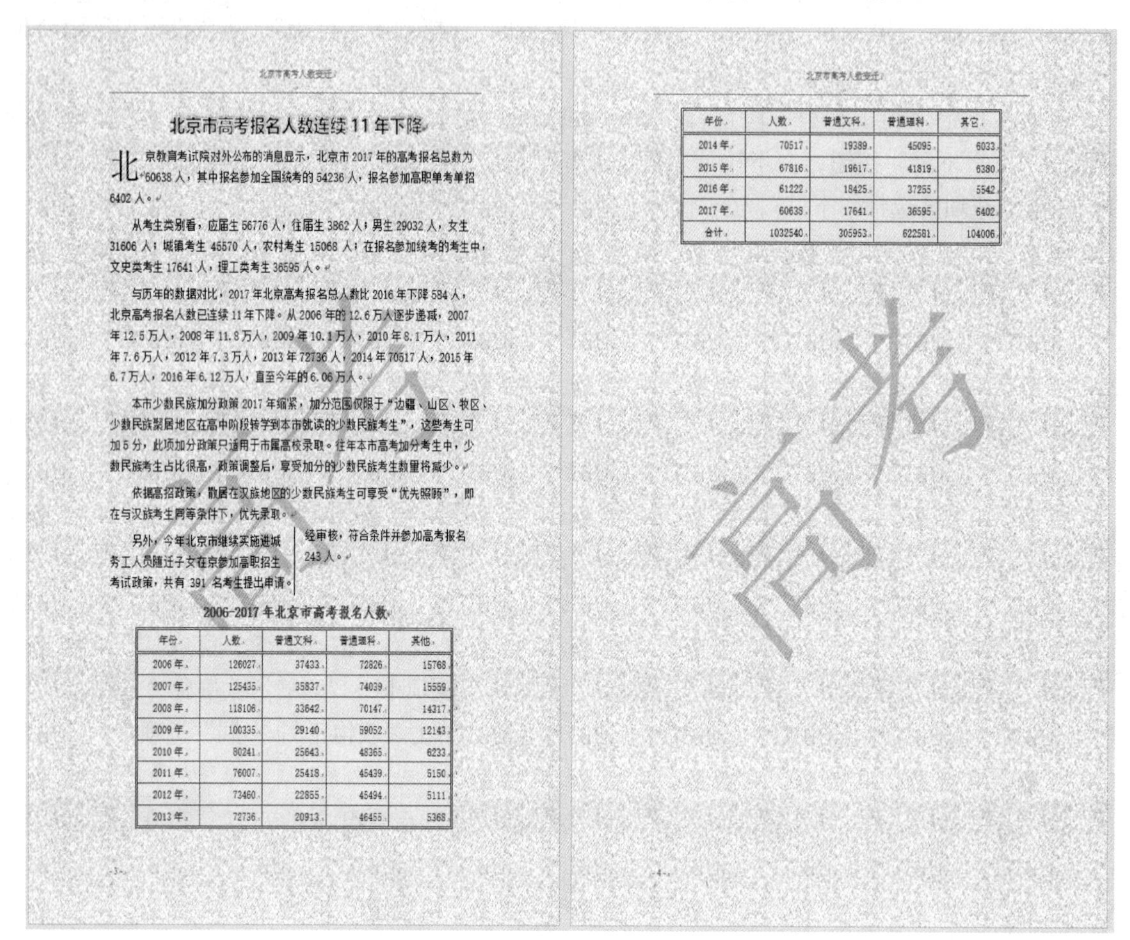

北京市高考人数变迁

北京市高考报名人数连续 11 年下降

北京教育考试院对外公布的消息显示，北京市 2017 年的高考报名总数为 60638 人，其中报名参加全国统考的 54236 人，报名参加高职单考单招 6402 人。

从考生类别看，应届生 56776 人，往届生 3862 人；男生 29032 人，女生 31606 人；城镇考生 45570 人，农村考生 15068 人；在报名参加统考的考生中，文史类考生 17641 人，理工类考生 36595 人。

与历年的数据对比，2017 年北京高考报名总人数比 2016 年下降 584 人，北京高考报名人数已连续 11 年下降。从 2006 年的 12.6 万人逐步递减，2007 年 12.5 万人，2008 年 11.8 万人，2009 年 10.1 万人，2010 年 8.1 万人，2011 年 7.6 万人，2012 年 7.3 万人，2013 年 72736 人，2014 年 70517 人，2015 年 6.7 万人，2016 年 6.12 万人，直至今年的 6.06 万人。

本市少数民族加分政策 2017 年缩紧，加分范围仅限于“边疆、山区、牧区、少数民族聚居地区在高中阶段转学到本市就读的少数民族考生”，这些考生可加 5 分，此项加分政策只适用于市属高校录取。往年本市高考加分考生中，少数民族考生占比很高，政策调整后，享受加分的少数民族考生数量将减少。

依据高招政策，散居在汉族地区的少数民族考生可享受“优先照顾”，即在与汉族考生同等条件下，优先录取。

另外，今年北京市继续实施进城务工人员随迁子女在京参加高职招生考试政策，共有 391 名考生提出申请。经审核，符合条件并参加高考报名 243 人。

2006-2017 年北京市高考报名人数

| 年份 | 人数 | 普通文科 | 普通理科 | 其他 |
|---|---|---|---|---|
| 2006 年 | 126027 | 37433 | 72826 | 15768 |
| 2007 年 | 125435 | 35837 | 74039 | 15559 |
| 2008 年 | 118106 | 33642 | 70147 | 14317 |
| 2009 年 | 100335 | 29140 | 59052 | 12143 |
| 2010 年 | 80241 | 25643 | 48365 | 6233 |
| 2011 年 | 76007 | 25418 | 45439 | 5150 |
| 2012 年 | 73460 | 22855 | 45494 | 5111 |
| 2013 年 | 72736 | 20913 | 46455 | 5368 |

-3-

北京市高考人数变迁

| 年份 | 人数 | 普通文科 | 普通理科 | 其它 |
|---|---|---|---|---|
| 2014 年 | 70517 | 19389 | 45095 | 6033 |
| 2015 年 | 67816 | 19617 | 41819 | 6380 |
| 2016 年 | 61222 | 18425 | 37255 | 5542 |
| 2017 年 | 60638 | 17641 | 36595 | 6402 |
| 合计 | 1032540 | 305953 | 622581 | 104006 |

-4-

图 3-37　Wdzc5.docx 文档完成样张

---

**实验 3-6**：掌握字体格式、段落格式、查找与替换、页面设置、分栏、插入脚注等操作方法。掌握表格的修饰、表格数据排序等设置方法。

---

## 【具体要求】

打开实验素材“\EX3\EX3-6\Wdzc6.docx”，按下列要求完成对此文档的操作并保存。

① 将文中所有错词“经纪”替换为“经济”。

② 将标题段文字设置为“黑体”“加粗”“小二”“红色（标准色）”“居中”，字间距“加宽”“2 磅”，段后间距“1 行”；为标题段文字添加“蓝色（标准色）”双波浪下画线，并设置文字阴影效果为“外部/向右偏移”。

③ 设置正文各段落首行缩进“2 字符”“1.25”倍行距；为正文第三段至第八段添加“1), 2),

3), …”样式的自动编号。将正文第九段分为等宽的两栏，栏间添加分隔线；为表格标题插入脚注，脚注内容为“来源：世界银行资料”。

④ 设置页面左、右页边距均为“3.5 厘米”，装订线位于左侧“1 厘米”处；在页面底端插入“普通数字 2”样式页码，并设置页码编号格式为“i, ii, iii, …”，起始页码为“iii”；为文档添加文字水印，水印内容为“伟大祖国”，水印颜色为“红色（标准色）”。

⑤ 将文中最后 11 行文字转换为 11 行 4 列的表格；设置表格“居中”，表格中第一行和第一列、第二列的内容“水平居中”，其余内容“中部右对齐”。

⑥ 设置表格第一列、第二列列宽为“2 厘米”，第三列、第四列列宽为“3 厘米”，行高为“0.5 厘米”；设置表格单元格的左边距为“0.1 厘米”，右边距为“0.4 厘米”。

⑦ 为表格第一行设置表格“重复标题行”；按主要关键字“人均 GDP(美元)”列依据“数字”类型降序排列表格内容。

⑧ 设置表格外框线和第一行、第二行间的内框线为“蓝色（标准色）”“1.5 磅”单实线，其余内框线为“蓝色（标准色）”“0.5 磅”单实线。

⑨ 保存文件“Wdzc6.docx”。

## 【实验步骤】

双击打开实验素材“\EX3\EX3-6\Wdzc6.docx”文档。

① 单击“开始”选项卡→“编辑”命令组→“替换”按钮，打开“查找和替换”对话框的“替换”标签页。在“查找内容”文本框中输入“经纪”，在“替换为”文本框中输入“经济”，单击“全部替换”按钮。

② 拖动鼠标选择标题段，单击“开始”选项卡→“字体”命令组右下角的“对话框启动器”按钮，打开“字体”对话框。在对话框的“字体”标签页中，单击“中文字体”下拉按钮，选择“黑体”字体，在“字形”组合框中选择“加粗”，在“字号”组合框中选择“小二”，单击“字体颜色”组合框，选择“红色”，单击“下画线线型”组合框，选择“双波浪线”，单击“下画线颜色”组合框，选择“蓝色”。

单击“文字效果”按钮，打开“设置文本效果格式”对话框。在“文字效果”标签页中，单击“阴影”，在“预设”下拉列表框的“外部”组里选择“向右偏移”，单击“确定”按钮，返回“字体”对话框。

单击“高级”标签页，在“间距”组合框中选择“加宽”，在“磅值”组合框中输入“2 磅”，单击“确定”按钮。

单击“开始”选项卡→“段落”命令组右下角的“对话框启动器”按钮，打开“段落”对话框。在“对齐方式”组合框中选择“居中”，在“段后”组合框中输入“1 行”，单击“确定”按钮。

③ 拖动鼠标选择正文各段，单击“开始”选项卡→“段落”命令组右下角的“对话框启动器”按钮，打开“段落”对话框。“特殊格式”选择“首行缩进”，在“缩进值”组合框中输入“2 字符”，单击“行距”下拉按钮，选择“多倍行距”，在“设置值”组合框中输入“1.25”，单击“确定”按钮。

拖动鼠标选择正文第三段至第八段，单击“开始”选项卡→“段落”命令组→“编号”下拉按钮，在“编号库”下拉列表框中选择编号样式，如图 3-38 所示。

图 3-38 “编号库”下拉列表框

选中正文第九段，单击“布局”选项卡→“页面设置”命令组→“分栏”下拉按钮，选择“更多分栏”选项，弹出“分栏”对话框。在“预设”选项区中，选择“两栏”，选中“栏宽相等”复选框，选中“分隔线”复选框，单击“确定”按钮。

将插入点定位到表格标题最后，单击“引用”选项卡→“脚注”命令组→“插入脚注”按钮，在文档当前页下方脚注位置输入脚注内容“来源：世界银行资料”。

④ 单击“布局”选项卡→“页面设置”命令组右下角的“对话框启动器”按钮，打开“页面设置”对话框。在“页面设置”对话框中选择“页边距”标签，在“页边距”区域中的“左”“右”组合框中均输入“3.5 厘米”，“装订线”组合框中输入“1 厘米”，单击“装订线位置”下拉按钮，选择“左”，单击“应用于”组合框，选择“整篇文档”，单击“确定”按钮。

单击“插入”选项卡→“页眉和页脚”命令组→“页码”下拉按钮，在列表中选择“页面底端”，在弹出的页码样式中选择“普通数字 2”。单击“页眉和页脚工具-设计”选项卡→“页眉和页脚”命令组→“页码”下拉按钮，在列表中选择“设置页码格式”，打开“页码格式”对话框，设置“编号格式”为“i, ii, iii, …”，设置“起始页码”为“ⅲ”，单击“确定”按钮。

单击“设计”选项卡→“页面背景”命令组→“水印”下拉按钮，选择“自定义水印”选项，打开“水印”对话框。选中“文字水印”单选项，在“文字”文本框中输入水印内容“伟大祖国”，单击“颜色”下拉按钮，选择“红色”，单击“确定”按钮。

⑤ 拖动鼠标选择文中最后 11 行，单击“插入”选项卡→“表格”命令组→“表格”下拉按钮，选择“文本转换成表格”，弹出“将文字转换成表格”对话框，单击“确定”按钮。

单击“表格工具-布局”选项卡→“表”命令组→“属性”按钮，打开“表格属性”对话框，在“表格”标签页的“对齐方式”选项区中选择“居中”，单击“确定”按钮。

拖动鼠标选择整个工作表，单击“表格工具-布局”选项卡→“对齐方式”命令组→“水平居中”按钮。拖动鼠标选择除第一行和第一列、第二列的单元格，单击“表格工具-布局”选项卡→“对齐方式”命令组→“中部右对齐”按钮。

⑥ 选中表格第一列、第二列，在“表格工具-布局”选项卡→“单元格大小”命令组中的“宽度”“高度”组合框中分别输入“2 厘米”“0.5 厘米”。选中表格第三列、第四列，在“表格工具-布局”→“单元格大小”命令组中的“宽度”框中输入“3 厘米”。选中整张表格，单击“表格工具-布局”选项卡→“对齐方式”命令组→“单元格边距”按钮，打开“表格选项”对话框。在“左”组合框中输入“0.1 厘米”，“右”组合框中输入“0.4 厘米”，单击“确定”按钮。

⑦ 选中表格第一行，单击“数据工具-布局”选项卡→“数据”命令组→“重复标题行”按钮。

将插入点定位到表格任一单元格，单击“表格工具-布局”选项卡→“数据”命令组→“排序”按钮，打开“排序”对话框。在“主要关键字”组合框中，选择“人均 GDP(美元)”，在“类型”

组合框中选择“数字”，选中“降序”单选项，单击“确定”按钮。

⑧ 选中整个表格，在“表格工具-设计”选项卡→“边框”命令组中，单击“笔画粗细”下拉按钮，选择“0.5 磅”，单击“笔颜色”下拉按钮，选择“蓝色”，单击“边框”下拉按钮，选择“内部框线”，单击“笔画粗细”下拉按钮，选择“1.5 磅”，单击“边框”下拉按钮，选择“外侧框线”。选中表格第一行，单击“边框”下拉按钮，选择“下框线”。

⑨ 单击快速访问工具栏上的“保存”按钮。完成后的样张如图 3-39 所示。

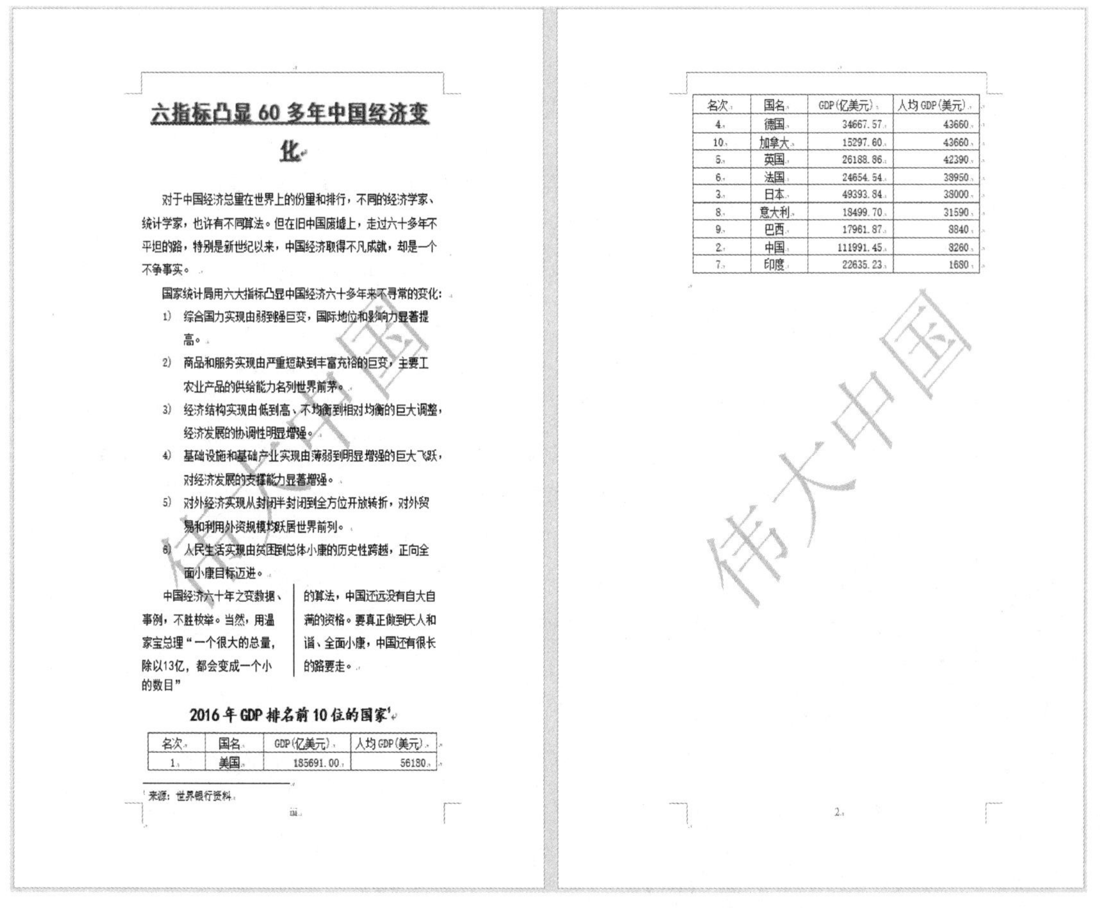

六指标凸显 60 多年中国经济变化

对于中国经济总量在世界上的份量和排行，不同的经济学家、统计学家，也许有不同算法。但在旧中国废墟上，走过六十多年不平坦的路，特别是新世纪以来，中国经济取得不凡成就，却是一个不争事实。

国家统计局用六大指标凸显中国经济六十多年来不寻常的变化：

1) 综合国力实现由弱到强巨变，国际地位和影响力显著提高。
2) 商品和服务实现由严重短缺到丰富充裕的巨变，主要工农业产品的供给能力名列世界前茅。
3) 经济结构实现由低到高、不均衡到相对均衡的巨大调整，经济发展的协调性明显增强。
4) 基础设施和基础产业实现由薄弱到明显增强的巨大飞跃，对经济发展的支撑能力显著增强。
5) 对外经济实现从封闭半封闭到全方位开放转折，对外贸易和利用外资规模均跃居世界前列。
6) 人民生活实现由贫困到总体小康的历史性跨越，正向全面小康目标迈进。

中国经济六十年之变数据、事例，不胜枚举。当然，用温家宝总理“一个很大的总量，除以13亿，都会变成一个小的数目”的算法，中国还远没有自大自满的资格。要真正做到天人和谐、全面小康，中国还有很长的路要走。

2016 年 GDP 排名前 10 位的国家[1]

| 名次 | 国名 | GDP(亿美元) | 人均 GDP(美元) |
|---|---|---|---|
| 1 | 美国 | 185691.00 | 56180 |
| 4 | 德国 | 34667.57 | 43660 |
| 10 | 加拿大 | 15297.60 | 43660 |
| 5 | 英国 | 26188.86 | 42390 |
| 6 | 法国 | 24654.54 | 38950 |
| 3 | 日本 | 49393.84 | 38000 |
| 8 | 意大利 | 18499.70 | 31590 |
| 9 | 巴西 | 17961.87 | 8840 |
| 2 | 中国 | 111991.45 | 8260 |
| 7 | 印度 | 22635.23 | 1680 |

[1] 来源：世界银行资料

伟大中国

伟大中国

图 3-39 Wdzc6.docx 文档完成样张

# 第4章　电子表格Excel 2016

【大纲要求重点】

- 电子表格的基本概念，Excel 2016 的基本功能、运行环境、启动和退出。
- 工作簿和工作表的基本概念，工作簿和工作表的建立、保存和退出，工作表的数据输入和编辑。
- 工作表和单元格的选定、插入、删除、复制、移动，工作表的重命名和工作表窗口的拆分和冻结。
- 工作表的格式化，包括设置单元格格式、设置列宽和行高、设置条件格式、使用样式、自动套用模式和使用模板等。
- 单元格绝对地址和相对地址的概念，工作表中公式的输入和复制，常用函数的使用。
- 数据清单的概念，数据清单内容的建立、排序、筛选、分类汇总，数据合并，数据透视表的建立。
- 图表的建立、编辑和修改和修饰。
- 工作表的页面设置、打印预览和打印，工作表中链接的建立。
- 保护和隐藏工作簿和工作表。

## 【知识要点】

## 4.1　Excel 2016 基础

1. Excel 2016 的启动

Excel 2016 常用的启动方法有以下几种。

✧ 单击“开始”菜单→“Excel 2016”命令。

✧ 如果在桌面上已经创建了启动 Excel 2016 的快捷方式，则双击快捷方式图标。

✧ 双击任意一个 Excel 电子表格文件（其扩展名为.xlsx），Excel 2016 会启动并且打开相应的文件。

2. Excel 2016 的退出

Excel 2016 常用的退出方法有以下几种。

✧ 单击标题栏右上角的关闭按钮☒。
✧ 单击标题栏上的“文件”选项卡，在弹出的“文件”面板中单击“关闭”命令。
✧ 在标题栏上单击鼠标右键，在弹出的快捷菜单中单击“关闭”命令。
✧ 按<Alt+F4>组合键。

3. 窗口的组成

Excel 2016 应用程序窗口主要由快速访问工具栏、标题栏、功能区、工作表编辑区、工作表标签、状态栏等部分组成，如图 4-1 所示。

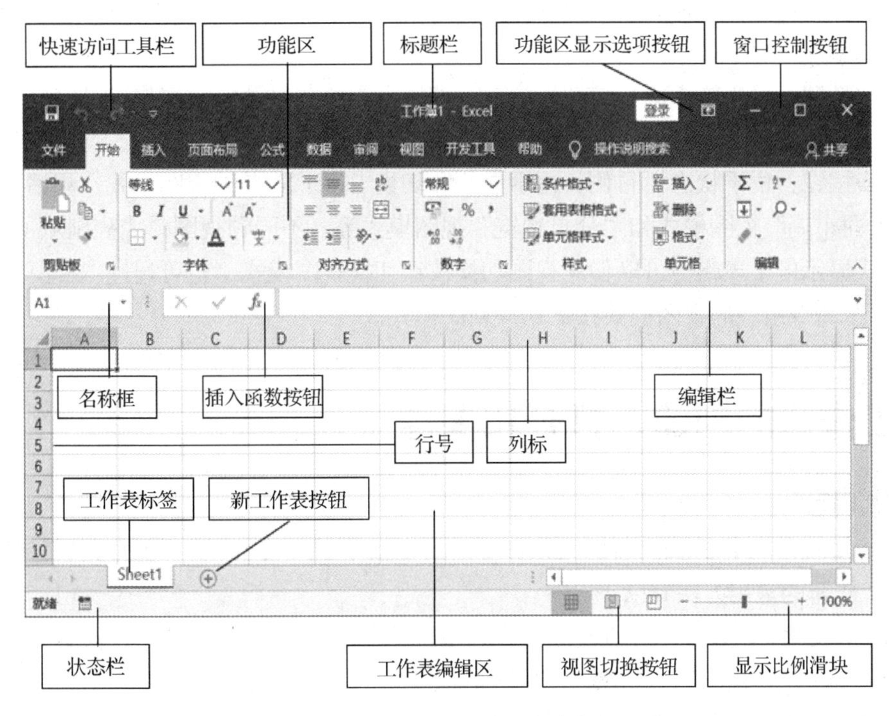


图 4-1　Excel 2016 应用程序窗口

窗口中的常用部分介绍如下。

快速访问工具栏：位于标题栏最左侧，用于显示一些常用的工具按钮，默认显示“保存”“撤销”“重复”和“自定义快速访问工具栏”等按钮。单击“自定义快速访问工具栏”按钮，可在弹出式菜单中根据需要选择添加或更改按钮。

“文件”选项卡：位于所有选项卡的最左侧，单击该选项卡会打开“文件”面板，提供文件操作的常用命令，如“信息”“新建”“打开”“保存”“另存为”“打印”“共享”“导出”“关闭”“选项”等命令。

功能区：位于应用程序窗口的顶部，由选项卡、命令组、命令 3 类基本组件组成。通常包括“开始”“插入”“页面布局”“公式”“数据”“审阅”“视图”等不同类型的选项卡。单击某选项卡，将在功能区显示该选项卡对应的多个命令组。其中，“公式”选项卡和“数据”选项卡是 Excel 特有的功能。

工作表编辑区：用于显示正在编辑的当前工作表。工作表中行与列交叉处是一个“单元格”，工作表由若干单元格组成，可以在工作表的单元格中输入或编辑数据。工作表编辑区还有行号、列标、滚动条、工作表标签及插入新工作表按钮等元素。每张工作表中有横向的行和纵向的列，行号是位于各行左侧的数字，列标是位于各列上方的大写英文字母。例如，A3 表示第 3 行第 A 列单元格。单击相应的工作表标签可切换到工作簿中的该工作表，单击工作表标签右侧的新工作表按钮，可添加新的工作表。

编辑栏和名称框：编辑栏位于工作表的上方，用于直接输入、编辑、显示和修改当前活动单元格中的数据或公式等。编辑栏与对应单元格中输入的内容会同步显示。名称框位于编辑栏左侧，用于显示当前活动单元格的地址、定义单元格区域的名字或选定单元格区域。当在单元格中输入或编辑内容时，编辑栏和名称框之间的取消按钮×和输入按钮✔会被激活，可用于取消或确定输入单元格中的编辑内容。

插入函数按钮：单击插入函数按钮fx会打开“插入函数”对话框，用户可以向单元格插入相关函数。

视图切换按钮：位于状态栏右侧，用于显示和切换 Excel 2016 的视图模式，包括“普通”视图模式、“页面布局”视图模式和“分页预览”视图模式等。不同的视图模式分别从不同的角度、按不同的方式显示电子表格。可以使用视图切换按钮切换视图模式，也可通过“视图”选项卡→“工作簿视图”命令组中的视图模式按钮切换视图模式。

## 4.2 工作簿的创建、打开和保存

### 1. 新建工作簿

一个工作簿就是一个 Excel 文件，Excel 的基本元素包括“工作簿”“工作表”“单元格”等。创建 Excel 工作簿的常用方法有以下几种。

✧ 单击“文件”选项卡→“新建”命令，单击“空白工作簿”，系统会以新建工作簿的顺序依次将其命名为“工作簿 1”“工作簿 2”“工作簿 3”……每个新建文件对应一个独立的应用程序窗口，任务栏中也有一个相应的应用程序按钮与之对应。

✧ 单击“自定义快速访问工具栏”按钮，在弹出的下拉菜单中选择“新建”命令，之后可以单击快速访问工具栏中新添加的“新建”按钮创建空白工作簿。

✧ 按<Ctrl+N>组合键，即会直接建立一个空白工作簿。

### 2. 打开工作簿

下列几种方法都可以实现打开一个已经存在的工作簿。

✧ 直接双击要打开的文件图标。

✧ 单击“文件”选项卡→“打开”命令，选择“浏览”命令，则打开“打开”对话框，选择要打开的文件，单击“打开”按钮（或双击要打开的文件）即可。也可以通过单击“打开”命令中的“最近”或“这台电脑”，打开使用过且已存储的文件。

✧ 单击“自定义快速访问工具栏”按钮，在弹出的下拉菜单中选择“打开”命令，之后单击快速访问工具栏中新添加的“打开”按钮即可。

3. 保存工作簿

下列几种方法都可以实现保存工作簿。

✧ 单击快速访问工具栏上的“保存”按钮。

✧ 单击“文件”选项卡→“保存”命令。

✧ 按<Ctrl+S>组合键。

4. 保护工作簿与工作表

（1）保护工作簿

保护工作簿的具体操作步骤：打开所需保护的工作簿，单击“审阅”选项卡→“更改”命令组→“保护工作簿”按钮，打开“保护结构和窗口”对话框。可在对话框的“密码”文本框中输入保护密码。单击“确定”按钮后会弹出“确认密码”对话框，再次输入并单击“确定”按钮即可。

撤销工作簿保护状态，可单击“审阅”选项卡→“更改”命令组→“保护工作簿”按钮，打开“撤销工作簿保护”对话框。在对话框的“密码”文本框中输入正确密码即可撤销对工作簿的保护。

（2）保护工作表

保护工作表的具体操作步骤：打开所需保护的表格，单击“审阅”选项卡→“更改”命令组→“保护工作表”按钮，或者单击“开始”选项卡→“单元格”命令组→“格式”按钮，在弹出的“格式”下拉列表框中选择“保护工作表”命令，打开“保护工作表”对话框。在对话框中的“取消工作表保护时使用的密码”文本框中输入保护密码，在“允许此工作表的所有用户进行”列表中选择相应的内容进行操作。单击“确定”按钮后会弹出“确认密码”对话框，再次输入保护密码并单击“确定”按钮即可。

撤销工作表保护状态，可单击“审阅”选项卡→“更改”命令组→“撤销工作表保护”按钮，在打开的“撤销工作表保护”对话框中的“密码”文本框中输入正确密码即可。

## 4.3 输入与编辑工作表

1. 输入数据

Excel 2016 支持多种数据类型，向单元格输入数据通常通过以下几种方法。

✧ 单击要输入数据的单元格，使其成为活动单元格，然后直接输入数据。

✧ 双击要输入数据的单元格，单元格内出现插入点，此时可直接输入数据或修改已有数据信息。

✧ 单击选中单元格，然后在编辑栏中单击，接着输入数据。数据输入后，单击编辑栏上的输入按钮✔或按<Enter>键确认输入，单击取消按钮✕或按<Esc>键取消输入。不同数据类型的输入要求不同。

2. 自动填充数据

（1）使用填充柄填充数据

具体操作步骤如下。

① 选定包含初始值的单元格或单元格区域。

② 将鼠标指针移至单元格区域右下角的控制柄上，当鼠标指针变为黑十字形状填充柄时，拖动填充柄到填充序列区域的终止位置，释放填充柄。

③ 在填充区域的右下角出现自动填充选项按钮，单击该按钮会弹出下拉列表框，列出数据填充的方式（包括“复制单元格”“填充序列”“仅填充格式”“不带格式填充”“快速填充”等）供选择，选定后以相应的数据填充单元格区域。

（2）使用功能区按钮实现数据的复制填充

具体操作步骤如下。

① 选定要填充区域的第一个单元格并输入初始值。

② 选定含有初始值的单元格区域，单击“开始”选项卡→“编辑”命令组→“填充”按钮。

③ 在弹出的“填充”下拉列表框中选择“向下”“向右”“向上”“向左”等选项，然后在选定单元格区域内填充相同的数据。

（3）使用“序列”对话框进行单元格的序列填充

具体操作步骤如下。

① 选定要填充区域的第一个单元格并输入序列中的初始值。

② 选定含有初始值的单元格区域，单击“开始”选项卡→“编辑”命令组→“填充”按钮。

③ 在弹出的“填充”下拉列表框中，选择“序列”选项，弹出“序列”对话框。

④ 设置相应号数，单击“确定”按钮，即可实现序列填充。

**3. 单元格的操作**

（1）选定单元格或区域

利用鼠标选定单元格，通常有以下方法。

✧ 选定一个单元格：将鼠标指向要选定的单元格单击。

✧ 选定不连续的单元格：按住<Ctrl>键的同时单击需要选定的单元格。

✧ 选定一行：单击行号（将鼠标指针放在需要选定行的行号位置处单击）。

✧ 选定一列：单击列标（将鼠标指针放在需要选定列的列标位置处单击）。

✧ 选定多行：按住<Ctrl>键的同时单击所需选择的行号。

✧ 选定多列：按住<Ctrl>键的同时单击所需选择的列标。

✧ 选定整个表格：单击工作表左上角行号和列号的交叉按钮，即“全选”按钮。

✧ 选定一个矩形区域：按住鼠标左键拖动。

✧ 选定不相邻的矩形区域：按住<Ctrl>键单击要选定的单元格，或拖动鼠标选定矩形区域。

利用功能区按钮选定单元格的方法如下。

单击“开始”选项卡→“编辑”命令组→“查找和选择”按钮，在弹出的下拉列表框中选择相应操作。

（2）插入行、列与单元格

具体操作步骤如下。

① 选定要插入单元格、行或列的位置。

② 单击“开始”选项卡→“单元格”命令组→“插入”按钮，即可在当前位置插入单元格、

行或列。

③ 单击“开始”选项卡→“单元格”命令组→“插入”下拉按钮，在弹出的下拉列表框中选择“插入单元格”“插入工作表行”“插入工作表列”“插入工作表”等选项。

如果在下拉列表框中单击“插入工作表行”或“插入工作表列”选项，则在选定位置的上方或左侧插入行或列。如果单击“插入单元格”选项，则弹出“插入”对话框。按需要选择插入单元格的位置，单击“确定”按钮即可。

（3）删除行、列与单元格

具体操作步骤如下。

① 选定要删除的单元格、行或列。

② 选择“开始”选项卡→“单元格”命令组→“删除”按钮，即可删除当前单元格、行或列。

③ 单击“开始”选项卡→“单元格”命令组→“删除”下拉按钮，在弹出的下拉列表框中选择“删除单元格”“删除工作表行”“删除工作表列”“删除工作表”等选项。

如果在下拉列表框中单击“删除工作表行”或“删除工作表列”选项，则删除选定行或列。如果单击“删除单元格”选项，则弹出“删除”对话框。按需要选择删除单元格的位置，单击“确定”按钮即可。

④ 也可在选定相应的单元格、行或列后，单击鼠标右键，通过快捷菜单实现插入、删除等操作。

（4）单元格内容的移动或复制

单元格内容的移动或复制通常有以下 3 种操作方法。

✧ 选定需要移动或复制内容的单元格，按<Ctrl+X>组合键剪切，单击目标位置左上角第一个单元格，按<Ctrl+V>组合键可移动单元格内容；按<Ctrl+C>组合键复制，单击目标位置左上角第一个单元格，按<Ctrl+V>组合键可复制单元格内容。

✧ 在需要移动或复制内容的单元格上单击鼠标右键，在弹出的快捷菜单中选择“剪切”“复制”“粘贴”命令来移动或复制单元格内容。

✧ 选定需要移动或复制内容的单元格，在“开始”选项卡→“剪贴板”命令组中单击“剪切”“复制”“粘贴”按钮来移动或复制单元格内容。

还可以单击“剪贴板”命令组→“粘贴”下拉按钮，在列表中单击“选择性粘贴”选项，弹出“选择性粘贴”对话框。根据需要选定相应的选项实现有选择的粘贴，最后单击“确定”按钮即可。

（5）清除单元格格式或内容

具体操作步骤如下。

① 选定需要清除其格式或内容的单元格或区域。

② 单击“开始”选项卡→“编辑”命令组→“清除”下拉按钮，弹出下拉列表框，选择“全部清除”“清除格式”“清除内容”“清除批注”“清除超链接”等选项。在下拉列表框中单击“清除格式”或“清除内容”选项，则单元格或区域中格式或内容被删除。

**4. 工作表的操作**

（1）选定工作表

选定工作表通常有以下几种方法。

✧ 选定单张工作表：单击工作表的标签，被选定的工作表即成为当前活动工作表。

✧ 选定多张相邻的工作表：单击第一张工作表的标签，然后按住<Shift>键的同时单击最后一张工作表的标签。

✧ 选定多张不相邻的工作表：单击第一张工作表的标签，然后按住<Ctrl>键的同时单击需要选择的其他工作表的标签。

✧ 选定全部工作表：用鼠标右键单击任意一个工作表标签，在快捷菜单中选择“选定全部工作表”命令。

如果要取消选定多张工作表，则单击工作簿中的任意一个工作表标签即可。

（2）重命名工作表

双击工作表的标签，输入新的名字即可。还可以用鼠标右键单击工作表的标签，在弹出的快捷菜单中选择“重命名”命令，输入新工作表名称。

（3）移动或复制工作表

在同一工作簿内移动或复制工作表，可用鼠标拖动操作来实现。移动操作方法：用鼠标拖动原工作表到目标工作表位置。复制操作方法：按住<Ctrl>键，用鼠标拖动原工作表，当鼠标指针变成带加号的形状时，直接拖动到目标工作表位置即可。

也可通过对话框操作来实现移动或复制工作表。操作步骤：选择要移动或复制的工作表，单击鼠标右键，在快捷菜单中选择“移动或复制”命令，在打开的“移动或复制工作表”对话框中进行设置。最后单击“确定”按钮即可。

（4）插入工作表

插入工作表通常通过以下几种方法实现。

✧ 单击工作表标签右侧的“新工作表”按钮，即可在所有工作表之后插入一张新工作表。

✧ 单击“开始”选项卡→“单元格”命令组→“插入”下拉按钮，在出现的下拉列表框中选择“插入工作表”命令，即可在选定工作表之前插入一张新工作表。

✧ 用鼠标指向某个工作表标签，单击鼠标右键，在弹出的快捷菜单中选择“插入”命令，打开“插入”对话框，从中选择“工作表”图标，单击“确定”按钮，即可在选定工作表之前插入一张新工作表。

（5）删除工作表

删除工作表通常通过以下几种方法实现。

✧ 单击“开始”选项卡→“单元格”命令组→“删除”按钮，在出现的下拉列表框中选择“删除工作表”命令，即可删除选定的工作表。

✧ 用鼠标指向某个工作表标签，单击鼠标右键，在弹出的快捷菜单中选择“删除”命令，即可删除选定的工作表。

如果删除的工作表中存在数据，执行“删除工作表”操作时会打开 Microsoft Excel 提示信息框，询问是否继续删除。单击“删除”按钮，则工作表中的数据将被永久删除，且无法用“撤销”恢复；单击“取消”按钮，则取消本次删除操作。

（6）拆分窗口

一个工作表编辑区可以拆分为两个或四个窗口。拆分后，可同时浏览一个较大工作表的不同部分。拆分窗口的操作步骤如下。

选定一个单元格，单击“视图”选项卡→“窗口”命令组→“拆分”按钮，将工作表编辑区拆分为两个或四个窗口。如果选定的单元格在显示区外的其他位置，则系统自动以该单元格为中心，将工作表拆分为四个窗口。

如果要取消拆分，单击“视图”选项卡→“窗口”命令组→“拆分”按钮即可。

（7）冻结窗口

冻结窗口是将工作表编辑区的某一部分固定，使其不随滚动条移动。在查看大型表格中的内容时，采用“冻结”行或列的方法非常方便。

冻结窗口的操作步骤如下。

选定一个单元格，单击“视图”选项卡→“窗口”命令组→“冻结窗格”按钮，从下拉菜单中选择“冻结拆分窗格”选项，则从选定单元格的左上角位置冻结工作表编辑区。

如果只冻结首行或首列，单击“视图”选项卡→“窗口”命令组→“冻结窗格”按钮，从下拉菜单中选择“冻结首行”或“冻结首列”选项即可。

如果要取消冻结，单击“视图”选项卡→“窗口”命令组→“冻结窗格”按钮，从下拉菜单中选择“取消冻结窗格”选项即可。

## 4.4　工作表格式化

### 1. 设置单元格格式

（1）使用功能区按钮快速设置

具体操作步骤如下。

① 选定要格式化的单元格或区域。

② 利用“开始”选项卡→“数字”（或“字体”“对齐方式”）命令组，或者直接使用功能区中的相关按钮快速设置单元格格式。

（2）使用“设置单元格格式”对话框进行更具体的设置

具体操作步骤如下。

① 选定要格式化的单元格或区域。

② 单击“开始”选项卡→“数字”（或“对齐方式”“字体”）命令组右下角的“对话框启动器”按钮，打开的“设置单元格格式”对话框中有“数字”“对齐”“字体”“边框”“填充”“保护”等 6 个标签页，利用这些标签页可设置单元格的格式。

③ 完成设置后，单击“确定”按钮即可。

### 2. 设置行高和列宽

（1）使用鼠标调整

将鼠标指向要改变行高和列宽的行号或列标的分隔线上，鼠标指针变成垂直双向箭头形状或水平双向箭头形状，按住鼠标左键并拖动鼠标，直至将行高或列宽调整到合适高度或宽度，释放鼠标即可。

（2）使用菜单调整

选定单元格区域，单击“开始”选项卡→“单元格”命令组→“格式”下拉按钮，在弹出的下拉列表框中选择“行高”或“列宽”选项，在打开的对话框中可设置行高值和列宽值；选择“自动调整行高”或“自动调整列宽”选项，可实现自动调整表格行高和列宽。

3. 设置条件格式

选定要格式化的单元格区域，在“开始”选项卡→“样式”命令组中，单击“条件格式”按钮或下拉按钮，弹出“条件格式”下拉列表框。通过对各个选项的设置实现条件格式设置。

4. 使用单元格样式

（1）应用单元格样式

选定要格式化的单元格区域，单击“开始”选项卡→“样式”命令组→“单元格样式”下拉按钮，在弹出的“单元格样式”下拉列表框中选择具体样式和进行选项设置。如果要应用普通数字样式，则单击功能区的“千位分隔”“货币”或“百分比”按钮，选择需要的样式。

（2）创建自定义单元格样式

选定要格式化的单元格区域，单击“开始”选项卡→“样式”命令组→“单元格样式”下拉按钮，在弹出的“单元格样式”下拉列表框中选择“新建单元格样式”选项，打开“新建单元格样式”对话框。在“样式名”文本框中，输入新建单元格样式的名称；单击“格式”按钮会打开“设置单元格格式”对话框，在对话框中的各个标签页设置所需的格式，单击“确定”按钮即可。如果要删除已定义的样式，选择样式名后，单击鼠标右键，在弹出的快捷菜单中选择“删除”命令即可。

5. 套用表格格式

（1）应用表格格式

选定要格式化的单元格区域，单击“开始”选项卡→“样式”命令组→“套用表格格式”按钮或下拉按钮，在弹出的“套用表格格式”下拉列表框中选择要使用的格式，出现“套用表格式”对话框，其中显示的数据来源就是选定的表格区域。若选定“表包含标题”，则在套用格式后，表的第一行作为标题行。最后单击“确定”按钮即可。

（2）新建表格样式

选定要格式化的单元格区域，单击“开始”选项卡→“样式”命令组→“套用表格格式”按钮或下拉按钮，在弹出的“套用表格格式”下拉列表框中选择“新建表格样式”选项，将打开“新建表样式”对话框。在“名称”文本框中输入新建表样式的名称，单击“格式”按钮，打开“设置单元格格式”对话框，在对话框的各个标签页设置所需的格式，单击“确定”按钮即可。如果要删除新建表样式，选择样式名后单击鼠标右键，在弹出的快捷菜单中选择“删除”命令即可。

## 4.5 公式和函数

1. 自动计算

利用功能区中的自动求和命令实现自动计算，操作步骤如下。

① 选定存放计算结果的单元格（一般选中一行或一列数据末尾的单元格）。

② 单击“开始”选项卡→“编辑”命令组→“自动求和”按钮；或者单击“公式”选项卡→“函数库”命令组→“自动求和”按钮，会自动出现求和函数以及求和的数据区域。如果求和的区

域不正确，可以用鼠标重新选取。如果是连续区域，可用鼠标拖动的方法选取。如果是对不连续的单元格求和，可用鼠标选取单个单元格后，从键盘键入“,”用于分隔选中的单元格，再继续选取其他单元格。

③ 确认参数无误后，按<Enter>键确定。

如果单击“公式”选项卡→“自动求和”下方下拉按钮，则会弹出下拉列表框。在下拉列表框中可实现自动求和、平均值、计数、最大值和最小值等操作。如果需要进行其他计算，可以单击“其他函数”选项。

2. 公式的使用

选定存放结果的单元格，在单元格或编辑栏中，输入以“=”开始、由运算符和对象组成的公式，按<Enter>键或单击编辑栏左侧的输入按钮，即可在单元格中显示出计算结果，而编辑栏中显示的仍是该单元格中的公式。

如果需要对公式进行修改，可双击单元格，然后直接在单元格中修改，或单击单元格，在编辑栏中修改。

3. 函数的使用

函数的使用通常采用“插入函数”对话框实现。具体操作步骤如下。

① 选定要输入函数的单元格。

② 单击“公式”选项卡→“函数库”命令组→“插入函数”按钮，或者直接单击编辑栏左侧的插入函数按钮，打开“插入函数”对话框。

③ 在“或选择类别”下拉列表中选择函数类别，在“选择函数”列表中单击所需的函数名，单击“确定”按钮，弹出“函数参数”对话框。

④ 如果选择单元格区域作为参数，则在参数框内输入选定区域，单击“确定”按钮。也可以单击参数框右侧的折叠对话框按钮（“函数参数”对话框缩小至一行），然后在工作表上选定区域，再单击展开对话框按钮（恢复显示“函数参数”对话框的全部内容），最后单击“确定”按钮即可。

## 4.6　图表的使用

1. 创建图表

创建图表的操作步骤如下。

① 选定要创建图表的数据区域（即创建图表的数据源）。

② 选择“插入”选项卡→“图表”命令组。

③ 单击“图表”命令组右下角的“对话框启动器”按钮，打开“插入图表”对话框，默认打开的是“推荐的图表”标签页，可从中选择一种图表类型创建图表；也可选择打开“所有图表”标签页，从中选择一种图表类型创建图表。

④ 单击“确定”按钮，即可创建图表。

此外，利用快捷键可以自动建立独立图表：首先选定要创建图表的数据区域，然后按<F11>键，系统自动为选定的数据建立独立的簇状柱形图。

**2. 编辑和修改图表**

编辑图表可以在选中图表后通过选择“图表工具-设计”选项卡下的相关命令组中的命令来完成，也可以在选中图表后单击鼠标右键，利用弹出的快捷菜单来编辑和修改图表。

（1）修改图表类型

右键单击图表绘图区，在弹出的快捷菜单中选择“更改图表类型”命令，在打开的“更改图表类型”对话框中可以进行重新选择。也可以在选中图表后通过单击“图表工具-设计”选项卡→“类型”命令组→“更改图表类型”按钮来完成。

（2）修改图表数据源

右键单击图表绘图区，在弹出的快捷菜单中选择“选择数据”命令，在弹出的“选择数据源”对话框中可以实现对图表引用数据的添加、编辑、删除等操作。也可以在选中图表后通过单击“图表工具-设计”选项卡→“数据”命令组→“选择数据”按钮来完成。

删除图表数据时，如果要同时删除工作表和图表中的数据，只要删除工作表中的数据，图表将会自动更新；如果只从图表中删除数据，则在图表上单击要删除的图表系列，按<Delete>键即可。

（3）数据行/列之间快速切换

在选中图表后，单击“图表工具-设计”选项卡→“数据”命令组→“切换行/列”按钮，实现图表的数据系列在表格的行和列之间快速切换。

（4）修改图表的放置位置

在选中图表后，单击“图表工具-设计”选项卡→“位置”命令组→“移动图表”按钮，打开“移动图表”对话框，可以在“选择放置图表的位置”下选择“新工作表”，将图表重新创建于新建工作表中，也可以选择“对象位于”，将图表直接嵌入原工作簿的选定工作表。

（5）修改图表样式

在选中图表后，选择“图表工具-设计”选项卡→“图表样式”命令组，可通过单击右侧的上下箭头翻行显示图表样式，也可单击“图表样式”命令组右侧下拉按钮，展开“图表样式”下拉列表框。将鼠标指针移动到某图表样式上，可以实时预览相应的效果。选择一种内置图表样式，即可为所选图表应用该图表样式。

（6）添加图表元素

在选中图表后，单击“图表工具-设计”选项卡→“图表布局”命令组→“添加图表元素”按钮，弹出“添加图表元素”下拉列表框。可以选择相关选项，实现添加图表元素和编辑。

**3. 修饰图表**

进行图表格式修饰，具体操作步骤如下。

① 单击选中图表，功能区会出现“图表工具-格式”选项卡及其所有命令组。“图表工具-格式”选项卡下包括“当前所选内容”“插入形状”“形状样式”“艺术字样式”“排列”“大小”等命令组。

② 在“图表工具-格式”选项卡→“当前选择内容”命令组中，可以选择要设置样式的图表元素。

③ 在“图表工具-格式”选项卡→“形状样式”命令组中，可以设置所选图表元素的形状样式，或者单击“形状填充”“形状轮廓”或“形状效果”，然后选择需要的选项。

④ 在“图表工具-格式”选项卡→“艺术字样式”命令组中，可以使用“艺术字”设置所选图表元素中文本的样式，或者单击“文本填充”“文本轮廓”或“文本效果”，然后选择需要的选项。

## 4.7　数据处理

### 1. 数据排序

（1）使用功能区按钮快速排序

具体操作步骤如下。

① 单击要排序字段内的任意一个单元格。

② 单击“数据”选项卡→“排序和筛选”命令组中的升序按钮或降序按钮，数据表中的记录会以所选字段为排序关键字进行相应的排序操作。

（2）使用“排序”对话框排序

具体操作步骤如下。

① 单击需要排序的数据表中的任一单元格。

② 单击“数据”选项卡→“排序和筛选”命令组→“排序”按钮，打开“排序”对话框。

③ 在“主要关键字”下拉列表中选择主要关键字，然后设置“排序依据”和“次序”。单击“添加条件”按钮，可以添加设置第二个、第三个“次要关键字”等。如果要排除第一行的标题行，则选中“数据包含标题”复选框。如果数据表没有标题行，则不选中“数据包含标题”复选框。

④ 单击“确定”按钮即可。

（3）自定义排序

具体操作步骤如下。

① 单击需要排序的数据表中的任一单元格。

② 单击“数据”选项卡→“排序和筛选”命令组→“排序”按钮，出现“排序”对话框。

③ 单击“排序”对话框的“选项”按钮，在打开的“排序选项”对话框中可以设置排序选项。

④ 在“排序”对话框的“次序”下拉列表中单击“自定义序列”选项，可以在弹出的“自定义序列”对话框中为“自定义序列”列表框添加定义的新序列。

⑤ 选中自定义序列后，单击“确定”按钮返回“排序”对话框，此时“次序”已设置为自定义序列方式，数据内容按自定义的排序方式重新排序。

⑥ 单击“确定”按钮即可。

### 2. 数据筛选

（1）自动筛选

操作步骤如下。

单击数据表中的任一单元格，单击“数据”选项卡→“排序和筛选”命令组→“筛选”按钮，此时在每个列标题的右侧出现一个下拉按钮。单击某字段右侧下拉按钮，下拉列表中列出了该列中的所有项目，从中选择需要显示的项目。

如果要取消筛选，单击“数据”选项卡→“排序和筛选”命令组→“筛选”按钮即可。

（2）自定义筛选

具体操作步骤如下。

① 在数据表自动筛选的条件下，单击某字段右侧下拉按钮，在下拉列表中单击“数字筛选”选项，再在弹出的下拉列表中选择“自定义筛选”选项。

② 在打开的“自定义自动筛选方式”对话框中设置筛选条件。

③ 单击“确定”按钮即可。

如果要取消“自定义自动筛选方式”，单击“数据”选项卡→“排序和筛选”命令组→“筛选”按钮，则取消所有筛选，同时取消所有筛选按钮；单击“数据”选项卡→“排序和筛选”命令组→“清除”按钮，则取消所有筛选，但保留筛选按钮。

（3）高级筛选

高级筛选可以筛选出同时满足两个或两个以上条件的数据。高级筛选的具体操作步骤如下。

① 在工作表中设置条件区域。条件区域至少为两行，第一行为字段名，第二行以下为查找的条件。条件区域设置完成后，进行高级筛选。

② 选定数据表数据清单中的任意一个单元格。

③ 单击“数据”选项卡→“排序和筛选”命令组→“高级”按钮，打开“高级筛选”对话框。

④ 单击“列表区域”文本框右侧的折叠对话框按钮，将对话框折叠，在工作表中选定数据表所在单元格区域，再单击展开对话框按钮，返回“高级筛选”对话框。

⑤ 单击“条件区域”文本框右侧的折叠对话框按钮，将对话框折叠，在工作表中选定条件区域，再单击展开对话框按钮，返回“高级筛选”对话框。

⑥ 在“方式”选项区中选择“在原有区域显示筛选结果”或“将筛选结果复制到其他位置”。

⑦ 单击“确定”按钮即可。

### 3. 数据分类汇总

具体操作步骤如下。

① 首先对分类字段进行排序，使分类字段值相同的记录集中在一起。

② 选中数据表中的任一单元格，单击“数据”选项卡→“分级显示”命令组→“分类汇总”按钮，弹出“分类汇总”对话框。

③ 在“分类字段”下拉列表中选择分类依据的字段名，在“汇总方式”下拉列表中选择汇总的方式，在“选定汇总项”列表框中指定要对哪些字段进行统计汇总。

④ 设置完成后，单击“确定”按钮即可。

如果要删除已经创建的分类汇总，在“分类汇总”对话框中单击“全部删除”按钮即可。

### 4. 数据合并计算

准备好参加合并计算的工作表，具体操作步骤如下。

① 选中目标工作表中合并计算后数据存放的起始单元格。

② 单击“数据”选项卡→“数据工具”命令组→“合并计算”按钮，在打开的“合并计算”对话框中进行设置。

③ 单击“确定”按钮，完成合并计算。

### 5. 建立数据透视表

利用“插入”选项卡→“表格”命令组→“数据透视表”按钮可以完成数据透视表的建立。

具体操作步骤如下。

① 选取需要创建数据透视表的数据清单内容。

② 单击“插入”选项卡→“表格”命令组→“数据透视表”按钮，打开“创建数据透视表”对话框。

③ 在“请选择要分析的数据”区域的“表/区域”文本框中输入引用位置，或单击右侧的折叠对话框按钮使用鼠标选取引用位置。在“选择放置数据透视表的位置”区域选择“新工作表”或“现有工作表”选项。如果选择“现有工作表”选项，则在“位置”文本框中输入数据透视表的存放位置。

④ 单击“确定”按钮，在工作表右侧弹出“数据透视表字段”窗格，同时一个空的未完成数据透视表添加到指定的位置，并显示提示“若要生成报表，请从‘数据透视表字段列表’中选择字段”。

⑤ 在“数据透视表字段”窗格中选择字段（将字段名前的复选框打勾），将相应的字段拖到相应的标签位置，即可完成数据透视表的创建。

选中数据透视表，单击鼠标右键，在弹出的快捷菜单中选择“数据透视表选项”，打开“数据透视表选项”对话框，利用对话框的选项可以改变数据透视表的布局和格式、汇总和筛选以及显示方式等。

### 6. 工作表中的链接

建立超链接的具体操作步骤如下。

① 首先选定要建立超链接的单元格或单元格区域。

② 单击鼠标右键，在弹出式菜单中选择“超链接”命令；或者单击“插入”选项卡→“链接”命令组→“超链接”按钮，在打开的“插入超链接”对话框中进行设置。

③ 单击“确定”按钮即可。

利用“插入超链接”对话框可以修改超链接信息，也可以取消超链接。选定已建立超链接的单元格或单元格区域，单击鼠标右键，在弹出的快捷菜单中选择“打开超链接”命令可打开超链接，选择“取消超链接”命令即可取消超链接。

## 4.8 页面设置与打印

### 1. 设置页面

可以利用“页面布局”选项卡→“页面设置”命令组中的命令进行页面设置。也可以通过单击“页面设置”命令组右下角的“对话框启动器”按钮，在打开的“页面设置”对话框（默认打开的是“页面”标签页）中设置页面的打印方向、缩放比例、纸张大小以及打印质量等。

### 2. 设置页边距

可以利用“页面布局”选项卡→“页面设置”命令组→“页边距”按钮进行设置。也可以利用“页面设置”对话框的“页边距”标签页设置页面中正文与页面边缘的距离，在“上”“下”“左”“右”组合框中分别输入所需的页边距，以及设置“页眉”“页脚”的边距。

### 3. 设置页眉/页脚

利用“页面设置”对话框的“页眉/页脚”标签页，可以在“页眉”或“页脚”下拉列表框中选择内置的页眉格式和页脚格式。

如果要自定义页眉或页脚，可以单击“自定义页眉”按钮或“自定义页脚”按钮，在打开的对话框中完成设置。

如果要删除页眉或页脚，则选定要删除页眉或页脚的工作表，在“页眉”或“页脚”下拉列表框中选择“(无)”，表示不使用页眉或页脚。

4. 设置工作表

利用“页面设置”对话框的“工作表”标签页，可设置工作表。可以利用“打印区域”右侧的折叠对话框按钮选定打印区域；利用“打印标题”的两个折叠对话框按钮选定行标题或列标题区域，为每页设置打印行或列标题；利用“打印”设置有无网格线、行号列标和批注等；利用“打印顺序”设置是“先行后列”还是“先列后行”。

5. 预览与打印

单击“文件”选项卡→“打印”命令，进入打印预览与打印设置界面。右侧是打印预览区域，可以预览工作表的打印效果。左侧是打印设置区域，可以设置打印份数、选择打印机，设置打印工作表的打印范围、页数，还可以对纸张大小、方向、边距、缩放等进行设置。最后，单击“打印”按钮即可。

## 【实验及操作指导】

# 实验 4　Excel 2016 的使用

**实验 4-1**：掌握表格数据计算方法、RANK.EQ 函数的使用方法。掌握工作表命名、图表的建立、排序和分类汇总等操作方法。

### 【具体要求】

打开实验素材“\EX4\EX4-1\Exzc1.xlsx”，按下列要求完成对此工作簿的操作并保存。

① 将 Sheet1 工作表的 A1:H1 单元格区域合并为一个单元格，内容水平居中，设置标题字体格式为“楷体”“20”“蓝色”。

② 计算“第一季度销售额(元)”列的内容（数值型，保留小数点后 0 位），计算各产品的总销售额，置 G15 单元格内（数值型，保留小数点后 0 位），计算各产品销售额排序（利用 RANK.EQ 函数，降序），置 H3:H14 单元格区域；计算各类别产品销售额（利用 SUMIF 函数）置 J5:J7 单元格区域，计算各类别产品销售额占总销售额的比例，置“所占比例”列（百分比型，保留小数点后 2 位）。

③ 选取“产品型号”列（A2:A14）和“第一季度销售额(元)”列（G2:G14）数据区域的内容建立“三维簇状条形图”，柱体形状为圆柱图，图表标题位于图表上方，图表标题为“产品第一季度销售统计图”，删除图例，设置数据系列格式为纯色填充“橄榄色，个性色 3，深色 25%”；

将图插入表 A16:F36 单元格区域。

④ 将 Sheet1 工作表命名为“产品第一季度销售统计表”。

⑤ 对工作表“产品销售情况表”内数据清单的内容按主要关键字“季度”的升序和次要关键字“产品名称”的降序进行排序。

⑥ 完成对各季度按产品名称销售额总和的分类汇总，汇总结果显示在数据下方。

⑦ 保存文件“Exzc1.xlsx”。

## 【实验步骤】

双击打开实验素材“\EX4\EX4-1\Exzc1.xlsx”电子表格。

① 单击 Sheet1 工作表的 A1 单元格，按住<Shift>键，鼠标单击 H1 单元格，单击“开始”选项卡→“对齐方式”命令组→“合并后居中”按钮。单击“开始”选项卡→“字体”命令组→“字体”下拉按钮，选择“楷体”，单击“字号”下拉按钮，选择“20”，单击“字体颜色”下拉按钮，选择“蓝色”，如图 4-2 所示。

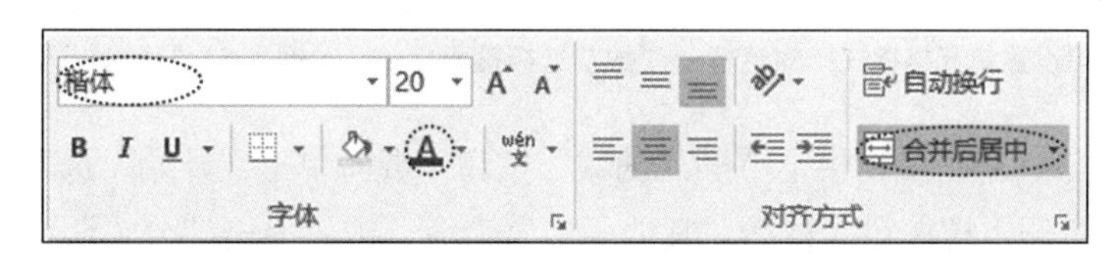


图 4-2　“开始”选项卡→“字体”命令组和“对齐方式”命令组

② 单击 G3 单元格，单击“开始”选项卡→“编辑”命令组→“自动求和”按钮，此时默认会选择当前单元格左侧数值单元格区域 C3:F3，直接拖动鼠标选择 C3:E3 单元格区域，单击编辑栏，在 SUM 公式后输入“*”，单击 F3 单元格，按<Enter>键。也可以通过编辑栏输入公式。单击 G3 单元格，然后在编辑栏输入公式“=(C3+D3+E3)*F3”，单击“确认”按钮。具体公式如图 4-3 所示。鼠标拖动 G3 单元格右下角的填充柄，拖到 G14 单元格，松开鼠标。

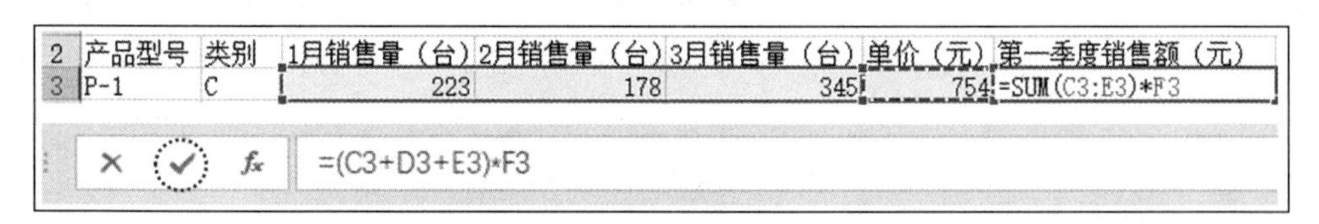


图 4-3　计算“第一季度销售额”的公式

拖动鼠标选择 G3:G14 单元格区域，单击“开始”选项卡→“数字”命令组右下角的“对话框启动器”按钮，打开“设置单元格格式”对话框“数字”标签页，如图 4-4 所示。在“分类”栏中单击“数值”，在“小数位数”组合框中输入“0”，单击“确定”按钮。也可以单击“开始”选项卡→“数字”命令组→“数字格式”下拉按钮，选择“数值”，再通过下方的“减少小数位数”按钮来完成，如图 4-5 所示。

单击 G15 单元格，单击“开始”选项卡→“编辑”命令组→“自动求和”按钮，此时默认会选择当前单元格上方数值单元格区域 G3:G14，按<Enter>键。单击两次“开始”选项卡→“减少小数位数”按钮。

图 4-4 “设置单元格格式”对话框→“数字”标签页

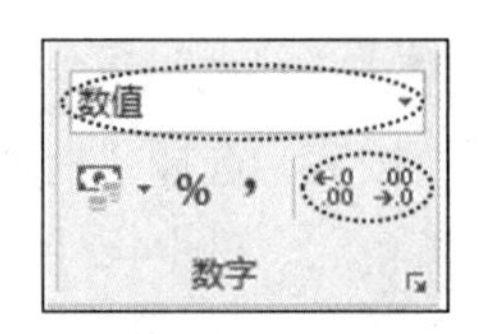

图 4-5 “开始”选项卡→“数字”命令组

单击 H3 单元格，单击编辑栏上“插入函数”按钮（或者单击“开始”选项卡→“编辑”命令组→“自动求和”右侧下拉按钮，选择“其他函数”命令，或者单击“公式”选项卡→“函数库”命令组→“插入函数”按钮），打开“插入函数”对话框。在“或选择类别”下拉列表中选择“全部”，在“选择函数”列表中单击所需的函数名“RANK.EQ”，如图 4-6 所示，单击“确定”按钮。

弹出“函数参数”对话框，单击“Number”参数框右侧的折叠对话框按钮，然后在工作表上单击 G3 单元格，再单击展开对话框按钮，单击“Ref”参数框右侧的折叠对话框按钮，拖动鼠标选定区域“G3:G14”（在 3 和 14 前分别输入“$”，采用混合引用），再单击展开对话框按钮，恢复显示“函数参数”对话框的全部内容，在“Order”参数框中输入“0”，或者不输入任何内容，如图 4-7 所示。单击“确定”按钮即可在 H3 单元格得到计算结果。将鼠标指针移至 H3 单元格右下角，当鼠标指针变为黑十字形状填充柄时，拖动填充柄到 H14 单元格，释放填充柄即可。

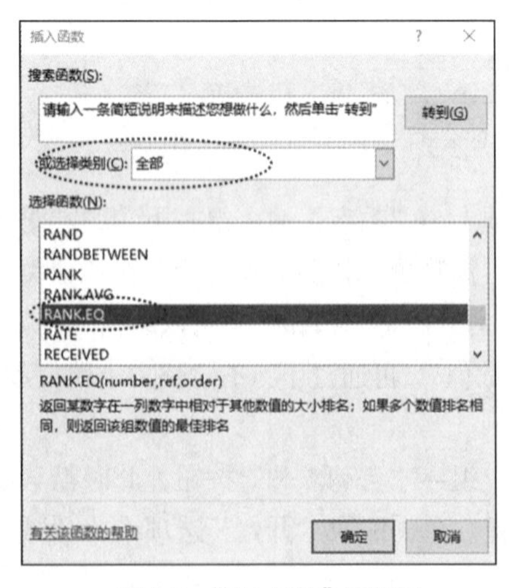

图 4-6 “插入函数”对话框

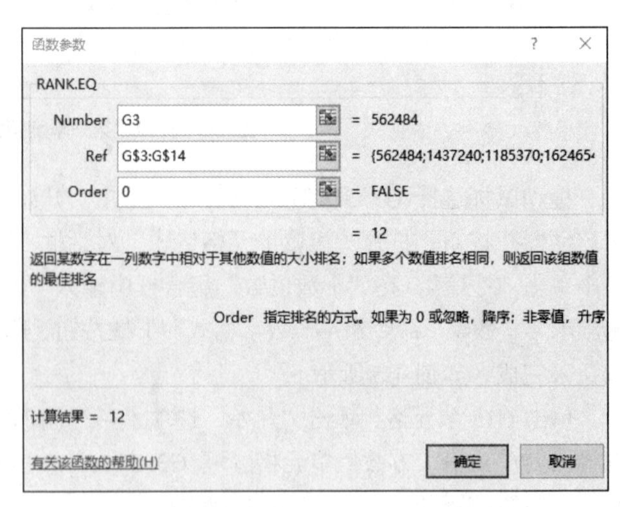

图 4-7 “函数参数”对话框→RANK.EQ 函数

单击J5单元格，直接输入“=SUMIF(”，单击编辑栏左侧的“插入函数”按钮，打开SUMIF函数的“函数参数”对话框。单击“Range”参数框右侧的折叠对话框按钮，然后在工作表上选定区域“B3:B14”（在3和14前分别输入“$”），单击展开对话框按钮；单击“Criteria”参数框，然后在工作表区域单击I5单元格；单击“Sum_range”参数框右侧的折叠对话框按钮，然后在工作表上选定区域“G3:G14”（同样在3和14前分别输入“$”），再次单击展开对话框按钮，恢复显示“函数参数”对话框的全部内容，如图4-8所示。单击“确定”按钮即可在J5单元格得到计算结果。将鼠标指针移至J5单元格右下角，当鼠标指针变为黑十字形状填充柄时，拖动填充柄到J7单元格，释放填充柄即可。

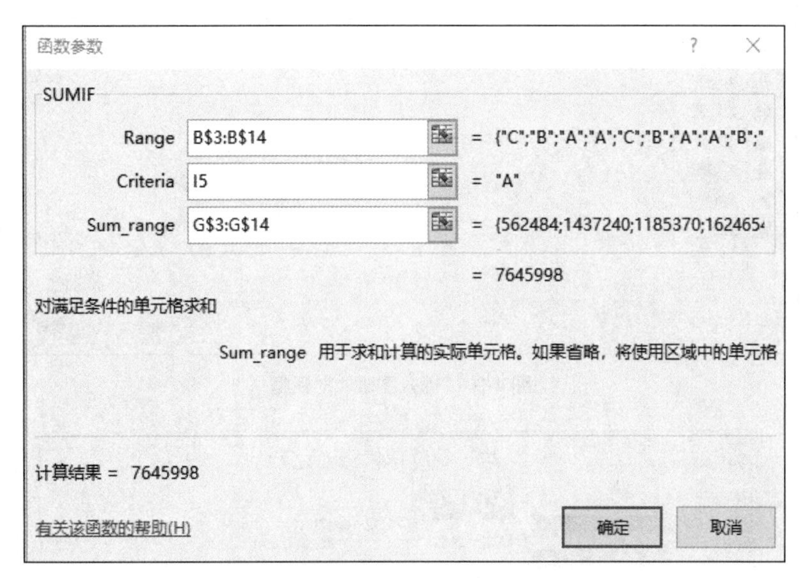


图4-8 “函数参数”对话框→SUMIF函数

单击K5单元格，输入“=”，单击J5单元格，输入“/”，单击G15单元格，鼠标将插入点移到“G”和“15”之间，输入“$”，按<Enter>键。单击“开始”选项卡→“数字”命令组→“百分比样式”按钮，单击两次“增加小数位数”按钮。将鼠标指针移至K5单元格右下角，当鼠标指针变为黑十字形状填充柄时，拖动填充柄到K7单元格，释放填充柄即可。

③ 拖动鼠标选择“A2:A14”区域，按住<Ctrl>键同时拖动鼠标选择“G2:G14”区域，单击“插入”选项卡→“图表”命令组右下角的“对话框启动器”按钮，打开“插入图表”对话框，单击“所有图表”标签页，在左侧列表中单击“条形图”，在右侧单击“三维簇状条形图”，如图4-9所示，单击“确定”按钮。单击图表绘图区中的标题，删除原有文字，输入“产品第一季度销售统计图”。鼠标指针移至图表边框上，出现四向箭头时，按住鼠标左键拖动，将图表的左上角移到A16单元格，松开鼠标。鼠标指针移至图表右下角边框处，调整图表大小，使其正好在A16:F36单元格区域。

鼠标选中图表上的数据系列，单击右键，在弹出式菜单中选择“设置数据系列格式”命令，如图4-10所示，打开“设置数据系列格式”窗格。在“系列选项”标签页的“系列选项”组，选择“圆柱图”为“柱体形状”，如图4-11（a）所示，在“填充”组，选择“纯色填充”，设置颜色为“橄榄色，个性色3，深色25%”，如图4-11（b）所示。

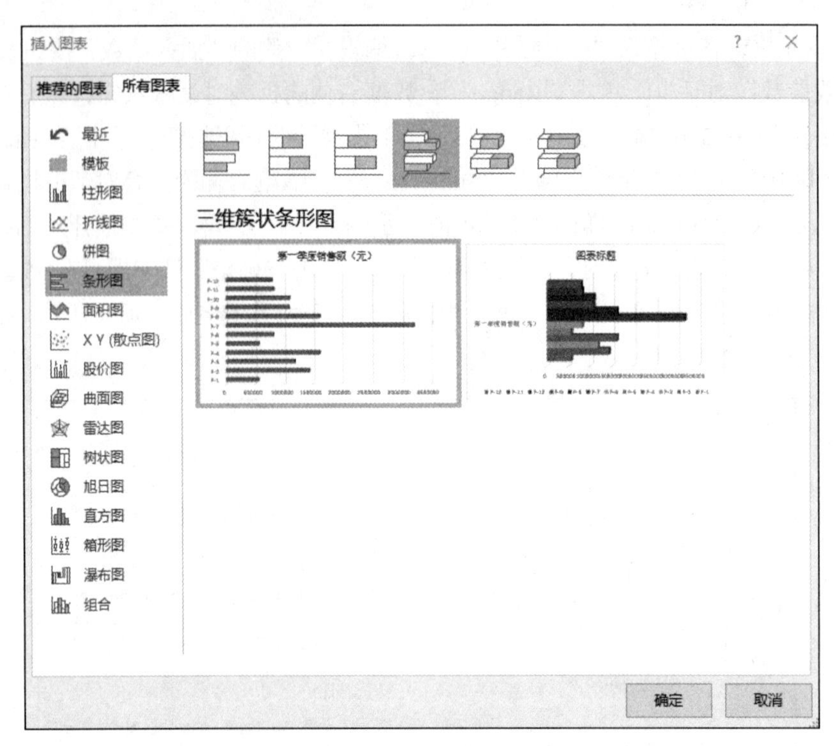


图 4-9 “插入图表”对话框

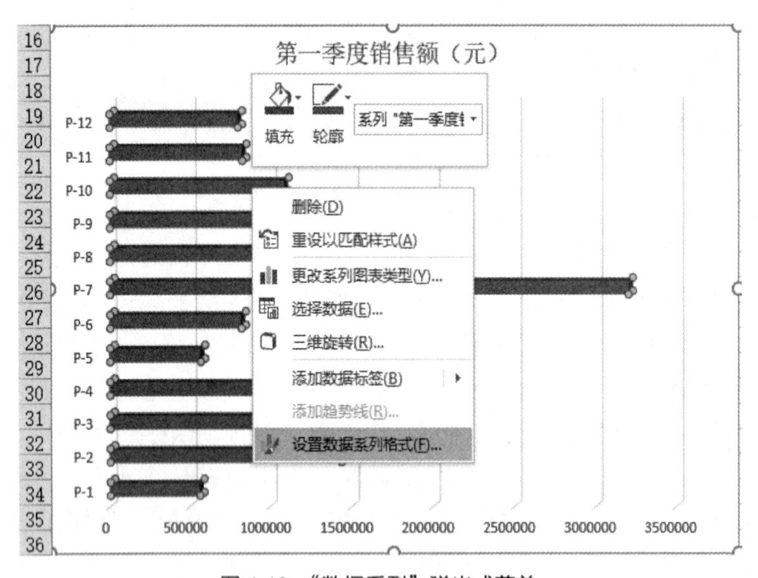


图 4-10 “数据系列”弹出式菜单

④ 双击工作表标签“Sheet1”，输入“产品第一季度销售统计表”，按<Enter>键，给工作表重命名。

⑤ 单击工作表标签“产品销售情况表”，单击此工作表内数据清单的任一单元格，单击“开始”选项卡→“编辑”命令组→“排序和筛选”下拉按钮，在列表中选择“自定义排序”命令，如图 4-12 所示，打开“排序”对话框。也可以单击“数据”选项卡→“排序和筛选”命令组→“排序”按钮，如图 4-13 所示，打开对话框。

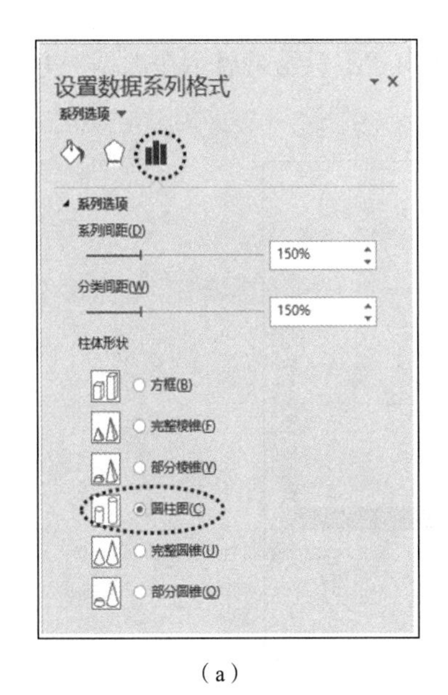


（a）

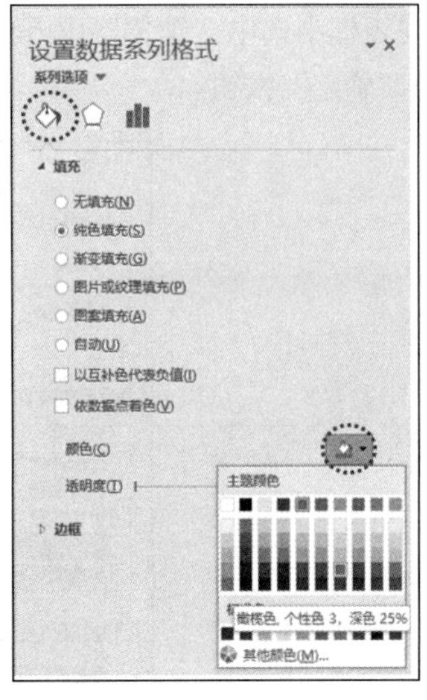


（b）

图 4-11　“设置数据系列格式”窗格→“系列选项”标签页

图 4-12　“排序和筛选”下拉列表框

图 4-13　“数据”选项卡→“排序和筛选”命令组

单击“主要关键字”下拉按钮，选择“季度”，设置“次序”为“升序”，单击“添加条件”按钮，单击“次要关键字”下拉按钮，选择“产品名称”，设置“次序”为“降序”，如图 4-14 所示，单击“确定”按钮。

图 4-14　“排序”对话框

⑥ 单击“数据”选项卡→“分级显示”命令组→“分类汇总”按钮，弹出“分类汇总”对话框。在“分类字段”下拉列表中选择“产品名称”；在“汇总方式”下拉列表中选择“求和”；在

“选定汇总项”列表框中选中“销售额(万元)”，选中“汇总结果显示在数据下方”复选框，如图 4-15 所示，单击“确定”按钮。

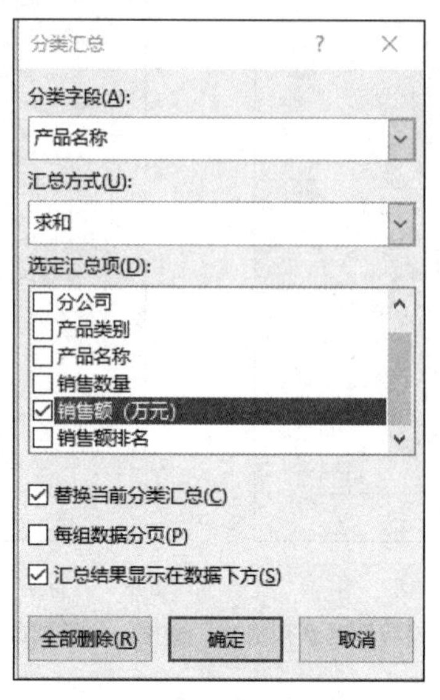


图 4-15 “分类汇总”对话框

⑦ 单击快速访问工具栏上的“保存”按钮。完成后的样张如图 4-16、图 4-17 所示。

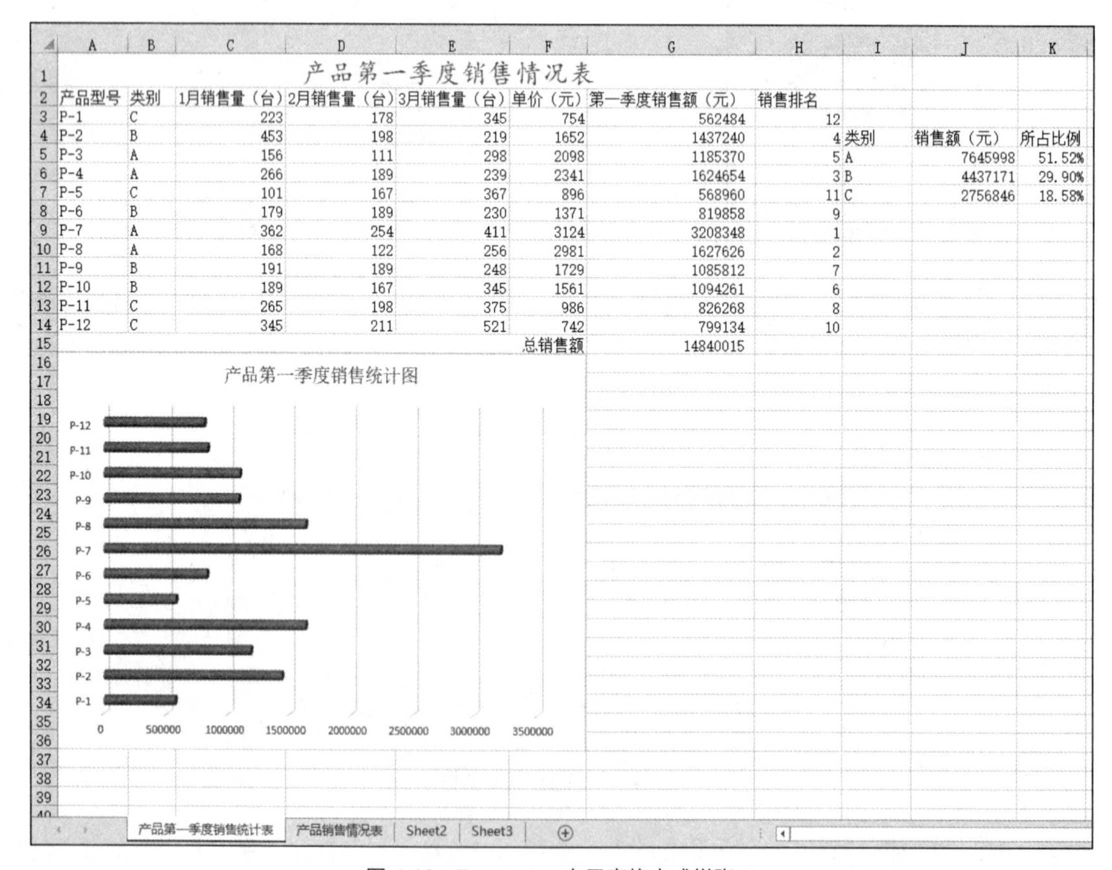

| | A | B | C | D | E | F | G | H | I | J | K |
|---|---|---|---|---|---|---|---|---|---|---|---|
| 1 | 产品第一季度销售情况表 | | | | | | | | | | |
| 2 | 产品型号 | 类别 | 1月销售量（台） | 2月销售量（台） | 3月销售量（台） | 单价（元） | 第一季度销售额（元） | 销售排名 | | | |
| 3 | P-1 | C | 223 | 178 | 345 | 754 | 562484 | 12 | | | |
| 4 | P-2 | B | 453 | 198 | 219 | 1652 | 1437240 | 4 | 类别 | 销售额（元） | 所占比例 |
| 5 | P-3 | A | 156 | 111 | 298 | 2098 | 1185370 | 5 | A | 7645998 | 51.52% |
| 6 | P-4 | A | 266 | 189 | 239 | 2341 | 1624654 | 3 | B | 4437171 | 29.90% |
| 7 | P-5 | C | 101 | 167 | 367 | 896 | 568960 | 11 | C | 2756846 | 18.58% |
| 8 | P-6 | B | 179 | 189 | 230 | 1371 | 819858 | 9 | | | |
| 9 | P-7 | A | 362 | 254 | 411 | 3124 | 3208348 | 1 | | | |
| 10 | P-8 | A | 168 | 122 | 256 | 2981 | 1627626 | 2 | | | |
| 11 | P-9 | B | 191 | 189 | 248 | 1729 | 1085812 | 7 | | | |
| 12 | P-10 | B | 189 | 167 | 345 | 1561 | 1094261 | 6 | | | |
| 13 | P-11 | C | 265 | 198 | 375 | 986 | 826268 | 8 | | | |
| 14 | P-12 | C | 345 | 211 | 521 | 742 | 799134 | 10 | | | |
| 15 | | | | | | 总销售额 | 14840015 | | | | |



图 4-16 Exzc1.xlsx 电子表格完成样张 1

| | A | B | C | D | E | F | G |
|---|---|---|---|---|---|---|---|
| 1 | 季度 | 分公司 | 产品类别 | 产品名称 | 销售数量 | 销售额（万元） | 销售额排名 |
| 2 | 1 | 东部4 | S-1 | 手机 | 89 | 2.67 | 56 |
| 3 | 1 | 北部4 | S-1 | 手机 | 112 | 3.36 | 53 |
| 4 | 1 | 南部4 | S-1 | 手机 | 132 | 3.96 | 51 |
| 5 | 1 | 西部4 | S-1 | 手机 | 165 | 4.95 | 50 |
| 6 | | | | **手机 汇总** | | 14.94 | |
| 7 | 1 | 东部2 | K-1 | 空调 | 24 | 8.50 | 43 |
| 8 | 1 | 南部2 | K-1 | 空调 | 54 | 19.12 | 20 |
| 9 | 1 | 西部2 | K-1 | 空调 | 89 | 12.28 | 38 |
| 10 | 1 | 北部2 | K-1 | 空调 | 156 | 25.28 | 15 |
| 11 | | | | **空调 汇总** | | 65.18 | |
| 12 | 1 | 西部1 | D-1 | 电视 | 21 | 9.37 | 41 |
| 13 | 1 | 东部1 | D-1 | 电视 | 67 | 18.43 | 23 |
| 14 | 1 | 北部1 | D-1 | 电视 | 86 | 38.36 | 9 |
| 15 | 1 | 南部1 | D-1 | 电视 | 164 | 17.60 | 26 |
| 16 | | | | **电视 汇总** | | 83.75 | |
| 17 | 1 | 北部3 | D-2 | 电冰箱 | 43 | 13.80 | 35 |
| 18 | 1 | 西部3 | D-2 | 电冰箱 | 58 | 18.62 | 22 |
| 19 | 1 | 东部3 | D-2 | 电冰箱 | 86 | 20.12 | 19 |
| 20 | 1 | 南部3 | D-2 | 电冰箱 | 89 | 20.83 | 18 |
| 21 | | | | **电冰箱 汇总** | | 73.37 | |
| 22 | 2 | 北部4 | S-1 | 手机 | 89 | 2.67 | 56 |
| 23 | 2 | 南部4 | S-1 | 手机 | 97 | 2.91 | 55 |
| 24 | 2 | 西部4 | S-1 | 手机 | 131 | 3.93 | 52 |
| 25 | 2 | 东部3 | S-1 | 手机 | 176 | 5.28 | 47 |
| 26 | | | | **手机 汇总** | | 14.79 | |
| 27 | 2 | 北部2 | K-1 | 空调 | 37 | 5.11 | 48 |
| 28 | 2 | 西部2 | K-1 | 空调 | 56 | 7.73 | 44 |
| 29 | 2 | 南部2 | K-1 | 空调 | 63 | 22.30 | 16 |
| 30 | 2 | 东部2 | K-1 | 空调 | 79 | 27.97 | 14 |
| 31 | | | | **空调 汇总** | | 63.10 | |
| 32 | 2 | 南部1 | D-1 | 电视 | 27 | 7.43 | 45 |
| 33 | 2 | 西部1 | D-1 | 电视 | 42 | 18.73 | 21 |
| 34 | 2 | 东部1 | D-1 | 电视 | 56 | 15.40 | 31 |
| 35 | 2 | 北部1 | D-1 | 电视 | 73 | 32.56 | 11 |
| 36 | | | | **电视 汇总** | | 74.12 | |
| 37 | 2 | 南部3 | D-2 | 电冰箱 | 45 | 10.53 | 40 |
| 38 | 2 | 北部3 | D-2 | 电冰箱 | 48 | 15.41 | 30 |
| 39 | 2 | 东部3 | D-2 | 电冰箱 | 65 | 15.21 | 32 |
| 40 | 2 | 西部3 | D-2 | 电冰箱 | 69 | 22.15 | 17 |
| 41 | | | | **电冰箱 汇总** | | 63.30 | |
| 42 | 3 | 西部4 | S-1 | 手机 | 78 | 2.34 | 59 |
| 43 | 3 | 东部4 | S-1 | 手机 | 88 | 2.64 | 58 |
| 44 | 3 | 北部4 | S-1 | 手机 | 112 | 3.36 | 53 |
| 45 | 3 | 南部4 | S-1 | 手机 | 167 | 5.01 | 49 |
| 46 | | | | **手机 汇总** | | 13.35 | |
| 47 | 3 | 东部2 | K-1 | 空调 | 45 | 15.93 | 29 |
| 48 | 3 | 北部2 | K-1 | 空调 | 53 | 7.31 | 46 |
| 49 | 3 | 西部2 | K-1 | 空调 | 84 | 11.59 | 39 |
| 50 | 3 | 南部2 | K-1 | 空调 | 86 | 30.44 | 12 |
| 51 | | | | **空调 汇总** | | 65.28 | |
| 52 | 3 | 南部1 | D-1 | 电视 | 46 | 12.65 | 37 |
| 53 | 3 | 北部1 | D-1 | 电视 | 64 | 28.54 | 13 |
| 54 | 3 | 东部1 | D-1 | 电视 | 66 | 18.15 | 25 |
| 55 | 3 | 西部1 | D-1 | 电视 | 78 | 34.79 | 10 |
| 56 | | | | **电视 汇总** | | 94.13 | |
| 57 | 3 | 东部3 | D-2 | 电冰箱 | 39 | 9.13 | 42 |
| 58 | 3 | 北部3 | D-2 | 电冰箱 | 54 | 17.33 | 28 |
| 59 | 3 | 西部3 | D-2 | 电冰箱 | 57 | 18.30 | 24 |
| 60 | 3 | 南部3 | D-2 | 电冰箱 | 75 | 17.55 | 27 |
| 61 | | | | **电冰箱 汇总** | | 62.31 | |
| 62 | | | | **总计** | | 687.61 | |
| 63 | | | | | | | |
| 64 | | | | | | | |
| 65 | | | | | | | |
| 66 | | | | | | | |

产品第一季度销售统计表　产品销售情况表　Sheet2

图 4-17　Exzc1.xlsx 电子表格完成样张 2

**实验 4-2**：掌握工作表命名、设置单元格格式和公式计算方法。掌握表格添加边框和底纹、图表的建立、排序和高级筛选等操作方法。

## 【具体要求】

打开实验素材“\EX4\EX4-2\Exzc2.xlsx”，按下列要求完成对此工作簿的操作并保存。

① 将 Sheet1 工作表命名为“十二月工资表”，用智能填充添加“工号”列。

② 将工作表“十二月工资表”中 A1:L1 单元格区域合并为一个单元格，文字“居中”对齐，文字设置为“微软雅黑”，字号为“16”，“加粗”；将工作表中的其他文字（A2:L40）设置为“居中”对齐。

③ 设置 D3:L40 区域的单元格数字格式为“货币”，保留 1 位小数；为表格添加内边框线和外边框线；设置 A2:L2 区域的单元格底纹填充颜色为“黄色”（标准色）。

④ 利用 IF 函数，根据“绩效评分”计算“奖金”，计算规则如表 4-1 所示。

**表 4-1　　　　计算规则**

| 绩效评分 | 奖金 |
|---|---|
| 大于等于 90 | 1000 元 |
| 大于等于 80 | 800 元 |
| 大于等于 70 | 600 元 |
| 大于等于 60 | 400 元 |
| 小于 60 | 100 元 |

利用求和公式计算“应发工资”（应发工资=基本工资+岗位津贴+房屋补贴+饭补+奖金），计算“实发工资”（实发工资=应发工资-住房基金-所得税）。

⑤ 选取“工号”列（A2:A40）和“实发工资”列（L2:L40）的单元格内容，建立“簇状柱形图”，图表标题为“十二月工资图”，位于图表上方，设置图例位置靠上，设置图表绘图区为纯色填充“水绿色，个性色 5，淡色 80%”，将图表插入表的 A42:L60 单元格区域。

⑥ 对工作表“产品销售情况表”内数据清单的内容按主要关键字“产品类别”的降序和次要关键字“分公司”的升序进行排序（排序依据均为“数值”），对排序后的数据进行高级筛选（在数据清单前插入 4 行，条件区城设为 A1:G3 单元格区域，在对应字段列内输入条件），条件：产品名称为“空调”或“电视”且销售额排名在前 30（小于等于 30）。

⑦ 保存文件“Exzc2.xlsx”。

## 【实验步骤】

双击打开实验素材“\EX4\EX4-2\Exzc2.xlsx”电子表格。

① 双击工作表标签“Sheet1”，输入“十二月工资表”，按<Enter>键，给工作表重命名。拖动鼠标选择 A3:A4 单元格区域，将鼠标指针移至选中区域右下角，当鼠标指针变为黑十字形状填充柄时，拖动填充柄到 A40 单元格，释放填充柄即可。

② 单击工作表“十二月工资表”的 A1 单元格，按住<Shift>键，单击 L1 单元格，单击“开始”选项卡→“对齐方式”命令组→“合并后居中”按钮。单击“开始”选项卡→“字体”命令组→“字体”下拉按钮，选择“微软雅黑”，单击“字号”下拉按钮，选择“16”，单击“加粗”按钮。单击 A2 单元格，按住<Shift>键，单击 L40 单元格，单击“开始”选项卡→“对齐方式”命令组→“居中”按钮。

③ 单击 D3 单元格，按住<Shift>键，单击 L40 单元格，单击“开始”选项卡→“数字”命令组→“数字格式”下拉按钮，选择“货币”，单击该命令组的“减少小数位数”按钮。

拖动鼠标选中 A2:L40 单元格区域，单击“开始”选项卡→“字体”命令组→“边框”下拉按钮，选择“所有框线”。拖动鼠标选中 A2:L2 单元格区域，单击“开始”选项卡→“字体”命令组→“填充颜色”下拉按钮，选择标准色中的“黄色”。

④ 单击 H3 单元格，输入“=IF(”，单击编辑栏上的“插入函数”按钮，打开 IF 函数的“函数参数”对话框。

在“函数参数”对话框的“Logical_test”参数框中输入“C3>=90”，在“Value_if_true”参数框中输入“1000”，在“Value_if_false”参数框中输入“IF(,,IF(,,IF(,,)))”，如图 4-18 所示，单击“确定”按钮。计算规则中，奖金有 5 种情况，需要调用 IF 函数 4 次。将插入点定位到内层的 IF 圆括号内，单击编辑栏上的“插入函数”按钮，打开“函数参数”对话框，分别输入“Logical_test”参数和“Value_if_true”参数“C3>=80”和“800”。与此类似，完成其他 IF 函数设置，使得最终公式为“=IF(C3>=90, 100, IF(C3>=80,800,IF(C3>=70,600,IF(C3>=60,400,100))))”。将鼠标指针移至 H3 单元格右下角，当鼠标指针变为黑十字形状填充柄时，拖动填充柄到 H40 单元格，释放填充柄即可。

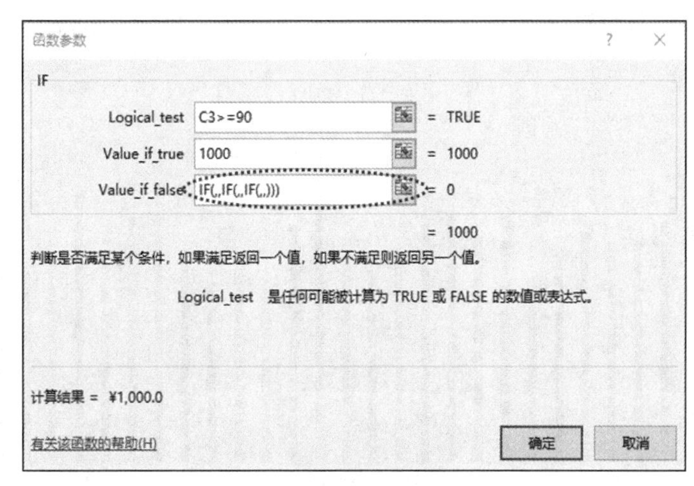


图 4-18 “函数参数”对话框→IF 函数

单击 I3 单元格，单击“开始”选项卡→“编辑”命令组→“自动求和”按钮，按<Enter>键。将鼠标指针移至 I3 单元格右下角，当鼠标指针变为黑十字形状填充柄时，拖动填充柄到 I40 单元格，释放填充柄即可。单击 L3 单元格，输入“=I3-J3-K3”，按<Enter >键。将鼠标指针移至 L3 单元格右下角，当鼠标指针变为黑十字形状填充柄时，拖动填充柄到 L40 单元格，释放填充柄即可。

⑤ 拖动鼠标选择“A2:A40”区域，按住<Ctrl>键，再次拖动鼠标选择“L2:L40”区域；单击“插入”选项卡→“图表”命令组→“插入柱形图或条形图”下拉按钮，选择“簇状柱形图”。单击图表绘图区中的标题，删除原有文字，输入“十二月工资图”。选中图表，单击加号图标，在弹出的列表中选中“图例”，单击右侧的三角按钮，选择“顶部”，如图 4-19 所示。在图表的空白处单击右键，选择“设置图表区域格式”命令，打开“设置图表区格式”窗格，单击“图表选项”右侧下拉按钮，在下拉列表框中选择“绘图区”，如图 4-20 所示。在出现的页面中，选中“纯色填充”，设置填充色为“水绿色，个性色 5，淡色 80%”。鼠标指针移至图表边框上，出现四向箭

头时，按住鼠标左键拖动，将图表的左上角移到 A42 单元格，松开鼠标。鼠标指针移至图表右下角边框处，调整图表大小，使其正好处于 A42:L60 单元格区域。完成修饰后的簇状柱形图如图 4-21 所示。

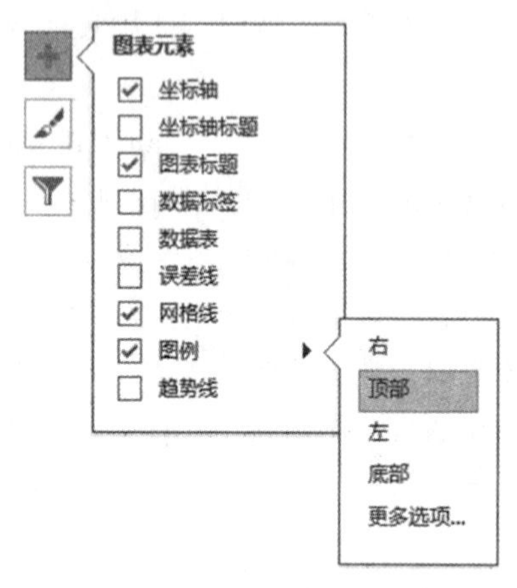


图 4-19　添加图表元素

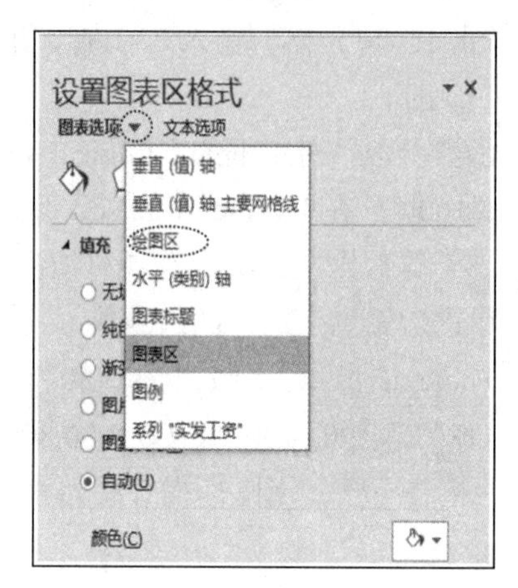


图 4-20　“设置图表区格式”窗格

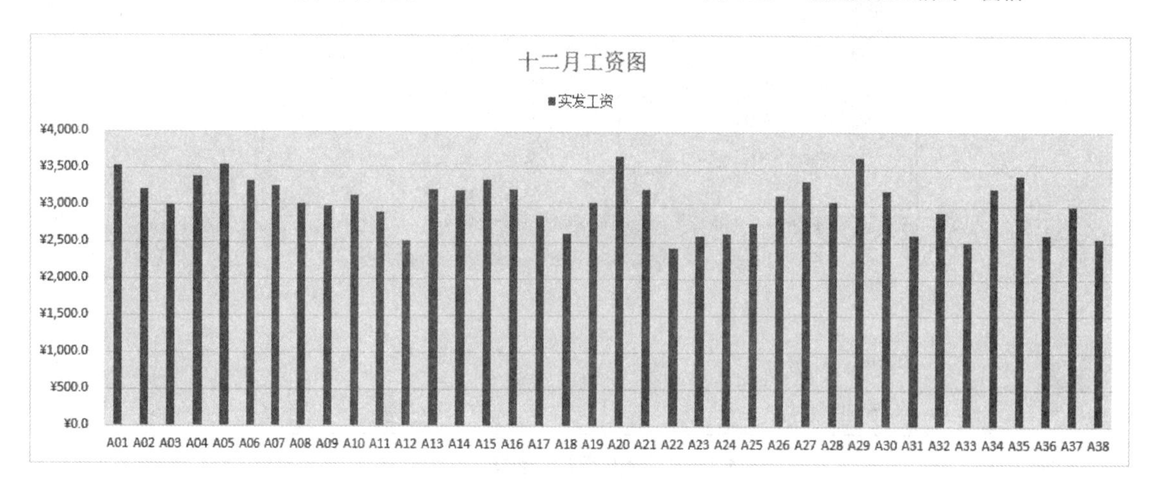


图 4-21　簇状柱形图

⑥ 单击工作表标签“产品销售情况表”，单击此工作表内数据清单的任一单元格，单击“开始”选项卡→“编辑”命令组→“排序和筛选”下拉按钮，在列表中选择“自定义排序”命令，打开“排序”对话框。单击“主要关键字”下拉按钮，选择“产品类别”，设置排序次序为“降序”，单击“添加条件”按钮，单击“次要关键字”下拉按钮，选择“分公司”，设置排序次序为“升序”，单击“确定”按钮。

鼠标指针移到行号位置，拖动鼠标选择第 1 行至第 4 行，单击右键，在弹出式菜单中选择“插入”命令。拖动鼠标选择 A5:G5 区域，按<Ctrl+C>组合键，单击 A1 单元格，按<Ctrl+V>组合键。在 D2 单元格和 D3 单元格中分别输入“空调”“电视”，在 G2 单元格和 G3 单元格中均输入“<=30”（注意：“<=”必须在英文状态下输入）。

单击数据清单中的任一单元格，单击“数据”选项卡→“排序和筛选”命令组→“高级”按钮，出现“高级筛选”对话框。在“方式”选项区中选择“在原有区域显示筛选结果”。单击“列表区域”文本框右侧的折叠对话框按钮，在当前工作表中选定 A5:G53 区域，再单击展开对话框按钮。单击“条件区域”文本框右侧的折叠对话框按钮，在当前工作表中选定 A1:G3 区域，再单击展开对话框按钮，如图 4-22 所示，单击“确定”按钮完成筛选。高级筛选完成后的样张如图 4-23 所示。

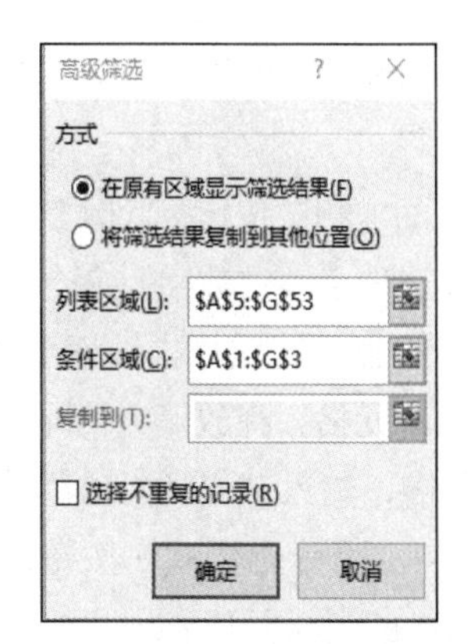


图 4-22　“高级筛选”对话框

| | A | B | C | D | E | F | G |
|---|---|---|---|---|---|---|---|
| 1 | 季度 | 分公司 | 产品类别 | 产品名称 | 销售数量 | 销售额（万元） | 销售额排名 |
| 2 | | | | 空调 | | | <=30 |
| 3 | | | | 电视 | | | <=30 |
| 4 | | | | | | | |
| 5 | 季度 | 分公司 | 产品类别 | 产品名称 | 销售数量 | 销售额（万元） | 销售额排名 |
| 20 | 1 | 北部2 | K-1 | 空调 | 156 | 25.28 | 7 |
| 22 | 3 | 东部2 | K-1 | 空调 | 45 | 15.93 | 21 |
| 23 | 2 | 东部2 | K-1 | 空调 | 79 | 27.97 | 6 |
| 24 | 1 | 南部2 | K-1 | 空调 | 54 | 19.12 | 12 |
| 25 | 2 | 南部2 | K-1 | 空调 | 63 | 22.30 | 8 |
| 26 | 3 | 南部2 | K-1 | 空调 | 86 | 30.44 | 4 |
| 28 | 3 | 西部2 | K-1 | 空调 | 84 | 11.59 | 28 |
| 29 | 1 | 西部2 | K-1 | 空调 | 89 | 12.28 | 27 |
| 42 | 3 | 北部1 | D-1 | 电视 | 64 | 28.54 | 5 |
| 43 | 2 | 北部1 | D-1 | 电视 | 73 | 32.56 | 3 |
| 44 | 1 | 北部1 | D-1 | 电视 | 86 | 38.36 | 1 |
| 45 | 2 | 东部1 | D-1 | 电视 | 56 | 15.40 | 23 |
| 46 | 3 | 东部1 | D-1 | 电视 | 66 | 18.15 | 17 |
| 47 | 1 | 东部1 | D-1 | 电视 | 67 | 18.43 | 15 |
| 49 | 3 | 南部1 | D-1 | 电视 | 46 | 12.65 | 26 |
| 50 | 1 | 南部1 | D-1 | 电视 | 164 | 17.60 | 18 |
| 51 | 1 | 西部1 | D-1 | 电视 | 21 | 9.37 | 30 |
| 52 | 2 | 西部1 | D-1 | 电视 | 42 | 18.73 | 13 |
| 53 | 3 | 西部1 | D-1 | 电视 | 78 | 34.79 | 2 |

图 4-23　高级筛选完成后的样张

⑦ 单击快速访问工具栏上的“保存”按钮。

---

**实验 4-3：** 掌握 SUM 函数和 IF 函数的使用方法。掌握工作表命名、图表的建立、排序和分类汇总等操作方法。

---

## 【具体要求】

打开实验素材“\EX4\EX4-3\Exzc3.xlsx”，按下列要求完成对此工作簿的操作并保存。

① 选择 Sheet1 工作表，将 A1:N1 单元格区域合并为一个单元格，内容“居中”对齐。

② 利用 SUM 函数计算 A 产品、B 产品的全年销售总量（数值型，保留小数点后 0 位），分别置于 N3、N4 单元格内；计算 A 产品和 B 产品每月销售量占全年销售总量的百分比（百分比型，保留小数点后 2 位），分别置于 B5:M5、B6:M6 单元格区域内；利用 IF 函数给出“销售表现”行（B7:M7）的内容，如果某月 A 产品所占百分比大于 10%并且 B 产品所占百分比也大于 10%，在相应单元格内填入“优良”，否则填入“中等”；利用条件格式图标集中的“四等级”修饰 B3:M4 单元格区域。

③ 选取 Sheet1 工作表“月份”行（A2:M2）和“A 所占百分比”行（A5:M5）、“B 所占百分比”行（A6:M6）的内容建立“堆积面积图”，图表标题为“产品销售统计图”，图例位于顶部；设置图表数据系列 A 产品为纯色填充“蓝色，个性色 1，深色 25%”，B 产品为纯色填充“橄榄色，个性色 3，深色 25%”；将图表插入当前工作表的“A9:M25”单元格区域。

④ 将 Sheet1 工作表命名为“产品销售情况表”。

⑤ 选择工作表“图书销售统计表”，对工作表内数据清单的内容按主要关键字“图书类别”的降序和次要关键字“季度”的升序进行排序。

⑥ 完成对各图书类别销售数量求和的分类汇总，汇总结果显示在数据下方。

⑦ 保存文件“Exzc3.xlsx”。

## 【实验步骤】

双击打开实验素材“\EX4\EX4-3\Exzc3.xlsx”电子表格。

① 单击 Sheet1 工作表的 A1 单元格，按住<Shift>键，单击 N1 单元格，单击“开始”选项卡→“对齐方式”命令组→“合并后居中”按钮。

② 单击 N3 单元格，单击“开始”选项卡→“编辑”命令组→“自动求和”按钮，此时默认选择当前单元格左侧数值单元格区域 B3:M3，按<Enter>键。单击“开始”选项卡→“数字”命令组→“数字格式”下拉按钮，选择“数值”类型，单击两次“减少小数位数”按钮。将鼠标指针移至 N3 单元格右下角，当鼠标指针变为黑十字形状填充柄时，拖动填充柄到 N4 单元格，释放填充柄即可。

单击 B5 单元格，输入“=B3/$N$3”，按<Enter>键。单击 B6 单元格，输入“=B4/$N$4”，按<Enter>键。选中 B5:B6 区域，单击“开始”选项卡→“数字”命令组→“百分比样式”按钮，单击两次“增加小数位数”按钮。拖动选中区域右下角的填充柄，右移至 N 列松开鼠标。

单击 B7 单元格，输入“=IF(”，单击编辑栏上的“插入函数”按钮，打开 IF 函数的“函数参数”对话框。弹出“函数参数”对话框，在“Logical_test”参数框中输入“B5<0.1”，在“Value_if_true”参数框中输入“中等”，在“Value_if_false”参数框中输入“IF(B6>=0.1, , )”，单击“确定”按钮。将插入点定位到内层的 IF 圆括号内，单击编辑栏上的“插入函数”按钮，打开“函数参数”对话框。分别输入“Value_if_true”参数和“Value_if_false”参数为“优良”和“中等”，单击“确定”按钮。最终 IF 函数参数如图 4-24 所示。拖动 B7 单元格右下角的填充柄，移至 M 列松开鼠标。

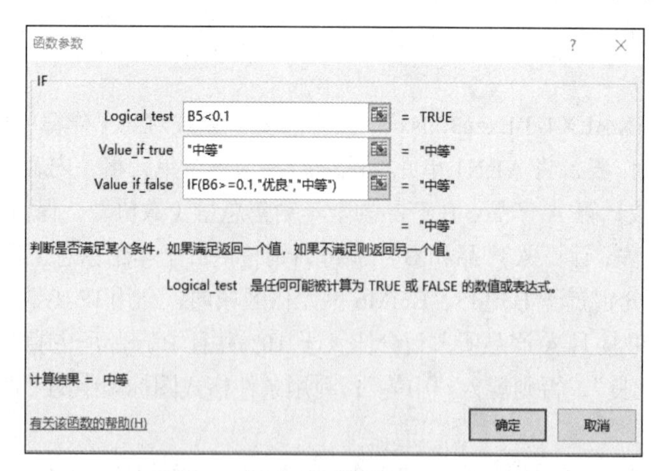


图 4-24 “函数参数”对话框→IF 函数

拖动鼠标选择 B3:M4 单元格区域，单击“开始”选项卡→“样式”命令组→“条件格式”下拉按钮，在列表中选择“图标集”，在弹出的列表中的“等级”组里，单击“四等级”，如图 4-25 所示。

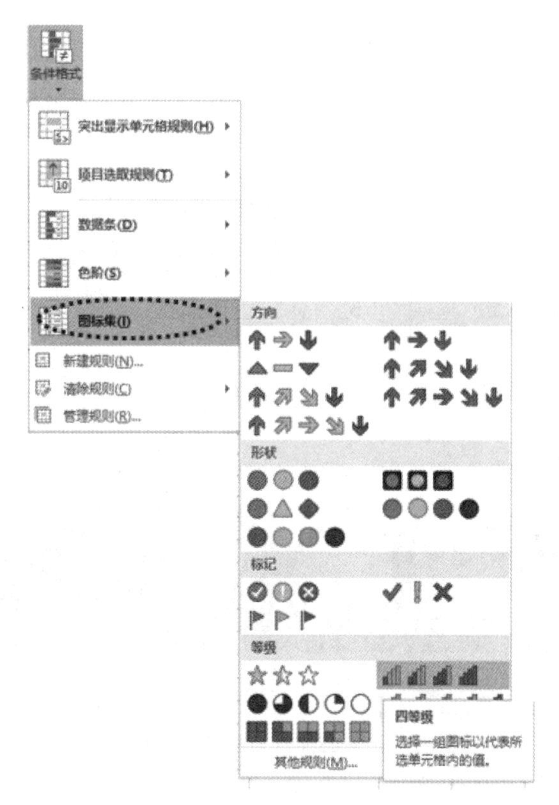


图 4-25 “条件格式-图标集”下拉列表框

③ 拖动鼠标选择“A2:M2”区域，按住<Ctrl>键的同时拖动鼠标选择“A5:M6”区域，单击“插入”选项卡→“图表”命令组→“插入折线图或面积图”下拉按钮，在“二维面积图”中选择“堆积面积图”。单击图表绘图区中的标题，删除原有文字，输入“产品销售统计图”。鼠标指针移至图表边框上，出现四向箭头时，按住鼠标左键拖动，将图表的左上角移到 A9 单元格，松开鼠标。鼠标指针移至图表右下角边框处，调整图表大小，使其正好在 A9:M25 单元格区域。选中图表，单击加号图标，单击弹出的列表中“图例”右侧的三角按钮，选择“顶部”。在图表的数据系列 A 产品上单击右键，在弹出式菜单中选择“设置数据系列格式”命令，打开“设置数据系列格式”窗格。在“系列选项”标签页的“填充与线条”组选择“纯色填充”，设置颜色为“蓝色，个性色 1，深色 25%”。单击窗格上“系列选项”右侧的下拉按钮，选择“系列 B 所占百分比”，选中“纯色填充”，设置颜色为“橄榄色，个性色 3，深色 25%”。

④ 双击工作表标签“Sheet1”，输入“产品销售情况表”，按<Enter>键，给工作表重命名。完成后的样张如图 4-26 所示。

⑤ 单击工作表标签“图书销售统计表”，单击此工作表内数据清单的任一单元格，单击“开始”选项卡→“编辑”命令组→“排序和筛选”下拉按钮，在列表中选择“自定义排序”命令，打开“排序”对话框。单击“主要关键字”下拉按钮，选择“图书类别”，设置排序次序为“降序”，单击“添加条件”按钮，单击“次要关键字”下拉按钮，选择“季度”，设置排序次序为“升序”，单击“确定”按钮。

⑥ 单击“数据”选项卡→“分级显示”命令组→“分类汇总”按钮，弹出“分类汇总”对话框。在“分类字段”下拉列表中选择“图书类别”；在“汇总方式”下拉列表中选择“求和”；在

"选定汇总项"列表框中选中"销售数量(册)"，选中"汇总结果显示在数据下方"复选框，单击"确定"按钮。

⑦ 单击快速访问工具栏上的"保存"按钮。

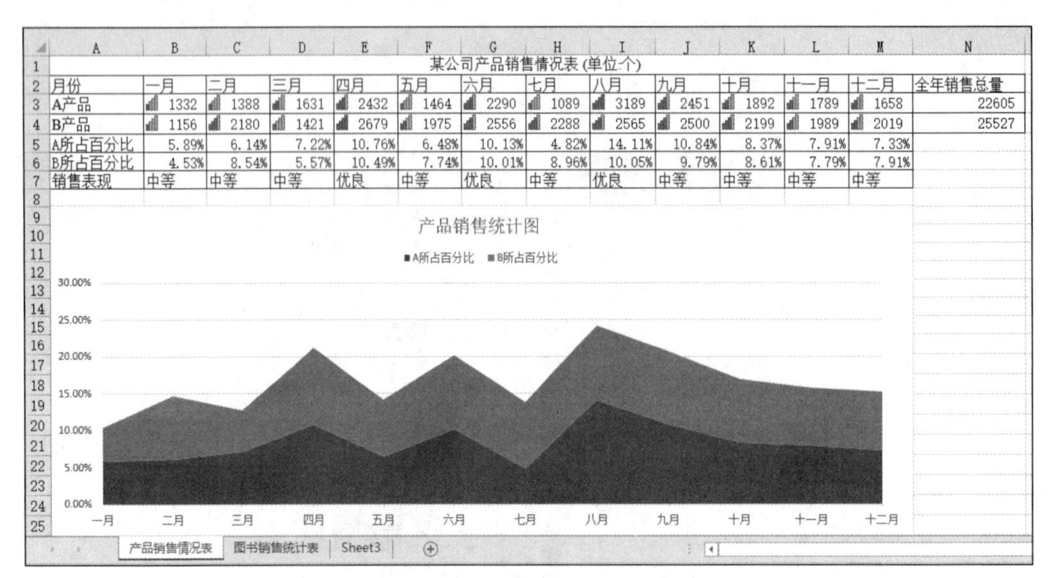

某公司产品销售情况表(单位个)

| 月份 | 一月 | 二月 | 三月 | 四月 | 五月 | 六月 | 七月 | 八月 | 九月 | 十月 | 十一月 | 十二月 | 全年销售总量 |
|---|---|---|---|---|---|---|---|---|---|---|---|---|---|
| A产品 | 1332 | 1388 | 1631 | 2432 | 1464 | 2290 | 1089 | 3189 | 2451 | 1892 | 1789 | 1658 | 22605 |
| B产品 | 1156 | 2180 | 1421 | 2679 | 1975 | 2556 | 2288 | 2565 | 2500 | 2199 | 1989 | 2019 | 25527 |
| A所占百分比 | 5.89% | 6.14% | 7.22% | 10.76% | 6.48% | 10.13% | 4.82% | 14.11% | 10.84% | 8.37% | 7.91% | 7.33% | |
| B所占百分比 | 4.53% | 8.54% | 5.57% | 10.49% | 7.74% | 10.01% | 8.96% | 10.05% | 9.79% | 8.61% | 7.79% | 7.91% | |
| 销售表现 | 中等 | 中等 | 中等 | 优良 | 中等 | 优良 | 中等 | 优良 | 中等 | 中等 | 中等 | 中等 | |



图 4-26　Exzc3.xlsx 电子表格完成样张

**实验 4-4**：掌握 SUM 函数和 COUNTIF 函数的使用方法。掌握工作表命名、图表的建立、排序和筛选等操作方法。

## 【具体要求】

打开实验素材"\EX4\EX4-4\Exzc4.xlsx"，按下列要求完成对此工作簿的操作并保存。

① 选择 Sheet1 工作表，将 A1:E1 单元格区域合并为一个单元格，内容"居中"对齐。

② 计算"合计"列，置于 E3:E24 单元格区域（利用 SUM 函数，数值型，保留小数点后 0 位）；计算"高工""工程师""助工"人数，置于 H3:H5 单元格区域（利用 COUNTIF 函数），计算总人数，置于 H6 单元格，计算各工资范围的人数，置于 H9:H12 单元格区域（利用 COUNTIF 函数），计算每个工资范围人数占总人数的百分比，置于 I9:I12 单元格区域（百分比型，保留小数点后 2 位）；利用条件格式将 E3:E24 单元格区域中数值高于平均值的单元格设置为"绿填充色深绿色文本"，低于平均值的单元格设置为"浅红色填充"。

③ 选取 Sheet1 工作表中"工资合计范围"列（G8:G12）和"所占百分比"列（I8:I12）的内容建立"三维簇状柱形图"，图表标题为"工资统计图"，标题字体格式设置为"微软雅黑，加粗"，删除图例，为图添加模拟运算表，设置图表背景墙为"橄榄色，个性色 3，淡色 80%"纯色填充；将图表插入当前工作表的"G15:M30"单元格区域。

④ 将 Sheet1 工作表命名为"工资统计表"。

⑤ 选择工作表"图书销售统计表"，对工作表内数据清单的内容按主要关键字"经销部门"的升序和次要关键字"图书类别"的降序进行排序。

⑥ 对排序后的数据进行筛选，条件：第 1 分部和第 3 分部、销售额排名小于 20。

⑦ 保存文件“Exzc4.xlsx”。

## 【实验步骤】

双击打开实验素材“\EX4\EX4-4\Exzc4.xlsx”电子表格。

① 单击 Sheet1 工作表的 A1 单元格，按住<Shift>键，单击 E1 单元格，单击“开始”选项卡→“对齐方式”命令组→“合并后居中”按钮。

② 单击 E3 单元格，单击“开始”选项卡→“编辑”命令组→“自动求和”按钮，按<Enter>键。单击“开始”选项卡→“数字”命令组→“数字格式”下拉按钮，选择“数值”类型，单击两次“减少小数位数”按钮。将鼠标指针移至 E3 单元格右下角，双击填充柄完成公式填充。

单击 H3 单元格，直接输入“=COUNTIF(”，单击编辑栏左侧的“插入函数”按钮，打开 COUNTIF 函数的“函数参数”对话框。单击“Range”参数框右侧的折叠对话框按钮，然后在工作表上选定区域“B3:B24”（在 3 和 24 前分别输入“$”），单击展开对话框按钮；单击“Criteria”参数框，然后在工作表区域单击 G3 单元格，如图 4-27 所示。单击“确定”按钮即可在 H3 单元格得到计算结果。将鼠标指针移至 H3 单元格右下角，当鼠标指针变为黑十字形状填充柄时，拖动填充柄到 H5 单元格，释放填充柄即可。

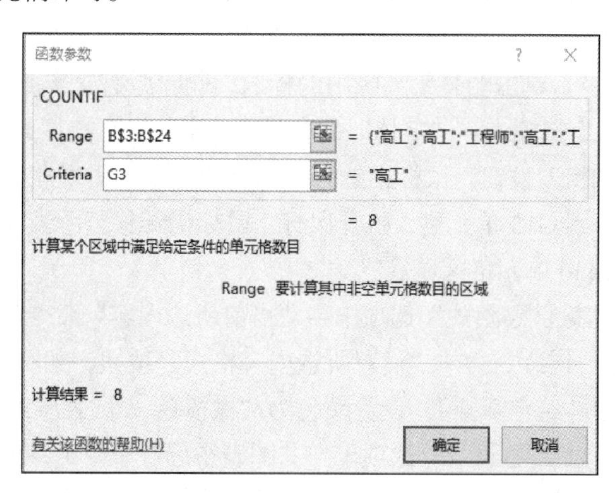


图 4-27　“函数参数”对话框→COUNTIF 函数

单击 H6 单元格，单击“开始”选项卡→“编辑”命令组→“自动求和”按钮，按<Enter>键。

单击 H9 单元格，直接输入“=COUNTIF(”，单击编辑栏左侧的“插入函数”按钮，打开 COUNTIF 函数的“函数参数”对话框。单击“Range”参数框右侧的折叠对话框按钮，然后在工作表上选定区域“E3:E24”（在 3 和 24 前分别输入“$”），单击展开对话框按钮；单击“Criteria”参数框，然后在工作表区域单击 G9 单元格。单击“确定”按钮即可在 H3 单元格得到计算结果。双击 H9 单元格右下角的填充柄。

单击 I9 单元格，直接输入“=H9/$H$6”，按<Enter>键。单击 I9 单元格，单击“开始”选项卡→“数字”命令组→“百分比样式”按钮，单击两次“增加小数位数”按钮。双击 I9 单元格右下角的填充柄。

拖动鼠标选择 E3:E24 单元格区域，单击“开始”选项卡→“样式”命令组→“条件格式”下拉按钮，在列表中选择“项目选取规则”，在弹出的列表中选择“高于平均值”，如图 4-28 所示，打开“高于平均值”对话框，选择“绿填充色深绿色文本”格式，如图 4-29 所示，单击“确定”按钮。用类似方法，为 E3:E24 单元格区域添加新条件格式，将数值低于平均值的单元格设置为“浅红色填充”。

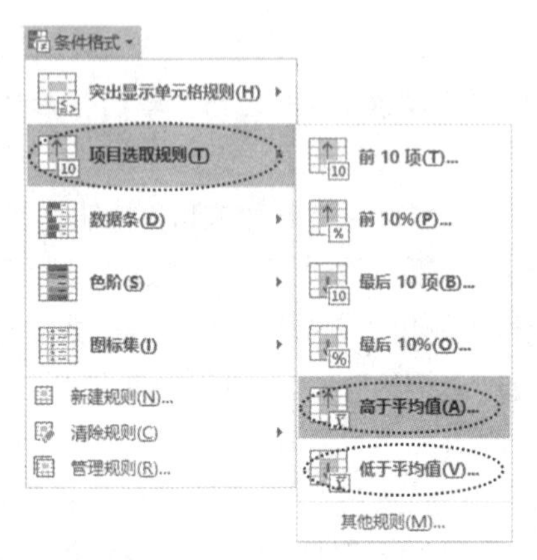


图 4-28 “条件格式-项目选取规则”下拉列表框

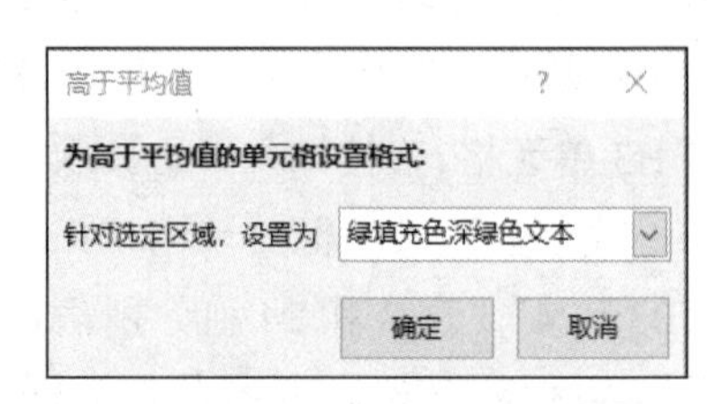


图 4-29 “高于平均值”对话框

③ 拖动鼠标选择 G8:G12 单元格区域，按住<Ctrl>键的同时拖动鼠标选择 I8:I12 单元格区域，单击“插入”选项卡→“图表”命令组→“插入柱形图或条形图”下拉按钮，在“三维柱形图”中选择“三维簇状柱形图”。单击图表绘图区中的标题，删除原有文字，输入“工资统计图”。选中图表标题，单击“开始”选项卡→“字体”命令组→“字体”下拉按钮，选择“微软雅黑”，单击“字体”命令组中“加粗”按钮。鼠标指针移至图表边框上，出现四向箭头时，按住鼠标左键拖动，将图表的左上角移到 G15 单元格，松开鼠标。鼠标指针移至图表右下角边框处，调整图表大小，使其正好在 G15:M30 单元格区域。

选中图表，单击“图表工具-格式”选项卡→“当前所选内容”命令组→“图表元素”下拉按钮，选择“背景墙”，单击该命令组中“设置所选内容格式”按钮，如图 4-30 所示，打开“设置背景墙格式”窗格，选中“纯色填充”，设置颜色为“橄榄色，个性色 3，淡色 80%”。

选中图表，单击“图表工具-设计”选项卡→“图表布局”命令组→“添加图表元素”下拉按钮，在列表中选择“数据表”，在级联列表中单击“显示图例项标示”，如图 4-31 所示。

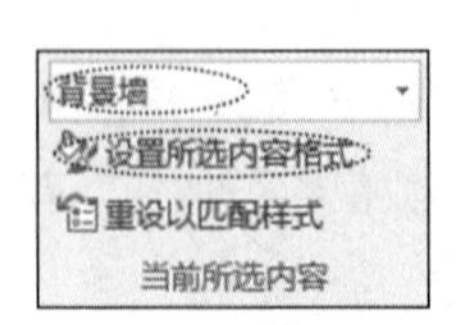


图 4-30 “当前所选内容”命令组

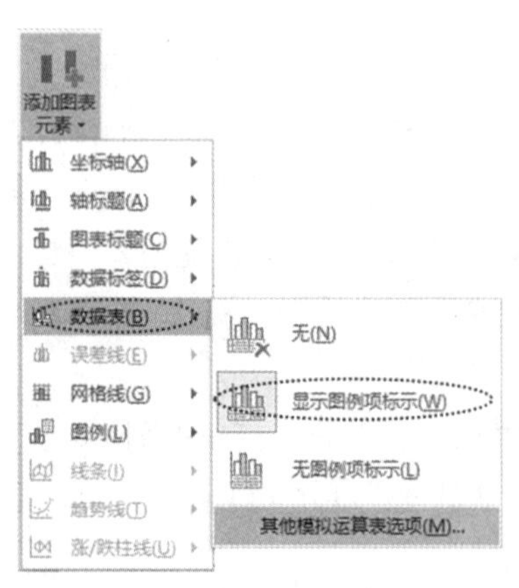


图 4-31 “添加图表元素”下拉列表框

④ 双击工作表标签“Sheet1”，输入“工资统计表”，按<Enter>键，给工作表重命名。

⑤ 单击工作表标签“图书销售统计表”，单击此工作表内数据清单的任一单元格，单击“开始”选项卡→“编辑”命令组→“排序和筛选”下拉按钮，在列表中选择“自定义排序”命令，打开“排序”对话框。单击“主要关键字”下拉按钮，选择“经销部门”，设置排序次序为“升序”，单击“添加条件”按钮，单击“次要关键字”下拉按钮，选择“图书类别”，设置排序次序为“降序”，单击“确定”按钮。

⑥ 单击工作表“图书销售统计表”内数据清单的任一单元格，单击“开始”选项卡→“编辑”命令组→“排序和筛选”下拉按钮，在列表中选择“筛选”命令，此时在每个列标题的右侧出现一个下拉按钮。单击“经销部门”列右侧下拉按钮，取消选中“第 2 分部”“第 4 分部”，单击“确定”按钮。

单击“销售额排名”列右侧下拉按钮，单击“数字筛选”命令，在级联列表中选择“小于”命令，如图 4-32 所示，打开“自定义自动筛选方式”对话框，在“小于”组合框中输入“20”，单击“确定”按钮。

⑦ 单击快速访问工具栏上的“保存”按钮。完成后的样张如图 4-33、图 4-34 所示。

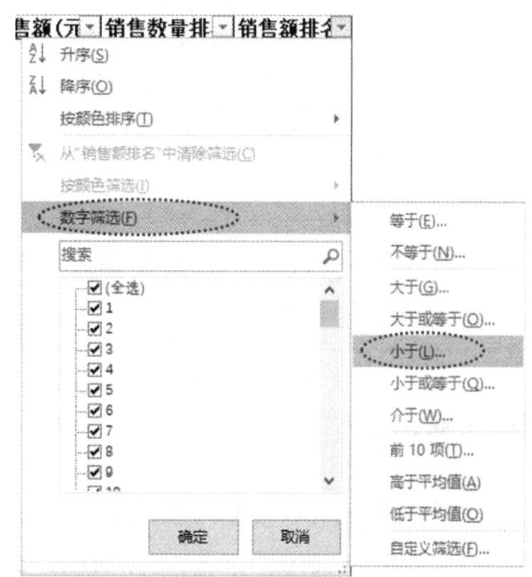


图 4-32　“数字筛选”下拉列表框

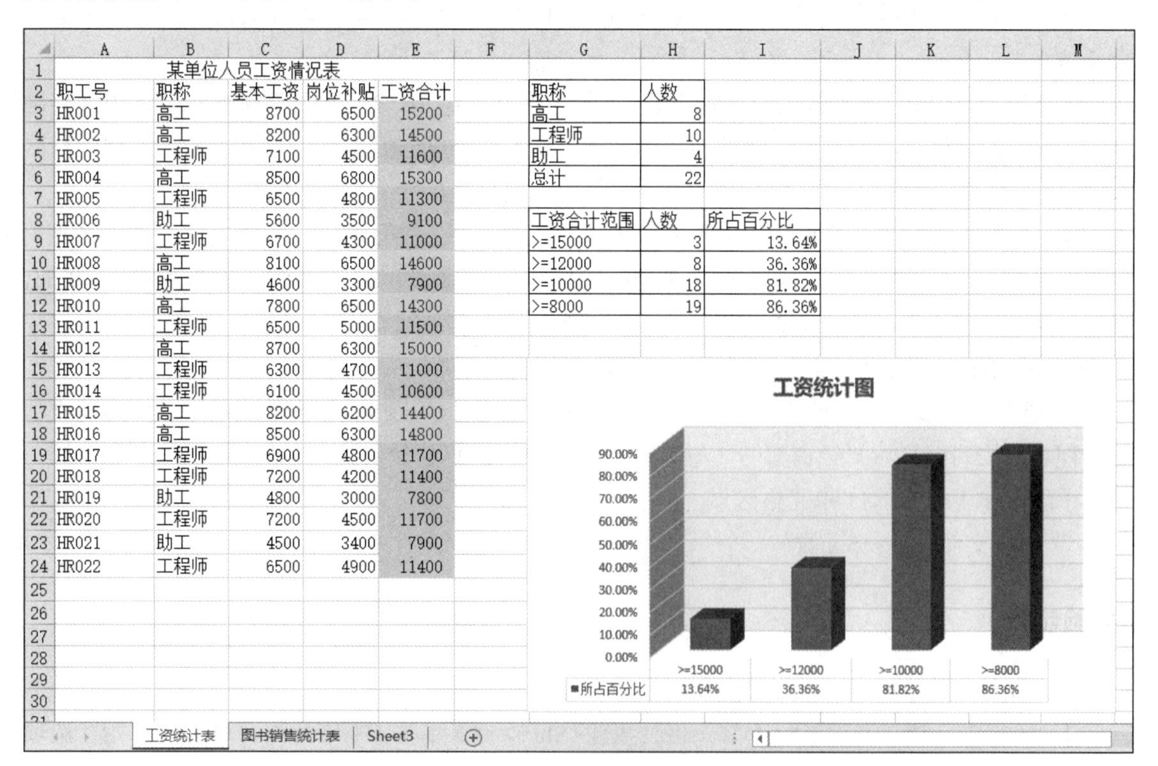

某单位人员工资情况表

| 职工号 | 职称 | 基本工资 | 岗位补贴 | 工资合计 |
|---|---|---|---|---|
| HR001 | 高工 | 8700 | 6500 | 15200 |
| HR002 | 高工 | 8200 | 6300 | 14500 |
| HR003 | 工程师 | 7100 | 4500 | 11600 |
| HR004 | 高工 | 8500 | 6800 | 15300 |
| HR005 | 工程师 | 6500 | 4800 | 11300 |
| HR006 | 助工 | 5600 | 3500 | 9100 |
| HR007 | 工程师 | 6700 | 4300 | 11000 |
| HR008 | 高工 | 8100 | 6500 | 14600 |
| HR009 | 助工 | 4600 | 3300 | 7900 |
| HR010 | 高工 | 7800 | 6500 | 14300 |
| HR011 | 工程师 | 6500 | 5000 | 11500 |
| HR012 | 高工 | 8700 | 6300 | 15000 |
| HR013 | 工程师 | 6300 | 4700 | 11000 |
| HR014 | 工程师 | 6100 | 4500 | 10600 |
| HR015 | 高工 | 8200 | 6200 | 14400 |
| HR016 | 高工 | 8500 | 6300 | 14800 |
| HR017 | 工程师 | 6900 | 4800 | 11700 |
| HR018 | 工程师 | 7200 | 4200 | 11400 |
| HR019 | 助工 | 4800 | 3000 | 7800 |
| HR020 | 工程师 | 7200 | 4500 | 11700 |
| HR021 | 助工 | 4500 | 3400 | 7900 |
| HR022 | 工程师 | 6500 | 4900 | 11400 |

| 职称 | 人数 |
|---|---|
| 高工 | 8 |
| 工程师 | 10 |
| 助工 | 4 |
| 总计 | 22 |

| 工资合计范围 | 人数 | 所占百分比 |
|---|---|---|
| >=15000 | 3 | 13.64% |
| >=12000 | 8 | 36.36% |
| >=10000 | 18 | 81.82% |
| >=8000 | 19 | 86.36% |



图 4-33　Exzc4.xlsx 电子表格“工资统计表”完成后的样张

| | A | B | C | D | E | F | G |
|---|---|---|---|---|---|---|---|
| 1 | 经销部门 | 图书类别 | 季度 | 销售数量(册 | 销售额(元 | 销售数量排 | 销售额排名 |
| 4 | 第1分部 | 生物科学 | 1 | 345 | 24150 | 20 | 15 |
| 5 | 第1分部 | 生物科学 | 2 | 412 | 28840 | 14 | 10 |
| 10 | 第1分部 | 交通科学 | 1 | 436 | 35648 | 7 | 3 |
| 11 | 第1分部 | 交通科学 | 3 | 231 | 23217 | 40 | 18 |
| 12 | 第1分部 | 交通科学 | 4 | 365 | 29879 | 17 | 7 |
| 13 | 第1分部 | 交通科学 | 2 | 654 | 45321 | 2 | 1 |
| 17 | 第1分部 | 工业技术 | 1 | 569 | 28450 | 4 | 11 |
| 36 | 第3分部 | 生物科学 | 2 | 345 | 24150 | 20 | 15 |
| 38 | 第3分部 | 农业科学 | 4 | 432 | 32960 | 9 | 4 |
| 39 | 第3分部 | 农业科学 | 1 | 306 | 29180 | 32 | 9 |
| 66 | | | | | | | |

工资统计表　图书销售统计表　Sheet3

图 4-34　Exzc4.xlsx 电子表格“图书销售统计表”完成后的样张

**实验 4-5：** 掌握 MAX 函数和 MIN 函数的使用方法。掌握图表的建立、数据透视表的建立等操作方法。

## 【具体要求】

打开实验素材“\EX4\EX4-5\Exzc5.xlsx”，按下列要求完成对此工作簿的操作并保存。

① 选择 Sheet1 工作表，将 A1:H1 单元格区域合并为一个单元格，内容“居中”对齐。

② 计算“地区月气温平均值”行（利用 AVERAGE 函数）、“地区月气温最高值”行（利用 MAX 函数）、“地区月气温最低值”行（利用 MIN 函数）的内容（均为数值型，保留小数点后 0 位）。

③ 设置 C2:H8 单元格区域的列宽为 8；利用条件格式中“3 个三角形”修饰 C3:H5 单元格区域；计算北部地区、中部地区、南部地区第三季度和第四季度气温平均值，置于 K3:L5 单元格区域内。

④ 选取 Sheet1 工作表 B2:H5 单元格区域的内容建立“三维折线图”，图表标题为“地区平均气温统计图”，位于图表上方，图表主要纵坐标轴标题为“气温”（竖排标题），设置图例位于底部，将图表插入当前工作表的“A10:H24”单元格区域。

⑤ 将 Sheet1 工作表命名为“地区平均气温统计表”。

⑥ 选择工作表“图书销售统计表”，对工作表“图书销售工作表”内数据清单的内容建立数据透视表，按列标签为“经销部门”、行标签为“图书类别”、数值为“销售额(元)”求和布局，并置于现工作表的 I5:N11 单元格区域。

⑦ 保存文件“Exzc5.xlsx”。

## 【实验步骤】

双击打开实验素材“\EX4\EX4-5\Exzc5.xlsx”电子表格。

① 单击 Sheet1 工作表的 A1 单元格，按住<Shift>键，单击 H1 单元格，单击“开始”选项卡→“对齐方式”命令组→“合并后居中”按钮。

② 单击 C6 单元格，单击“开始”选项卡→“编辑”命令组→“自动求和”右侧下拉按钮，

选择“平均值”，按<Enter>键。

单击 C7 单元格，单击“开始”选项卡→“编辑”命令组→“自动求和”右侧下拉按钮，选择“最大值”。此时默认选择当前单元格上方数值单元格区域 C3:C6，拖动鼠标选择 C3:C5 单元格区域，按<Enter>键。同样方法，设置 C8 单元格的公式为“=MIN(C3:C5)”。拖动鼠标选择 C6:C8 单元格区域，单击“开始”选项卡→“数字”命令组→“数字格式”下拉按钮，选择“数值”类型，单击两次“减少小数位数”按钮。将鼠标指针移至选中区域的右下角，当鼠标指针变为黑十字形状填充柄时，拖动填充柄右移至 H 列，释放鼠标即可。

③ 拖动鼠标选择 C2:H8 单元格区域，单击“开始”选项卡→“单元格”命令组→“格式”下拉按钮，单击“列宽”命令，打开“列宽”对话框，在文本框中输入“8”，单击“确定”按钮。

拖动鼠标选择 C3:H5 单元格区域，单击“开始”选项卡→“样式”命令组→“条件格式”下拉按钮，单击“图标集”命令，在级联列表的“方向”组中单击“3 个三角形”。

单击 K3 单元格，单击“开始”选项卡→“编辑”命令组→“自动求和”右侧下拉按钮，选择“平均值”。此时默认选择当前单元格上方数值单元格区域 C3:J3，拖动鼠标选择 C3:E3 单元格区域，按<Enter>键。单击 L3 单元格，单击“开始”选项卡→“编辑”命令组→“自动求和”右侧下拉按钮，选择“平均值”，拖动鼠标选择 F3:H3 单元格区域，按<Enter>键。拖动鼠标选择 K3:L3 单元格区域，双击选中区域右下角的填充柄。

④ 拖动鼠标选择 B2:H5 单元格区域，单击“插入”选项卡→“图表”命令组→“插入折线图或面积图”下拉按钮，选择“三维折线图”。单击图表绘图区中的标题，删除原有文字，输入“地区平均气温统计图”。鼠标指针移至图表边框上，出现四向箭头时，按住鼠标左键拖动，将图表的左上角移到 A10 单元格，松开鼠标。鼠标指针移至图表右下角边框处，调整图表大小，使其正好在 A10:H24 单元格区域。

选中图表，单击加号图标，在弹出的列表中选中“坐标轴标题”复选框，单击其右侧的三角按钮，只选择“主要纵坐标轴”，如图 4-35 所示。单击出现在图表左侧的文本框，删除原有文本，输入“气温”，单击“图表工具-格式”选项卡→“当前所选内容”命令组→“设置所选内容格式”按钮，打开“设置坐标轴标题格式”窗格。在“标题选项”标签页的“对齐方式”组中，选择“文字方向”为“竖排”，如图 4-36 所示。

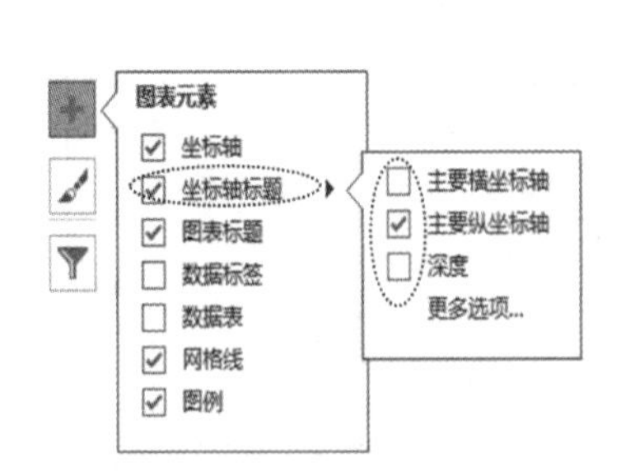


图 4-35　添加图表元素

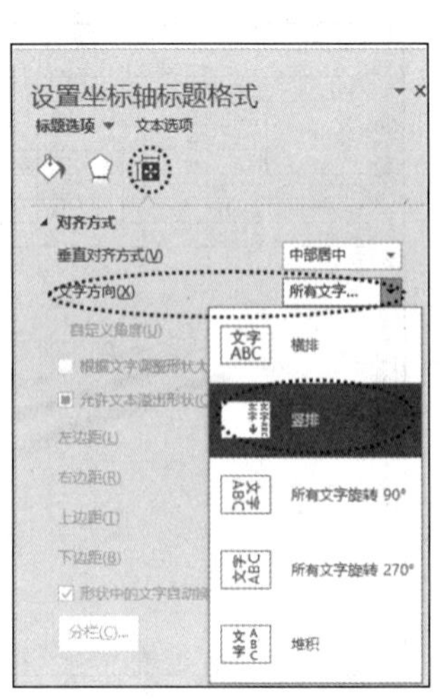


图 4-36　“设置坐标轴标题格式”窗格

⑤ 双击工作表标签“Sheet1”，输入“地区平均气温统计表”，按<Enter>键，给工作表重命名。

⑥ 单击工作表标签“图书销售统计表”，单击数据清单中任意一个单元格，单击“插入”选项卡→“表格”命令组→“数据透视表”按钮，打开“创建数据透视表”对话框，在“选择放置数据透视表的位置”区域选中“现有工作表”单选项，单击“图书销售统计表”的I5单元格，如图4-37所示，单击“确定”按钮。

在出现的“数据透视表字段”窗格中，拖动“经销部门”字段到“列”区域，拖动“图书类别”字段到“行”区域，拖动“销售额(元)”字段拉到“值”区域，如图4-38所示。在选择放置数据透视表的区域I5:N11显示出完成的数据透视表。

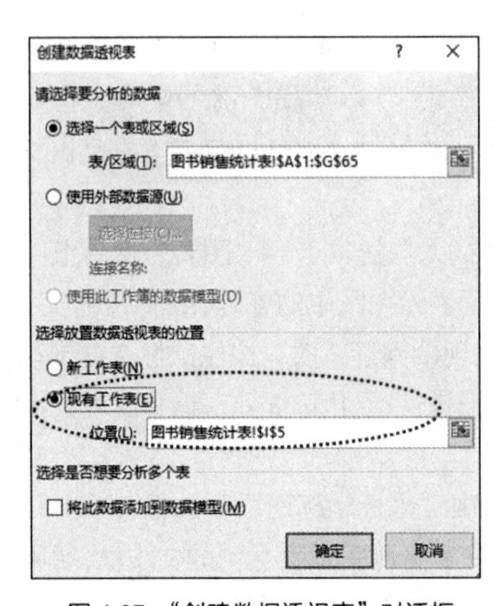


图4-37 “创建数据透视表”对话框

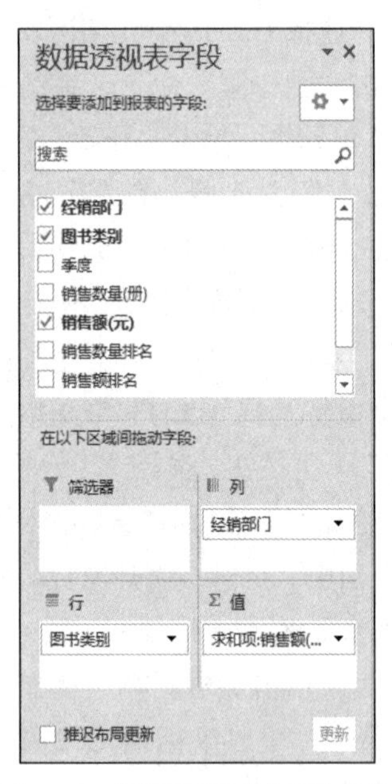


图4-38 “数据透视表字段”窗格

⑦ 单击快速访问工具栏上的“保存”按钮。完成后的样张如图4-39和图4-40所示。

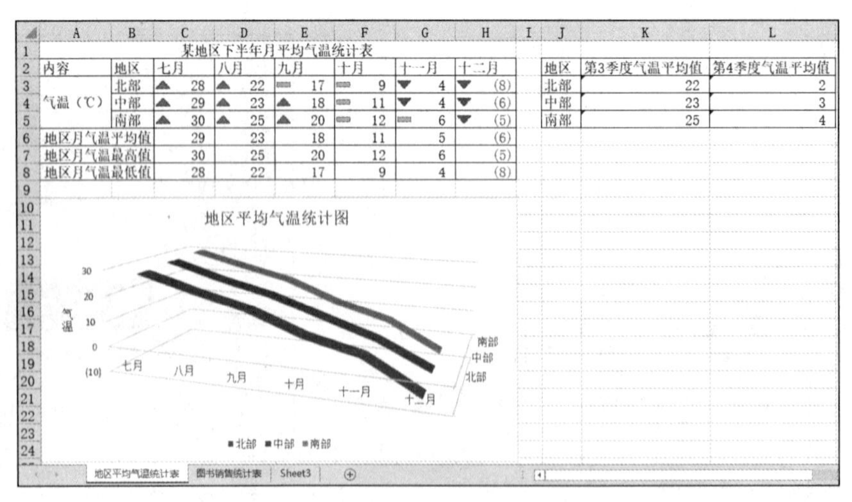

某地区下半年月平均气温统计表

| 内容 | 地区 | 七月 | 八月 | 九月 | 十月 | 十一月 | 十二月 |
|---|---|---|---|---|---|---|---|
| 气温（℃） | 北部 | 28 | 22 | 17 | 9 | 4 | (8) |
| | 中部 | 29 | 23 | 18 | 11 | 4 | (6) |
| | 南部 | 30 | 25 | 20 | 12 | 6 | (5) |
| 地区月气温平均值 | | 29 | 23 | 18 | 11 | 5 | (6) |
| 地区月气温最高值 | | 30 | 25 | 20 | 12 | 6 | (5) |
| 地区月气温最低值 | | 28 | 22 | 17 | 9 | 4 | (8) |

| 地区 | 第3季度气温平均值 | 第4季度气温平均值 |
|---|---|---|
| 北部 | 22 | 2 |
| 中部 | 23 | 3 |
| 南部 | 25 | 4 |



图4-39 Exzc5.xlsx电子表格“地区平均气温统计表”完成样张

|  | I | J | K | L | M | N |
|---|---|---|---|---|---|---|
| 4 |  |  |  |  |  |  |
| 5 | 求和项:销售额(元) | 列标签 |  |  |  |  |
| 6 | 行标签 | 第1分部 | 第2分部 | 第3分部 | 第4分部 | 总计 |
| 7 | 工业技术 | 80750 | 40750 | 44780 | 63392 | 229672 |
| 8 | 交通科学 | 134065 | 99422 | 49241 | 50747 | 333475 |
| 9 | 农业科学 | 63780 | 44910 | 84208 | 93115 | 286013 |
| 10 | 生物科学 | 88690 | 62440 | 58660 | 100030 | 309820 |
| 11 | 总计 | 367285 | 247522 | 236889 | 307284 | 1158980 |

图 4-40　Exzc5.xlsx 电子表格数据透视表完成样张

**实验 4-6：**掌握利用填充柄填充数据、套用表格格式的方法。掌握 RANK 函数的使用、数据透视表的建立方法。

## 【具体要求】

打开实验素材“\EX4\EX4-6\Exzc6.xlsx”，按下列要求完成对此工作簿的操作并保存。

① 将 Sheet1 工作表的 A1:K1 单元格区域合并为一个单元格，文字“居中”对齐，利用填充柄将“学号”列填充完整。

② 计算“平均成绩”列的内容（数值型，保留小数点后 2 位），根据平均成绩利用 RANK 函数按降序计算“名次”，为 A2:K44 单元格区域套用表格格式“表样式浅色 13”。

③ 选取“学号”列（B2:B44）和“软件测试技术”列（F2:F44）的单元格内容，建立“三维簇状圆柱图”，图表标题为“软件测试技术成绩统计图”，不显示图例，显示“数据标签”，将图表插入当前工作表的 A46:K62 单元格区域。

④ 利用填充柄将 Sheet2 工作表的“学号”列填充完整，利用公式计算每门课程的“学分”列的内容（数值型，保留小数点后 0 位)，条件是该门课程的成绩大于或等于 60 分才可以得到相应的学分，否则学分为 0，每门课程对应的学分参考“课程相应学分”工作表。

⑤ 计算 Sheet2 工作表的“总学分”列的内容（数值型，保留小数点后 0 位），根据总学分填充“学期评价”列的内容，总学分大于或等于 14 分的学生评价是“合格”，总学分小于 14 分的学生评价是“不合格”。

⑥ 对工作表“销售清单”内数据清单的内容建立数据透视表，数据透视表的位置在本工作表的 L2 单元格，按列标签为“类别”、行标签为“销售员”、数值为“销售额(元)”求和布局。数值格式为“货币”，保留小数点后 0 位。

⑦ 保存文件“Exzc6.xlsx”。

## 【实验步骤】

双击打开实验素材“\EX4\EX4-6\Exzc6.xlsx”电子表格。

① 单击 Sheet1 工作表的 A1 单元格，按住<Shift>键，单击 K1 单元格，单击“开始”选项卡→“对齐方式”命令组→“合并后居中”按钮。拖动鼠标选择 B3:B4 单元格区域，双击选中区域右下角的填充柄。

② 单击 J3 单元格，单击“开始”选项卡→“编辑”命令组→“自动求和”下拉按钮，选择“平均值”命令，按<Enter>键。单击“开始”选项卡→“数字”命令组→“数字格式”下拉按钮，选择“数值”。双击 J3 单元格右下角的填充柄。

单击 K3 单元格，输入“=RANK(”，单击编辑栏上“插入函数”按钮，打开“函数参数”对话框。单击“Number”参数框右侧的折叠对话框按钮，然后在工作表上单击 J3 单元格，再单击展开对话框按钮，单击“Ref”参数框右侧的折叠对话框按钮，拖动鼠标选定区域“J3:J44”（在 3 和 44 前分别输入“$”，采用混合引用），再单击展开对话框按钮，恢复显示“函数参数”对话框的全部内容，单击“确定”按钮。双击 K3 单元格右下角的填充柄。

拖动鼠标选择 A2:K44 单元格区域，单击“开始”选项卡→“样式”命令组→“套用表格格式”按钮，在内置样式中选择“表样式浅色 13”，如图 4-41 所示，弹出“套用表格式”对话框，单击“确定”按钮。

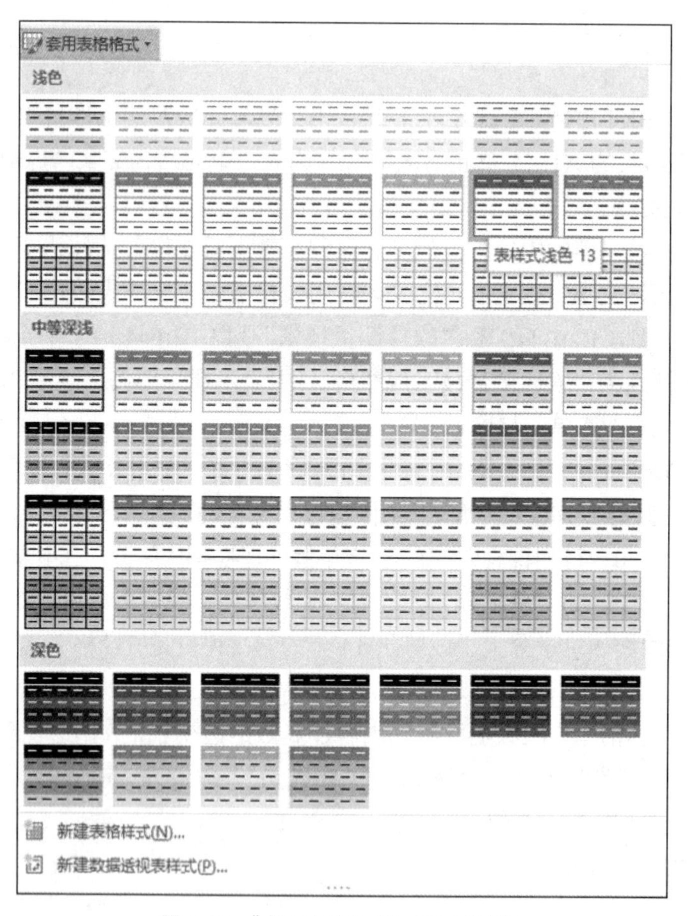


图 4-41 “套用表格格式”下拉列表框

③ 鼠标指针移到 B2 单元格上方，出现向下箭头时单击左键，选择 B2:B44 单元格区域，鼠标指针移到 F2 单元格上方，出现向下箭头时按住<Ctrl>键再次单击，扩展选择 F2:F44 单元格区域，单击“插入”选项卡→“图表”命令组→“插入柱形图或条形图”下拉按钮，选择“三维簇状柱形图”。单击图表绘图区中的标题，删除原有文字，输入“软件测试技术成绩统计图”。鼠标指针移至图表边框上，出现四向箭头时，按住鼠标左键拖动，将图表的左上角移到 A46 单元格，

松开鼠标。鼠标指针移至图表右下角边框处，调整图表大小，使其正好在 A46:K62 单元格区域。鼠标选中图表上的数据系列，单击右键，在弹出式菜单中选择“设置数据系列格式”命令，打开“设置数据系列格式”窗格。在“系列选项”标签页的“系列选项”组选择“圆柱图”为“柱体形状”。单击图表右侧的加号图标，在显示的“图表元素”列表中选中“数据标签”复选框。“软件测试技术成绩统计图”完成后如图 4-42 所示。

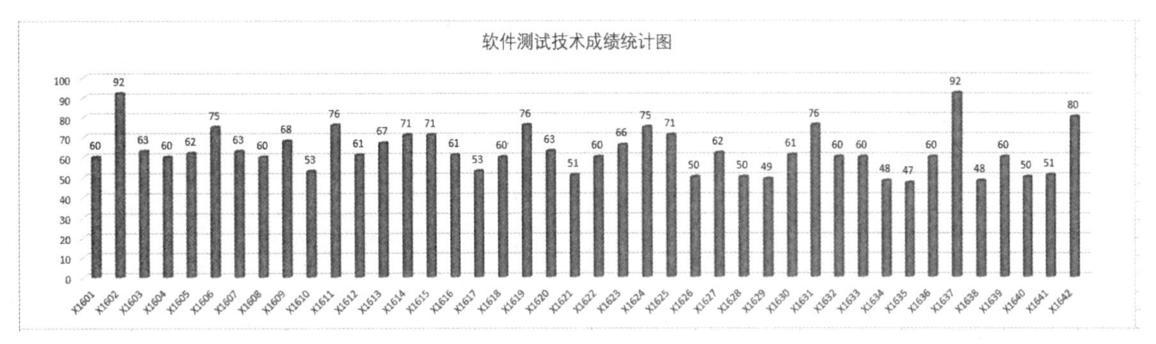


图 4-42　三维簇状圆柱图

④ 单击工作表标签“Sheet2”，选中该工作表的 B4:B5 单元格区域，双击选中区域右下角的填充柄。

单击 Sheet2 工作表的 C4 单元格，输入“=IF(”，单击编辑栏上的“插入函数”按钮，打开 IF 函数的“函数参数”对话框，单击“Logical_test”参数框，单击工作表标签“Sheet1”，然后单击 Sheet1 工作表的 C3 单元格，在“Logical_test”参数框中原有内容后增加“>=60”，单击“Value_if_true”参数框，单击工作表标签“课程相应学分”，单击该工作表的 B2 单元格，将“B2”改为“$B$2”，在“Value_if_false”参数框，输入“0”，单击“确定”按钮。

按<Ctrl+C>组合键，鼠标选中 D4:I4 单元格区域，单击“开始”选项卡→“剪贴板”命令组→“粘贴”下拉按钮，选择“粘贴公式”，如图 4-43 所示。从单元格 D4 到 I4，通过编辑栏，将公式中的绝对引用“$B$2”中的“2”分别改为“3”“4”“5”“6”“7”“8”。选中 C4:I4 单元格区域，单击“开始”选项卡→“数字”命令组→“数字格式”下拉按钮，选择“数值”，单击两次“减少小数位数”按钮。双击选中区域右下角的填充柄。

图 4-43　“粘贴”下拉列表框

⑤ 单击 Sheet2 工作表的 J4 单元格，单击“开始”选项卡→“编辑”命令组→“自动求和”按钮，按<Enter>键。单击“开始”选项卡→“数字”命令组→“数字格式”下拉按钮，选择“数值”，单击两次“减少小数位数”按钮。双击选中区域右下角的填充柄。

单击 K4 单元格，输入“=IF(”，单击编辑栏上的“插入函数”按钮，打开 IF 函数的“函数参数”对话框。弹出“函数参数”对话框，在“Logical_test”参数框中输入“J4>=14”，在“Value_if_true”参数框中输入“合格”，在“Value_if_false”参数框中输入“不合格”，单击“确定”按钮。双击 K4 单元格右下角的填充柄。

⑥ 单击工作表标签“销售清单”，单击数据清单中任意一个单元格，单击“插入”选项卡→“表格”命令组→“数据透视表”按钮，打开“创建数据透视表”对话框，在“选择放置数据透

视表的位置”区域选中“现有工作表”单选项，单击“销售清单”的L2单元格，单击“确定”按钮。

在出现的“数据透视表字段”窗格中，拖动“类别”字段到“列”区域，拖动“销售员”字段到“行”区域，拖动“销售额(元)”字段到“值”区域。在选择放置数据透视表的区域L2:P12显示出完成的数据透视表。

⑦ 单击M4单元格，按住<Shift>键，鼠标单击P12单元格，单击“开始”选项卡→“数字”命令组上“数字格式”下拉按钮，选择“货币”样式，单击两次该命令组上的“减少小数位数”按钮。适当调整列宽让透视表数据能正常显示。

⑧ 单击快速访问工具栏上的“保存”按钮。

# 05 第5章　演示文稿PowerPoint 2016

【大纲要求重点】

- PowerPoint 2016 的基本功能、运行环境、启动和退出。
- 演示文稿和幻灯片的基本概念，演示文稿的创建、打开、关闭和保存。
- 演示文稿视图的使用，幻灯片基本操作（版式、插入、移动、复制和删除）。
- 幻灯片基本制作（文本、图片、艺术字、形状、表格、图表、超链接等插入及其格式化）。
- 演示文稿主题选用与幻灯片背景设置。
- 演示文稿放映设计（动画设计、放映方式、切换效果）。
- 演示文稿的打包和打印。

## 【知识要点】

## 5.1　PowerPoint 2016 基础

1. PowerPoint 2016 的启动

PowerPoint 2016 常用的启动方法有以下几种。

✧ 单击“开始”菜单→“PowerPoint 2016”命令。

✧ 如果在桌面上已经创建了 PowerPoint 2016 的快捷方式，则双击快捷方式图标。

✧ 双击任意一个 PowerPoint 演示文稿文件（其扩展名为.pptx），PowerPoint 2016 会启动并且打开相应的文件。

2. PowerPoint 2016 的退出

PowerPoint 2016 常见的退出方法有以下几种。

✧ 单击标题栏右上角的关闭按钮☒。

✧ 单击标题栏上的“文件”选项卡，在弹出的“文件”面板中单击“关闭”命令。

✧ 在标题栏上单击鼠标右键，在弹出的快捷菜单中单击“关闭”命令。

✧ 按<Alt+F4>组合键。

3. 窗口的组成

PowerPoint 2016 应用程序窗口主要由快速访问工具栏、标题栏、功能区、幻灯片窗格、幻灯片编辑区和状态栏等部分组成，如图 5-1 所示。

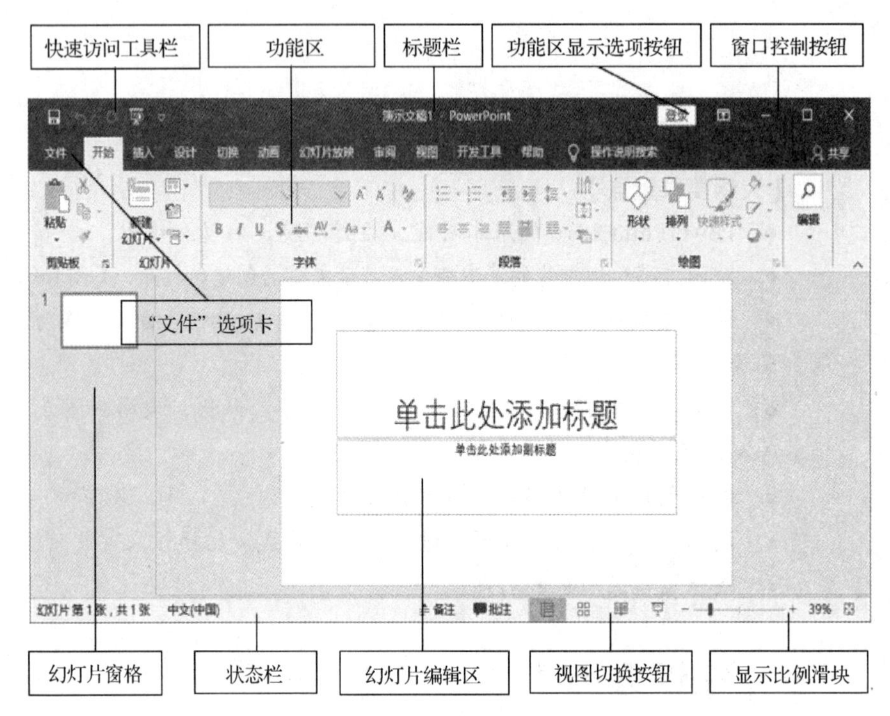


图 5-1 PowerPoint 2016 应用程序窗口

窗口中的常用部分介绍如下。

快速访问工具栏：位于标题栏最左侧，用于显示一些常用的工具按钮，默认显示“保存”“撤销”“重复”“幻灯片放映”“自定义快速访问工具栏”等按钮。单击“自定义快速访问工具栏”按钮，可在弹出式菜单中根据需要选择添加或更改按钮。

“文件”选项卡：位于所有选项卡的最左侧，单击该选项卡会打开“文件”面板，提供文件操作的常用命令，如“信息”“新建”“打开”“保存”“另存为”“打印”“共享”“导出”“关闭”“选项”等命令。

功能区：位于应用程序窗口的顶部，由选项卡、命令组、命令 3 类基本组件组成。通常包括“开始”“插入”“设计”“切换”“动画”“幻灯片放映”“审阅”“视图”等不同类型的选项卡。单击某选项卡，将在功能区显示该选项卡对应的多个命令组。不同选项卡包含不同类别的命令组。

幻灯片编辑区：位于 PowerPoint 2016 应用程序窗口的中间，用于显示正在制作和编辑的幻灯片的内容。在默认情况下，标题幻灯片包含一个正标题占位符，一个副标题占位符；标题和内容幻灯片包含一个标题占位符，一个内容占位符。

幻灯片窗格：位于幻灯片编辑区左侧，主要显示幻灯片的缩略图。单击该窗格中某张幻灯片缩略图，该幻灯片在幻灯片编辑区显示。在该窗格中通过缩略图可以快速找到需要的幻灯片，并可以拖动缩略图来调整移动幻灯片的位置。

## 5.2 PowerPoint 2016 视图模式

PowerPoint 2016 针对演示文稿的不同设计阶段，提供了不同的视图模式，包括“普通”“大纲视图”“幻灯片浏览”“备注页”“阅读视图”等。此外，还有一个用于播放的“幻灯片放映”视图模式。

切换 PowerPoint 2016 视图模式非常简单，可以单击“视图”选项卡→“演示文稿视图”命令组中的视图模式按钮切换，或者使用状态栏上的“视图快捷方式”中的视图切换按钮切换。

### 1. 普通

当启动 PowerPoint 2016 并创建一个新演示文稿时，通常会直接进入“普通”视图模式。在其他模式下，可以通过单击“视图”选项卡→“演示文稿视图”命令组→“普通”按钮，或者单击状态栏上的“普通视图”按钮，进入“普通”视图模式。“普通”是最基本的视图模式，在该视图模式下可以编辑演示文稿的总体结构和单张幻灯片的具体内容，还可以为其添加备注等。

### 2. 大纲视图

单击“视图”选项卡→“演示文稿视图”命令组→“大纲视图”，或者单击状态栏上的“大纲视图”按钮，即可切换到“大纲视图”模式。演示文稿在幻灯片窗格中以文字标题形式显示，在幻灯片编辑区可以组织和键入演示文稿中的文本。

### 3. 幻灯片浏览

单击“视图”选项卡→“演示文稿视图”命令组→“幻灯片浏览”按钮，或者单击状态栏上的→“幻灯片浏览”按钮，即可切换到“幻灯片浏览”视图模式。在该视图模式下可以浏览演示文稿的整体效果，可以对幻灯片进行插入、删除、移动、复制、设置幻灯片的背景格式和配色方案、隐藏选定的幻灯片、统一幻灯片的母版样式等操作，还可以设置幻灯片的放映时间、选择幻灯片的动画切换方式等，但不能编辑具体的幻灯片。

### 4. 阅读视图

单击“视图”选项卡→“演示文稿视图”命令组→“阅读视图”按钮，或者单击状态栏上的“阅读视图”按钮，即可切换到“阅读视图”视图模式。在该视图模式下只保留幻灯片窗格、标题栏和状态栏，其他编辑功能被屏蔽，目的是幻灯片制作完成后可以简单放映浏览，通常是从当前幻灯片开始放映，放映过程中随时可以按<Esc>键退出“阅读视图”。

### 5. 备注页

单击状态栏上的“备注页”按钮，或者单击“视图”选项卡→“演示文稿视图”命令组→“备注页”按钮，即可切换到“备注页”视图模式，备注页位于幻灯片编辑区下面。在该视图模式下可以输入幻灯片的备注信息，正文内容不可编辑。

### 6. 幻灯片放映

单击“幻灯片放映”选项卡→“开始放映幻灯片”命令组→“从头开始”按钮（或者按<F5>

键），即可进入“幻灯片放映”视图模式。无论当前幻灯片的位置在哪里，都将从第一张幻灯片开始播放。如果单击状态栏上的“幻灯片放映”按钮，或者单击“幻灯片放映”选项卡→“开始放映幻灯片”命令组→“从当前幻灯片开始”按钮，就会从当前幻灯片开始播放。“幻灯片放映”视图模式显示的是演示文稿的放映效果，以全屏方式播放演示文稿中幻灯片的内容，这是制作演示文稿的最终目的。

## 5.3 演示文稿的创建、打开和保存

### 1. 新建演示文稿

PowerPoint 2016 新建演示文稿通常有以下几种方法。

✧ 单击“文件”选项卡→“新建”命令，单击“空白演示文稿”，系统会以新建演示文稿的顺序依次将其命名为“演示文稿 1”“演示文稿 2”“演示文稿 3”……每个新建文件对应一个独立的应用程序窗口，任务栏中也有一个相应的应用程序按钮与之对应。

✧ 单击“自定义快速访问工具栏”按钮，在弹出的下拉菜单中选择“新建”命令，之后可以单击快速访问工具栏中新添加的“新建”按钮创建空白演示文稿。

✧ 按<Ctrl+N>组合键，会直接建立一个空白演示文稿。

### 2. 打开演示文稿

下列几种方法都可以实现打开一个已经存在的演示文稿。

✧ 直接双击要打开的文件图标。

✧ 单击“文件”选项卡→“打开”命令，选择“浏览”命令，则打开“打开”对话框，选择要打开的文件，单击“打开”按钮（或双击要打开的文件）即可。也可以通过单击“最近”或“这台电脑”，打开使用过且已存储的文件。

✧ 单击“自定义快速访问工具栏”按钮，在弹出的下拉菜单中选择“打开”命令，再单击快速访问工具栏中新添加的“打开”按钮即可。

### 3. 保存演示文稿

下列几种方法都可以实现保存演示文稿。

✧ 单击快速访问工具栏上的“保存”按钮。

✧ 单击“文件”选项卡→“保存”命令。

✧ 按<Ctrl+S>组合键。

## 5.4 演示文稿的编辑制作

### 1. 编辑幻灯片

（1）输入文本

幻灯片上不能直接输入文本，在幻灯片中添加文字的方法有很多，最简单的输入方式如下。

✧ 在占位符中输入文本：占位符的虚线框中显示“单击此处添加标题”和“单击此处添加副标题”字样，将光标移至占位符中，单击即可输入文字。

✧　使用文本框输入文本：单击“插入”选项卡→“文本”命令组→“文本框”按钮，在幻灯片的适当位置绘制文本框（横排文本框/垂直文本框），在文本框的插入点处输入文本内容。

另外，涉及文本的操作还包括自选图形和艺术字中的文本。

（2）选定幻灯片

✧　选定单张幻灯片：在幻灯片窗格或“幻灯片浏览”视图中单击幻灯片，可选定单张幻灯片。

✧　选定多张连续的幻灯片：在幻灯片窗格或“幻灯片浏览”视图中单击要选定的第一张幻灯片，按住<Shift>键，再单击要选定的最后一张幻灯片，可选定多张连续的幻灯片。

✧　选定多张不连续的幻灯片：在幻灯片窗格或“幻灯片浏览”视图中，单击要选定的第一张幻灯片，按住<Ctrl>键，再依次单击其他要选定的幻灯片，可选定多张不连续的幻灯片。

✧　选定全部幻灯片：在幻灯片窗格或“幻灯片浏览”视图中，单击“开始”选项卡→“编辑”命令组→“选择”下拉按钮→“全选”命令，或者按<Ctrl+A>组合键，可选定全部幻灯片。

（3）插入幻灯片

插入幻灯片可以用以下几种方法来实现。

✧　单击“开始”选项卡→“幻灯片”命令组→“新建幻灯片”按钮（或者选择“新建幻灯片”下拉列表框中的某种版式）。

✧　在幻灯片窗格或“幻灯片浏览”视图中单击鼠标右键，在弹出的快捷菜单中选择“新建幻灯片”命令。

✧　按<Ctrl+M>组合键。

（4）移动或复制幻灯片

移动或复制幻灯片通常有以下几种操作方法。

✧　选定需要移动或复制的幻灯片，按住鼠标左键将该幻灯片拖动到目标位置，可移动幻灯片。按住<Ctrl>键的同时，按住鼠标左键拖动到目标位置可复制幻灯片。

✧　选定需要移动或复制的幻灯片，按<Ctrl+X>组合键剪切，进入目标位置，按<Ctrl+V>组合键，可移动幻灯片。按<Ctrl+C>组合键复制，进入目标位置，按<Ctrl+V>组合键，可复制幻灯片。

✧　在需要移动或复制的幻灯片上单击鼠标右键，在弹出的快捷菜单中选择“剪切”“复制”“粘贴”命令来移动或复制幻灯片。

✧　选定需要移动或复制的幻灯片，在“开始”选项卡→“剪贴板”命令组中选择“剪切”“复制”“粘贴”命令来移动或复制幻灯片。

（5）删除幻灯片

在幻灯片窗格或“幻灯片浏览”视图中选择要删除的幻灯片，按<Backspace>键或<Delete>键，或者选中幻灯片，单击鼠标右键，执行快捷菜单中的“删除幻灯片”命令。若要删除多张幻灯片，则可先选择这些幻灯片，然后执行删除操作。

**2. 插入图片**

插入来自文件的图片，具体操作步骤如下。

① 单击“插入”选项卡→“图像”命令组→“图片”按钮，打开“插入图片”对话框。

② 在“插入图片”对话框中，选择所需图片。

③ 单击“插入”按钮或双击图片文件名，即可将图片插入幻灯片。

### 3. 插入形状

插入形状有两种方法：单击“插入”选项卡→“插图”命令组→“形状”按钮；或者单击“开始”选项卡→“绘图”命令组→“形状”列表右侧的“其他”按钮，弹出“形状”下拉列表框。

### 4. 插入 SmartArt 图形

操作步骤如下。

① 单击“插入”选项卡→“插图”命令组→“SmartArt”按钮，打开“选择 SmartArt 图形”对话框，其中有“全部”“列表”“流程”“循环”“层次结构”“关系”“矩阵”“棱锥图”“图片”等选项。

② 在“选择 SmartArt 图形”对话框中选择所需图形，然后根据提示输入图形中的必要文字。

### 5. 插入图表

单击“插入”选项卡→“插图”命令组→“图表”按钮，打开“插入图表”对话框。系统默认打开的是“柱形图”→“簇状柱形图”。“所有图表”包括“柱形图”“折线图”“饼图”“条形图”“面积图”“XY（散点图）”“股价图”“曲面图”“雷达图”“树状图”“旭日图”“直方图”“箱形图”“瀑布图”“组合”等。

在 PowerPoint 2016 中可以链接或嵌入 Excel 文件中的图表，并可以使用类似 Excel 中的操作方法编辑处理相关图表。

### 6. 插入艺术字

单击“插入”选项卡→“文本”命令组→“艺术字”按钮，弹出艺术字样式列表。

在艺术字样式列表中选择一种艺术字样式，出现指定样式的艺术字编辑框，其中显示提示信息“请在此放置您的文字”。在艺术字编辑框中输入艺术字文字内容。和普通文本一样，可以改变艺术字的字体和字号等。

### 7. 插入音频和视频

插入音频的操作步骤：选择要插入音频文件的幻灯片。单击“插入”选项卡→“媒体”命令组→“音频”下拉按钮，显示“PC 上的音频”“录制音频”等命令。选择要插入的音频文件，单击“插入”按钮即可。幻灯片上会出现一个插入声音图标，将鼠标移到这个图标上会出现播放控制条，单击这个图标后，功能区中会出现用于音频编辑的“音频工具-格式”选项卡和“音频工具-播放”选项卡。可以通过单击“音频工具-播放”选项卡→“音频选项”命令组中的按钮设置播放方式。完成设置之后，该音频文件会按照设置要求在放映幻灯片时播放。

插入视频的操作步骤：选择要插入视频文件的幻灯片。单击“插入”选项卡→“媒体”命令组→“视频”下拉按钮，显示“PC 上的视频”“录制视频”等命令。选择要插入的视频文件，单击“插入”按钮即可。幻灯片上会出现一个插入视频图标，将鼠标移到这个图标上会出现播放控制条，单击这个图标后，功能区中会出现用于视频编辑的“视频工具-格式”选项卡和“视频工具-播放”选项卡。可以通过单击“视频工具-播放”选项卡→“视频选项”命令组中的按钮设置播放方式。完成设置之后，该视频文件会按照设置要求在放映幻灯片时播放。

### 8. 插入表格

（1）使用内容区占位符创建表格

具体操作步骤如下。

① 单击幻灯片内容版式占位符中的“插入表格”图标，打开“插入表格”对话框。

② 在对话框中确定表格的行数和列数。

③ 单击“确定”按钮，即可创建指定行数和列数的表格。

（2）使用功能区按钮快速生成表格

具体操作步骤如下。

① 单击“插入”选项卡→“表格”命令组→“表格”按钮，弹出“插入表格”下拉列表框。

② 在示意网格中拖动鼠标选择行数和列数，即可快速生成相应的表格。

（3）使用“插入表格”对话框创建表格

具体操作步骤如下。

① 单击“插入”选项卡→“表格”命令组→“表格”按钮，弹出“插入表格”下拉列表框。

② 在下拉列表框中单击“插入表格”命令，打开“插入表格”对话框。

③ 在对话框中确定表格的行数和列数。

④ 单击“确定”按钮，即可创建指定行数和列数的表格。

（4）使用绘制表格功能自定义绘制表格

具体操作步骤如下。

① 单击“插入”选项卡→“表格”命令组→“表格”按钮，弹出“插入表格”下拉列表框。

② 在下拉列表框中选择“绘制表格”选项，此时鼠标指针呈铅笔形状。

③ 在幻灯片上拖动鼠标左键手动绘制表格。注意，首次拖动绘制出表格的外围边框，之后可以绘制表格的内部框线。

## 5.5　演示文稿外观设置

### 1. 应用幻灯片版式

如果要新建幻灯片，选择“开始”选项卡→“幻灯片”命令组→“新建幻灯片”按钮，则新建一个固定版式的幻灯片。如果单击其下拉按钮，则会弹出幻灯片版式的下拉列表框，可在列表中选择所需的版式。

如果要改变已有幻灯片的版式，选择“开始”选项卡→“幻灯片”命令组→“版式”按钮，则弹出幻灯片版式的下拉列表框，可在列表中选择所需的版式。也可以在幻灯片空白处单击鼠标右键，在弹出的快捷菜单中选择“版式”命令，同样会弹出幻灯片版式的下拉列表框，可在列表中选择所需的版式。

### 2. 应用幻灯片主题

幻灯片主题是主题颜色、主题字体和主题效果三者的组合。

如果要对幻灯片应用主题样式，选择“设计”选项卡→“主题”命令组中提供的主题样式即可。如果需要更多的样式选项，可以单击“设计”选项卡→“主题”命令组右侧的“其他”按钮，在出现的下拉列表框中显示出可供选择的所有主题样式。

如果只希望修饰演示文稿中的部分幻灯片，则选择这些幻灯片，然后右键单击某个主题样式，弹出的快捷菜单中显示“应用于所有幻灯片”“应用于选定幻灯片”“设为默认主题”“添加到快速访问工具栏”等命令。若单击“应用于选定幻灯片”命令，则选定的幻灯片采用该主题样式，效果自动更新，其他幻灯片不变；若单击“应用于所有幻灯片”命令，则整个演示文稿均采用该主题样式。

更改主题颜色：选择“设计”选项卡→“变体”命令组，可根据提供的填充变体列表进行主题颜色更改。也可以单击填充变体列表右侧的“其他”按钮，在弹出的下拉列表框中选择“颜色”，在打开的“颜色”下拉列表中进行主题颜色更改。或者选择“颜色”下拉列表中的“自定义颜色”选项，在打开的“新建主题颜色”对话框中进行主题颜色更改。

更改主题字体：选择“设计”选项卡→“变体”命令组，单击填充变体列表右侧的“其他”按钮，在弹出的下拉列表框中选择“字体”，在打开的“字体”下拉列表中进行主题字体更改。或者选择“字体”下拉列表中的“自定义字体”选项，在打开的“新建主题字体”对话框中进行主题字体更改。

更改主题效果：选择“设计”选项卡→“变体”命令组，单击填充变体列表右侧的“其他”按钮，在弹出的下拉列表框中选择“效果”，在打开的“效果”下拉列表中进行主题效果更改。

**3. 幻灯片背景的设置**

更改背景样式：选择“设计”选项卡→“变体”命令组，单击其右侧的“其他”按钮，在弹出的下拉列表框中选择“背景样式”，打开系统内置的所有12种背景样式。将鼠标指针移动到某一背景样式上，会显示该背景的样式编号并实时预览相应的效果。从中选择一种背景样式，系统会按所选背景样式的颜色、填充和外观效果修饰演示文稿。

如果只希望改变部分幻灯片的背景，则选择这些幻灯片，然后右键单击某个背景样式，出现的快捷菜单中显示“应用于相应幻灯片”“应用于所有幻灯片”“应用于所选幻灯片”“添加到快速访问工具栏”等命令。若单击“应用于所选幻灯片”命令，则选定的幻灯片采用该背景样式，而其他幻灯片不变；若单击“应用于所有幻灯片”命令，则整个演示文稿均采用该背景样式。

设置背景格式：选择“设计”选项卡→“变体”命令组，单击其右侧的“其他”按钮，在弹出的下拉列表框中选择“背景样式”，在“背景样式”下拉列表中单击“设置背景格式”命令，打开“设置背景格式”窗格。或者单击“设计”选项卡→“自定义”命令组→“设置背景格式”按钮，直接打开“设置背景格式”窗格。

进行相应设置后单击关闭按钮，对当前幻灯片完成背景设置。如果需要对演示文稿中所有幻灯片进行该背景设置，则单击“应用到全部”。

**4. 使用母版**

（1）幻灯片母版

单击“视图”选项卡→“母版视图”命令组→“幻灯片母版”按钮，进入“幻灯片母版”窗口。PowerPoint 2016自带的幻灯片母版中包括11个版式。版式中可编辑“母版标题样式”“母版文本样式”“日期”“幻灯片编号”等格式，还可以拖动占位符调整各对象的位置。幻灯片母版中的设置或更改将会反映到每一张幻灯片上。

单击“幻灯片母版”选项卡→“关闭”命令组→“关闭母版视图”按钮，即可返回原始文稿。

（2）讲义母版

单击“视图”选项卡→“母版视图”命令组→“讲义母版”按钮，进入“讲义母版”窗口。

讲义母版将多张幻灯片显示在一页中，系统默认显示 6 张幻灯片。可以通过对“页面设置”“占位符”“编辑主题”“背景”等命令组中命令的设置更改幻灯片的打印设计和版式。

单击“讲义母版”选项卡→“关闭”命令组→“关闭母版视图”按钮，即可返回原始文稿。

（3）备注母版

单击“视图”选项卡→“母版视图”命令组→“备注母版”按钮，进入“备注母版”窗口。备注母版主要用于对备注页中的内容格式进行设置，选择各级标题文本后即可对其字体格式等进行设置。

## 5.6 动画设置与放映方式

**1. 动画效果设置**

（1）设置动画效果

动画效果“进入”的设置，具体操作步骤如下。

① 选择需要设置动画效果的对象。

② 在“动画”选项卡→“动画”命令组中，单击动画样式列表右侧的“其他”按钮，出现各种动画效果的下拉列表框。

③ 在“进入”栏中选择一种动画样式，则所选对象被赋予该动画效果。

动画效果“强调”的设置，具体操作步骤如下。

① 选择需要设置动画效果的对象。

② 在“动画”选项卡→“动画”命令组中，单击动画样式列表右侧的“其他”按钮，出现各种动画效果的下拉列表框。

③ 在“强调”栏中选择一种动画样式，则所选对象被赋予该动画效果。

动画效果“退出”的设置，具体操作步骤如下。

① 选择需要设置动画效果的对象。

② 在“动画”选项卡→“动画”命令组中，单击动画样式列表右侧的“其他”按钮，出现各种动画效果的下拉列表框。

③ 在“退出”栏中选择一种动画样式，则所选对象被赋予该动画效果。

动画效果“动作路径”的设置，具体操作步骤如下。

① 选择需要设置动画效果的对象。

② 在“动画”选项卡→“动画”命令组中，单击动画样式列表右侧的“其他”按钮，出现各种动画效果的下拉列表框。

③ 在“动作路径”栏中选择一种动画样式（如“弧形”），则所选对象被赋予该动画效果。

如果对所列动画效果不满意，还可以单击“动画”下拉列表框下方的“更多进入效果”（或“更多强调效果”“更多退出效果”“其他动作路径”）选项，打开对应的对话框，选择更多的动画效果。

（2）设置动画属性

设置动画效果选项。选择设置动画的对象，单击“动画”选项卡→“动画”命令组→“效果选项”按钮，在出现的各种效果选项的下拉列表框中选择。不同的动画效果有不同的设置内容。

设置动画开始方式、持续时间和延迟时间。动画开始方式是指开始播放动画的方式，动画持续时间是指动画开始后的整个播放时间，动画延迟时间是指播放操作开始后延迟播放的时间。具体设置可以通过“动画”选项卡→“计时”命令组来实现。

设置动画音效。设置动画时，默认动画无音效。可以通过单击“动画”选项卡→“高级动画”命令组→“动画窗格”按钮打开窗格来设置动画音效。

（3）调整动画播放顺序

单击“动画”选项卡→“高级动画”命令组→“动画窗格”按钮，调出动画窗格。动画窗格显示所有动画对象，左侧的数字表示该对象动画播放的序号，与幻灯片中动画对象旁边显示的序号一致。选择动画对象，单击相应的向上箭头、向下箭头，即可改变动画对象的播放顺序。或者选定应用动画的对象后再单击“动画”选项卡→“计时”命令组的“向前移动”或“向后移动”，用以调整播放顺序。

（4）预览动画效果

单击“动画”选项卡→“预览”命令组→“预览”按钮，或者单击动画窗格上方的“播放自”或“全部播放”按钮，即可预览动画效果。

**2. 切换效果设置**

（1）设置幻灯片切换样式

设置幻灯片切换效果的步骤如下。

① 打开演示文稿文件，选中需要设置切换方式的幻灯片（组）。

② 在“切换”选项卡→“切换到此幻灯片”命令组中，单击切换样式列表右侧的“其他”按钮，出现各种切换效果的下拉列表框。

③ 在切换效果列表中选择一种切换样式即可。

上述操作默认设置当前幻灯片的切换效果。如果要对所有幻灯片应用此切换效果，则单击“切换”选项卡→“计时”命令组→“全部应用”按钮。

（2）设置切换属性

幻灯片切换属性包括切换“效果选项”“声音”“持续时间”“换片方式”等。如不设置切换属性，系统将采用默认的切换属性。若对默认的切换属性不满意，则可以对切换属性进行重新设置。

在“切换”选项卡→“计时”命令组右侧可设置换片方式。选中“单击鼠标时”复选框，表示单击鼠标时才切换幻灯片；选中“设置自动换片时间”复选框，表示经过该时间段后自动切换到下一张幻灯片。

在“切换”选项卡→“计时”命令组左侧可设置换片声音、持续时间及应用范围。可在“声音”下拉列表框中选择一种音效，在“持续时间”文本框中输入切换持续时间。单击“全部应用”按钮，表示对所有幻灯片应用此切换效果。

**3. 幻灯片放映**

（1）放映类型

幻灯片放映类型有以下几种。

✧ 演讲者放映：演讲者放映是最常用的放映方式。这种方式可全屏显示幻灯片，并且能手动控制幻灯片的放映，在放映过程中可由演讲者控制速度和时间，也可使用排练计时自动放映，还可以录制旁白等。

✧　观众自行浏览：观众自行浏览是指演示可以由观众自己动手操作。观众在标准窗口中观看放映，窗口包含自定义菜单和命令，便于观众自己浏览演示文稿，但只能自动放映或利用滚动条放映，不能通过单击控制放映。

✧　在展台浏览：在展台浏览是最简单的放映方式。这种方式将自动全屏放映幻灯片，并且循环放映，放映过程中除了通过超链接或动作按钮来进行切换以外，其他的功能都不能使用，要停止放映只能按键盘上的<Esc>键。

（2）放映方式设置

设置幻灯片放映方式的操作步骤如下。

① 打开演示文稿文件，单击“幻灯片放映”选项卡→“设置”命令组→“设置幻灯片放映”按钮，打开“设置放映方式”对话框。

② 在“放映类型”选项区中，可以选择“演讲者放映（全屏幕）”“观众自行浏览（窗口）”和“在展台浏览（全屏幕）”三种方式之一。

③ 在“放映幻灯片”选项区中，可以确定幻灯片的放映范围（全部或部分幻灯片）。放映部分幻灯片时，可以指定放映幻灯片的开始序号和终止序号。

④ 在“推进幻灯片”选项区中，可以选择控制放映速度的两种换片方式之一。

⑤ 单击“确定”按钮即可。

（3）幻灯片放映

启动幻灯片放映的方法有很多，常用的有以下几种。

✧　单击窗口右下角（视图切换按钮区）的放映幻灯片按钮，从当前幻灯片开始放映。

✧　单击“幻灯片放映”选项卡→“开始放映幻灯片”命令组→“从头开始”按钮（或者“从当前幻灯片开始”“联机演示”“自定义幻灯片放映”等按钮）。

✧　按<F5>键从幻灯片第一页开始放映，或者按<Shift+F5>组合键从当前幻灯片开始放映。

**4. 设置链接**

在某张幻灯片中创建超链接有两种方法：使用“超链接”命令或动作按钮。

（1）编辑超链接

选择要创建超链接的文本或对象，单击“插入”选项卡→“链接”命令组→“链接”按钮，打开“插入超链接”对话框。单击左边“链接到”列表中的按钮，选择要链接到的目标位置。

（2）编辑动作链接

在“插入”选项卡→“插图”命令组→“形状”下拉列表框中选择“动作按钮”，其中不同的按钮代表不同的超链接位置。选取需要的动作按钮，在幻灯片中单击或拖曳出该按钮图形，在释放鼠标的同时，打开“操作设置”对话框。从中选择鼠标动作、链接到的目标位置和单击时要运行的程序播放的声音等，单击“确定”按钮。

（3）删除超链接

要删除超链接，可以用鼠标右键单击设置超链接的对象，在弹出的快捷菜单中选择“取消链接”命令。

如果要删除整个超链接，选中包含超链接的文本或图形，然后按<Backspace>键或<Delete>键，则可以删除超链接以及代表超链接的文本或图形。

## 5.7 演示文稿的输出与打印

1. 演示文稿的打包

（1）演示文稿打包成 CD

具体操作步骤如下。

① 单击“文件”选项卡→“导出”命令，选择“将演示文稿打包成 CD”命令。

② 单击右侧“打包成 CD”按钮，打开“打包成 CD”对话框。

③ 单击“复制到 CD”按钮，即可将演示文稿保存为 CD。

④ 单击“复制到文件夹”按钮，在出现的对话框中输入文件夹的名称，选择保存位置，单击“确定”按钮，即可将演示文稿保存到文件夹，此后可以脱离 PowerPoint 环境播放演示文稿。

（2）演示文稿打包成讲义

具体操作步骤如下。

① 单击“文件”选项卡→“导出”命令，选择“创建讲义”命令。

② 单击右侧“创建讲义”按钮，打开“发送到 Microsoft Word”对话框，选择使用的版式，单击“确定”按钮，即可将演示文稿打包成讲义。

（3）直接将演示文稿转换为放映文件

具体操作步骤如下。

① 选择“文件”选项卡→“导出”命令，在“更改文件类型”栏中选择“PowerPoint 放映”选项。

② 单击“另存为”按钮，在弹出的对话框中输入文件名和选择存放路径，设置文件类型为“PowerPoint 放映（*.ppsx）”，单击“保存”按钮。

③ 双击上述保存的放映文件，即可观看播放效果。

2. 幻灯片大小设置与打印

（1）幻灯片大小设置

单击“设计”选项卡→“自定义”命令组→“幻灯片大小”按钮，弹出“幻灯片大小”对话框，可以设置页面的幻灯片显示比例、纸张大小、幻灯片编号起始值、幻灯片与讲义的方向等。

（2）预览与打印

单击“文件”选项卡→“打印”命令，进入打印预览与打印设置界面。右侧是打印预览区域，可以预览幻灯片的打印效果。左侧是打印设置区域，可以设置打印份数、打印机属性、打印幻灯片范围、整页中幻灯片的数量、打印颜色等。最后，单击“打印”按钮即可。

## 【实验及操作指导】

## 实验 5 PowerPoint 2016 的使用

**实验 5-1**：掌握幻灯片版式设置、主题应用方法。掌握幻灯片的背景设置、插入图片、动画效果、切换方式等操作方法。

## 【具体要求】

打开实验素材“\EX5\EX5-1\Ppzc1.pptx”，按下列要求完成对此演示文稿的操作并保存。

① 在第 1 张幻灯片前插入一张版式为“标题幻灯片”的新幻灯片，“产品策划书”为标题文字，“晶泰来水晶吊坠”为副标题文字。设置副标题的字体为“楷体”，字体样式为“加粗”，字体大小为“34”磅，设置副标题的动画效果为“飞入”，效果选项为“自右侧”。

② 在第 1 张幻灯片中插入图片“ppt1.jpg”，设置图片高度“7 厘米”，“锁定纵横比”，图片位置为水平“3.4 厘米”、垂直“2.7 厘米”，均为自“左上角”，图片边框为“棱台形椭圆，黑色”，并为图片设置“淡出”动画效果，开始条件为“上一动画之后”。

③ 将第 2 张幻灯片文本框中的文字字体设置为“微软雅黑”，字体样式为“加粗”，字体大小为“28”磅，文字颜色设置成深蓝色（RGB 颜色模式：红色 0，绿色 20，蓝色 60），行距设置为“1.5”倍，幻灯片背景设置为“羊皮纸”纹理。

④ 移动第 5 张幻灯片使它成为第 3 张幻灯片，并将该幻灯片的背景设置为“粉色面巾纸”纹理。

⑤ 将第 4 张幻灯片的版式改为“两栏内容”，在右侧栏中插入图片“ppt2.jpg”，设置图片尺寸高度“8 厘米”，“锁定纵横比”，图片位置为水平“13 厘米”、垂直“6 厘米”，均为自“左上角”；并为图片设置动画效果“浮入”，效果选项为“下浮”。

⑥ 将第 5 张幻灯片的文本框中的文字转换成“垂直项目符号列表”的 SmartArt 图形，并设置其动画效果为“飞入”，效果选项的方向为“自左侧”，序列为“逐个”。

⑦ 为演示文稿应用“离子会议室”主题样式；设置全体幻灯片切换方式为“揭开”，效果选项为“从右下部”。

⑧ 保存文件“Ppzc1.pptx”。

## 【实验步骤】

双击打开实验素材“\EX5\EX5-1\Ppzc1.pptx”演示文稿。

① 在幻灯片窗格中第 1 张幻灯片上单击，单击“开始”选项卡→“幻灯片”命令组→“新建幻灯片”下拉按钮，在下拉列表框中选择“标题幻灯片”版式，如图 5-2 所示。在幻灯片编辑区的标题处输入“产品策划书”，在副标题处输入“晶泰来水晶吊坠”。

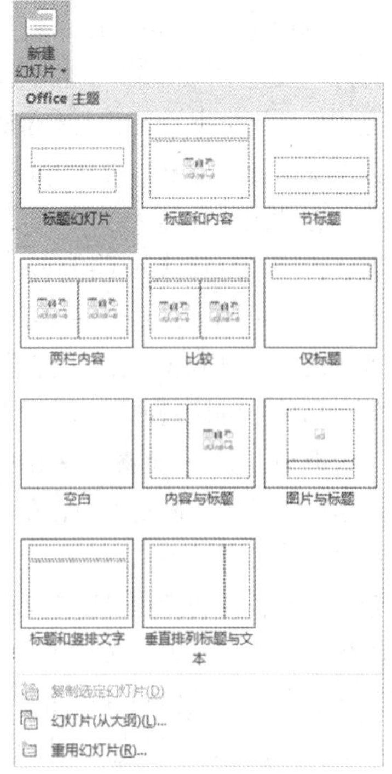

图 5-2　幻灯片版式

选中副标题文本框，在“开始”选项卡→“字体”命令组中，在“字体”组合框中选择“楷体”，单击“加粗”按钮，“字体大小”组合框中输入“34”。

在“动画”选项卡→“动画”命令组中，单击动画样式列表右侧的“其他”按钮，出现动画效果的下拉列表框，如图 5-3 所示。在“进入”栏中选择“飞入”。单击“动画”选项卡→“动画”命令组→“效果选项”下拉按钮，“方向”选择“自右侧”。

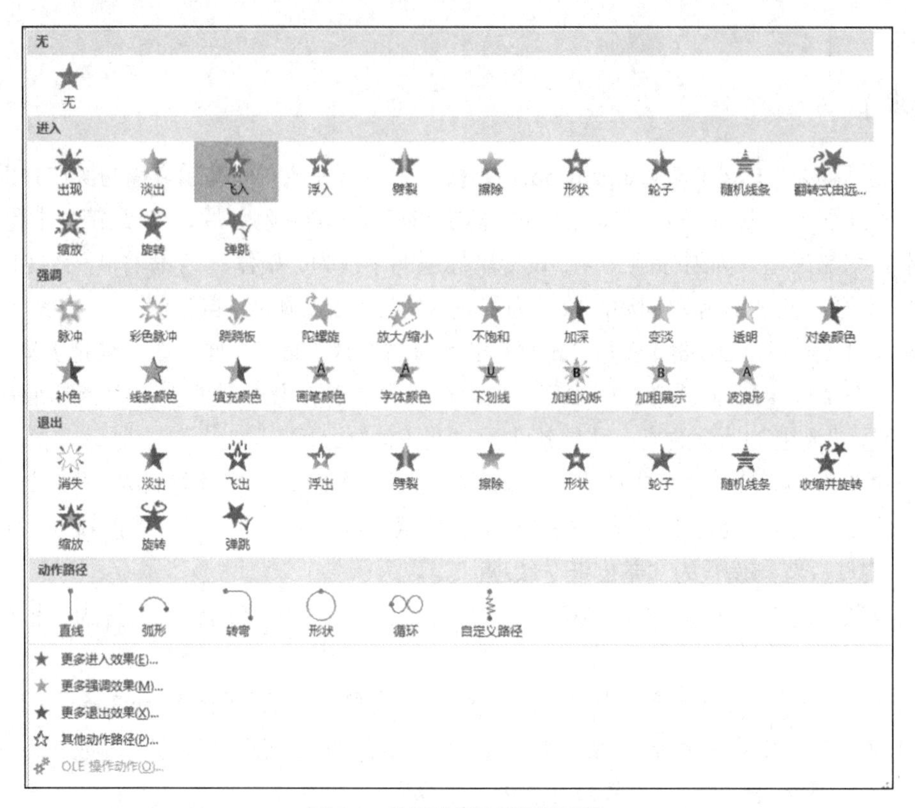


图 5-3　动画效果的下拉列表框

② 在幻灯片窗格中单击第 1 张幻灯片，单击“插入”选项卡→“图像”命令组→“图片”按钮，打开“插入图片”对话框，选择图片所在文件夹，选中“ppt1.jpg”图片，单击“插入”按钮。

选中图片，单击“图片工具-格式”选项卡→“大小”命令组右下角的“对话框启动器”按钮，打开“设置图片格式”窗格，在“大小”组里设置高度为“7 厘米”，选中“锁定纵横比”复选框，在“位置”组里设置“水平位置”为“3.4 厘米”，“垂直位置”为“2.7 厘米”，均选择“左上角”，如图 5-4 所示，单击右上角的关闭按钮。

在“图片工具-格式”选项卡→“图片样式”命令组中，单击图片样式列表右侧的“其他”按钮，出现图片样式的下拉列表框，选择“棱台形椭圆，黑色”。

在“动画”选项卡→“动画”命令组中，单击动画样式列表右侧的“其他”按钮，出现动画效果的下拉列表框。在“进入”栏中选择“淡出”。选择“动画”选项卡→“计时”命令组，在“开始”后的“动画计时”组合框里选择“上一动画之后”。

③ 在幻灯片窗格中单击第 2 张幻灯片，在幻灯片编辑区中，选中内容文本框，在“开始”选项卡→“字体”命令组中，在“字体”组合框中选择“微软雅黑”，单击“加粗”按钮，字体大小组合框中选择“28”，单击“颜色”下拉按钮，在显示的颜色面板中选择“其他颜色”，打开“颜色”对话框，切换到“自定义”标签页，在“红色”“绿色”“蓝色”组合框中分别输入“0”“20”“60”。单击“开始”选项卡→“段落”命令组→“行距”下拉按钮，选择“1.5”。

在幻灯片的空白处单击右键，在弹出式菜单中选择“设置背景格式”命令，打开“设置背景格式”窗格，在“填充”组里选择“图片或纹理填充”，单击“纹理”下拉按钮，在列表中选择“羊皮纸”，如图 5-5 所示，单击右上角的关闭按钮。

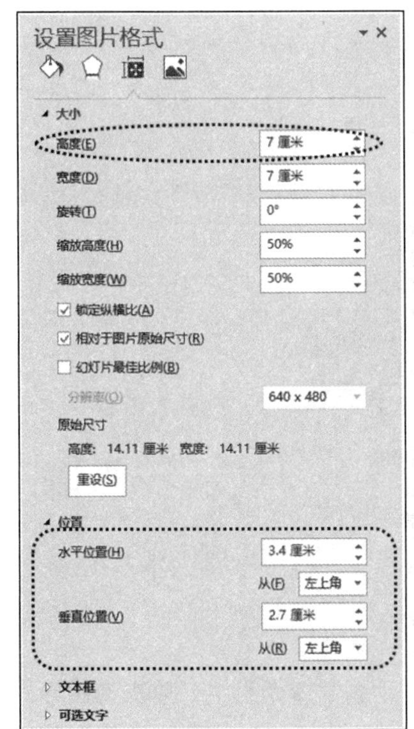


图 5-4　“设置图片格式”窗格

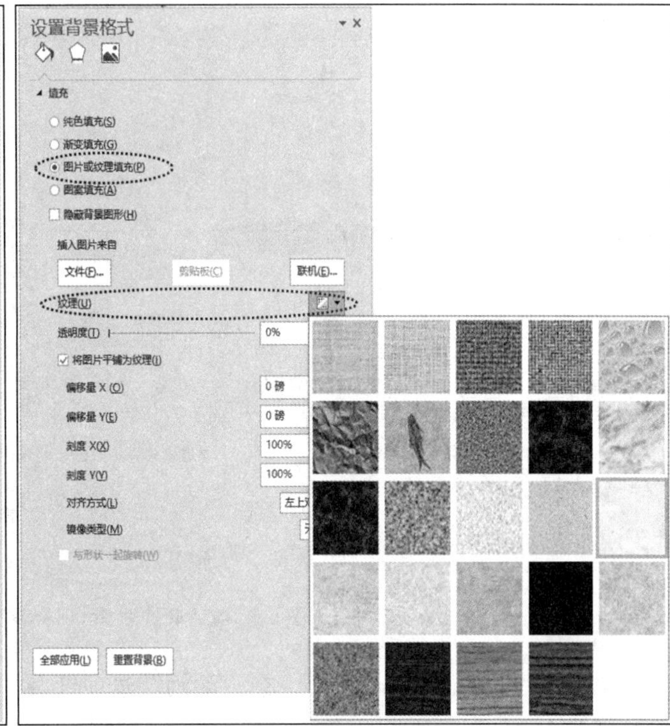


图 5-5　设置背景格式

④ 在幻灯片窗格中，按住鼠标左键拖动第 5 张幻灯片，移到第 2 张幻灯片下方，松开鼠标。

在幻灯片编辑区中幻灯片的空白处单击右键，在弹出式菜单中选择“设置背景格式”命令，打开“设置背景格式”窗格，在“填充”组里选择“图片或纹理填充”，单击“纹理”下拉按钮，在列表中选择“粉色面巾纸”，单击右上角的关闭按钮。

⑤ 在幻灯片窗格中，单击第 4 张幻灯片，在幻灯片编辑区中幻灯片的空白处单击右键，在弹出式菜单中单击“版式”命令，在级联菜单中选择“两栏内容”。

单击右侧栏中的“图片”按钮，打开“插入图片”对话框，选择图片所在文件夹，选中“ppt2.jpg”图片，单击“插入”按钮。

选中图片，单击“图片工具-格式”选项卡→“大小”命令组右下角的“对话框启动器”按钮，打开“设置图片格式”窗格，在“大小”组里设置高度为“8 厘米”，选中“锁定纵横比”复选框，在“位置”组里设置“水平位置”为“13 厘米”，“垂直位置”为“6 厘米”，均选择“左上角”。单击右上角的关闭按钮。

在“动画”选项卡→“动画”命令组中，单击动画样式列表中的“浮入”，单击右侧的“效果选项”下拉按钮，“方向”选择“下浮”。

⑥ 在幻灯片窗格中，单击第 5 张幻灯片，在幻灯片编辑区中，鼠标右键单击文本框中文本（不是选择文本框），在弹出的快捷菜单中选择“转化为 SmartArt”命令，在出现的 SmartArt 样式列表中选择“垂直项目符号列表”（也可以单击“其他 SmartArt 图形”，在打开的“选择 SmartArt 图形”对话框中选择），如图 5-6 所示。

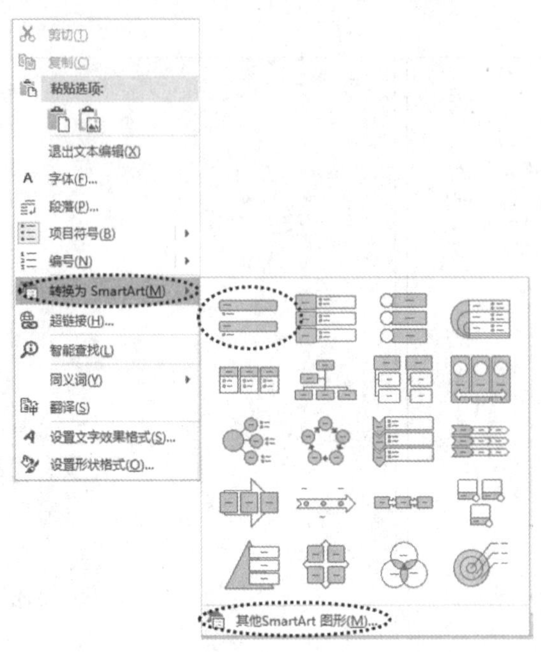


图 5-6　文本转换为 SmartArt 图形

选择转换后的 SmartArt 图形，在“动画”选项卡→“动画”命令组中，单击动画样式列表中的“飞入”，单击右侧的“效果选项”下拉按钮，“方向”选择“自左侧”，“序列”选择“逐个”。

⑦ 单击“设计”选项卡→“主题”命令组右侧的“其他”按钮，在出现的下拉列表框中显示出了可供选择的所有主题样式，单击其中的“离子会议室”。

在“切换”选项卡→“切换到此幻灯片”命令组中，单击切换样式列表右侧的“其他”按钮，出现下拉列表框，在列表中选择“细微型”栏中的“揭开”，如图 5-7 所示。在“切换到此幻灯片”命令组中单击“效果选项”按钮，选择“从右下部”选项。在“切换”选项卡→“计时”命令组中，单击“全部应用”按钮。

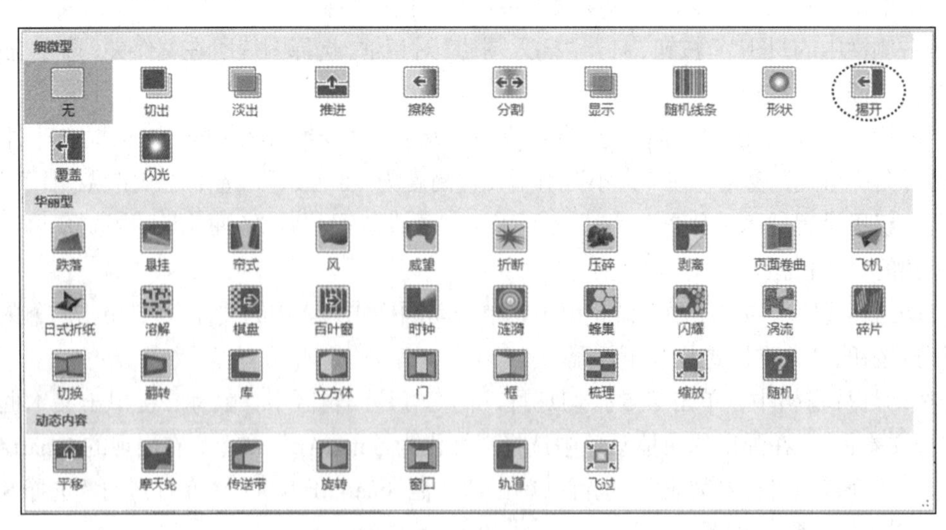


图 5-7　幻灯片切换样式列表

⑧ 单击快速访问工具栏上的“保存”按钮。完成后的样张如图 5-8 所示。

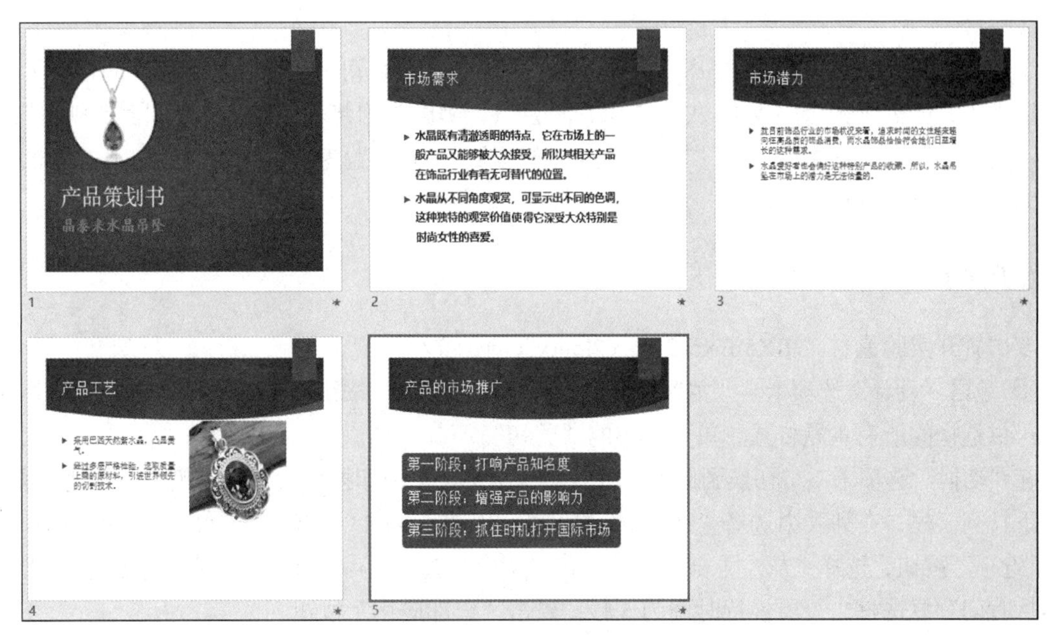


图 5-8　Ppzc1.pptx 演示文稿完成样张

**实验 5-2**：掌握幻灯片的基本操作方法。掌握幻灯片的背景设置、动画效果、切换方式、放映方式等操作方法。掌握插入图片、添加超链接操作方法。

## 【具体要求】

打开实验素材“\EX5\EX5-2\Ppzc2.pptx”，按下列要求完成对此演示文稿的操作并保存。

① 为演示文稿应用“剪切”主题样式；设置全体幻灯片切换方式为“覆盖”，效果选项为“从左上部”，每张幻灯片的自动切换时间是 5 秒。设置幻灯片的大小为“全屏显示(16:9)”；放映方式设置为“观众自行浏览(窗口)”。

② 将第 2 张幻灯片文本框中的文字字体设置为“微软雅黑”，字体样式为“加粗”，字体大小为“24”磅，文字颜色设置成“深蓝”色（标准色），行距设置为“1.5”倍。

③ 在第 1 张幻灯片后面插入一张版式为“标题和内容”的新幻灯片，标题处输入文字“目录”，在文本框中按顺序输入第 3 张到第 8 张幻灯片的标题，并添加相应幻灯片的超链接。

④ 将第 7 张幻灯片的版式改为“两栏内容”，在右侧栏中插入一个组织结构图，结构如图 5-9 所示，设置该结构图的颜色为“彩色轮廓-个性色 1”，将组织结构图调整到合适大小。

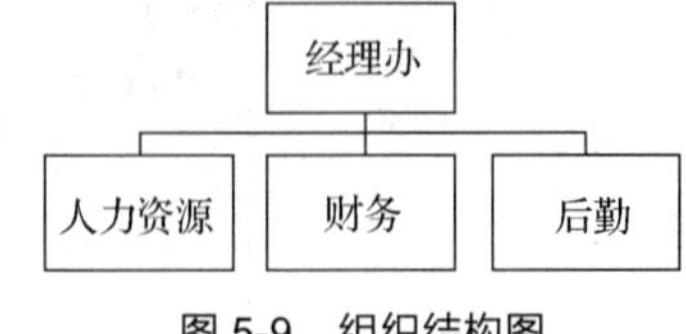


图 5-9　组织结构图

⑤ 为第 7 张幻灯片中的组织结构图设置“进入”动画的“浮入”，效果选项为“下浮”，序列为“逐个级别”；左侧文字设置“进入”动画的“出现”；动画顺序是先文字后组织结构图。

⑥ 在第 8 张幻灯片中插入图片“ppt1.jpg”，设置图片高度“7 厘米”，“锁定纵横比”，图片

位置设置为水平“17 厘米”、垂直“6 厘米”，均为自“左上角”；并为图片设置“强调”动画的“跷跷板”。

⑦ 在最后一张幻灯片后面插入一张版式为“空白”的新幻灯片，设置该幻灯片的背景为“羊皮纸”纹理；插入样式为“填充-灰色-50%，着色 1，阴影”的艺术字，文字为“谢谢观看”，文字大小为“80”磅，文本效果为“半映像，4pt 偏移量”，并设置为“水平居中”和“垂直居中”。

⑧ 保存文件“Ppzc2.pptx”。

## 【实验步骤】

双击打开实验素材“\EX5\EX5-2\Ppzc2.pptx”演示文稿。

① 单击“设计”选项卡→“主题”命令组右侧的“其他”按钮，在出现的下拉列表框中显示出了可供选择的所有主题样式，单击其中的“剪切”。

在“切换”选项卡→“切换到此幻灯片”命令组中，单击切换样式列表右侧的“其他”按钮，出现下拉列表框，在列表中选择“细微型”栏中的“覆盖”。在“切换到此幻灯片”命令组中单击“效果选项”按钮，选择“从左上部”选项。在“切换”选项卡→“计时”命令组中选中“设置自动换片时间”复选框，设置换片时间为 5 秒，单击“全部应用”按钮。

单击“设计”选项卡→“自定义”命令组→“幻灯片大小”下拉按钮，选择“自定义幻灯片大小”，打开“幻灯片大小”对话框。在“幻灯片大小”组合框中选择“全屏显示(16:9)”，单击“确定”按钮。跳出提示框，单击“确保适合”按钮。

单击“幻灯片放映”选项卡→“设置”命令组→“设置幻灯片放映”按钮，打开“设置放映方式”对话框，设置“放映类型”为“观众自行浏览(窗口)”，如图 5-10 所示，单击“确定”按钮。

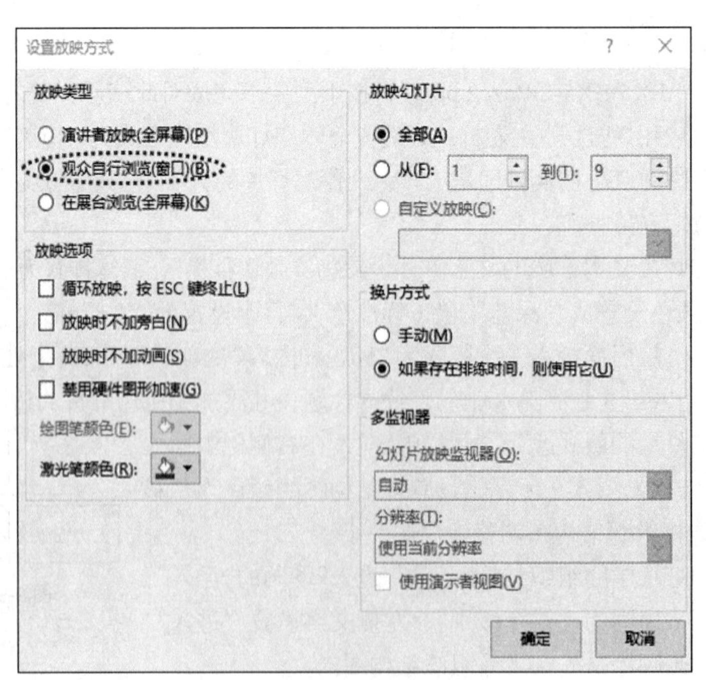


图 5-10 “设置放映方式”对话框

② 在幻灯片窗格中单击第 2 张幻灯片，在幻灯片编辑区中，选中内容文本框，在“开始”选项卡→“字体”命令组中，“字体”组合框中选择“微软雅黑”，单击“加粗”按钮，“字体大小”组合框中选择“24”，单击“颜色”下拉按钮，在显示的颜色面板中，单击“标准色”区域的“深蓝”色块。

单击“开始”选项卡→“段落”命令组→“行距”下拉按钮，选择“1.5”。

③ 在幻灯片窗格中单击第 1 张幻灯片，单击“开始”选项卡→“幻灯片”命令组→“新建幻灯片”下拉按钮，在下拉列表框中，选择“标题和内容”版式。在幻灯片编辑区的标题处输入“目录”。

单击“开始”选项卡→“剪贴板”命令组右下角的“对话框启动器”按钮，打开“剪贴板”窗格。选中第 3 张幻灯片的标题“培训目的”，按<Ctrl+C>组合键。用同样方法，对第 4 张到第 8 张幻灯片，分别进行选中标题文本和按<Ctrl+C>组合键的操作。完成复制后，剪贴板中内容如图 5-11 所示。

单击幻灯片窗格中第 2 张幻灯片，将插入点定位到内容文本框中，然后单击“剪贴板”窗格中对应的内容，按<Enter>键，快速完成所需内容的粘贴。单击右上角的关闭按钮。

选中文本框中第 1 行文本“培训目的”，单击“插入”选项卡→“链接”命令组→“超链接”按钮，打开“插入超链接”对话框。单击左边“链接到”区域中的“本文档中的位置”按钮，如图 5-12 所示，在右侧列出的本演示文稿的所有幻灯片中选择相应的幻灯片标题，单击“确定”按钮。采用同样的方法，为剩余 5 行文本创建超链接，分别链接到相应标题的幻灯片。

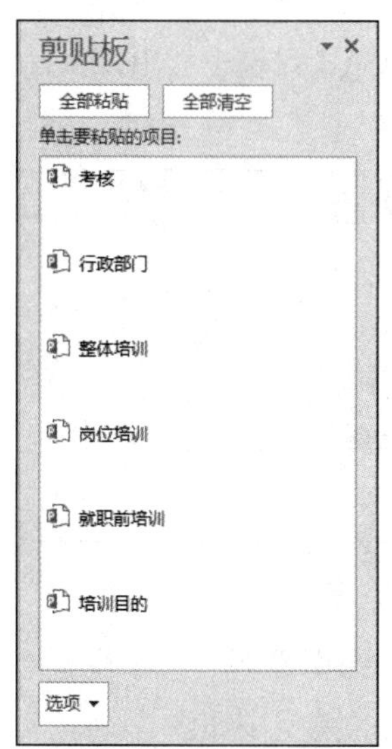


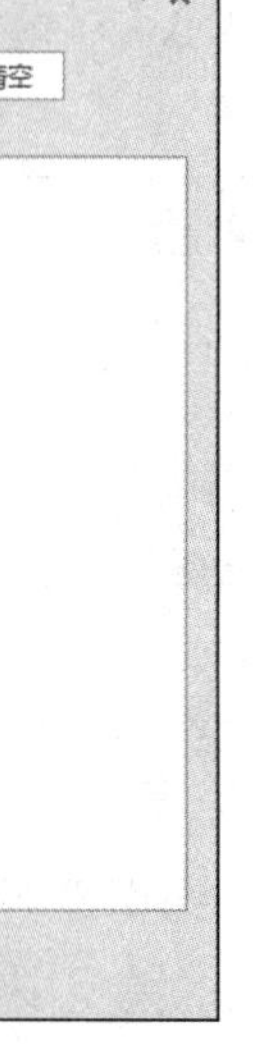

图 5-11　“剪贴板”窗格

图 5-12　“插入超链接”对话框

④ 在幻灯片窗格中，单击第 7 张幻灯片，在幻灯片编辑区中幻灯片的空白处单击右键，在弹出式菜单中单击“版式”命令，在级联菜单中选择“两栏内容”。

单击右侧栏中的“插入 SmartArt 图形”按钮，打开“选择 SmartArt 图形”对话框，在左侧列表中单击“层次结构”，在右侧选择“组织结构图”，单击“确定”按钮，如图 5-13 所示。选中生成图形中第 2 个文本框，按<Backspace>键或<Delete>键，在剩余文本框中依次输入所需文本内容。

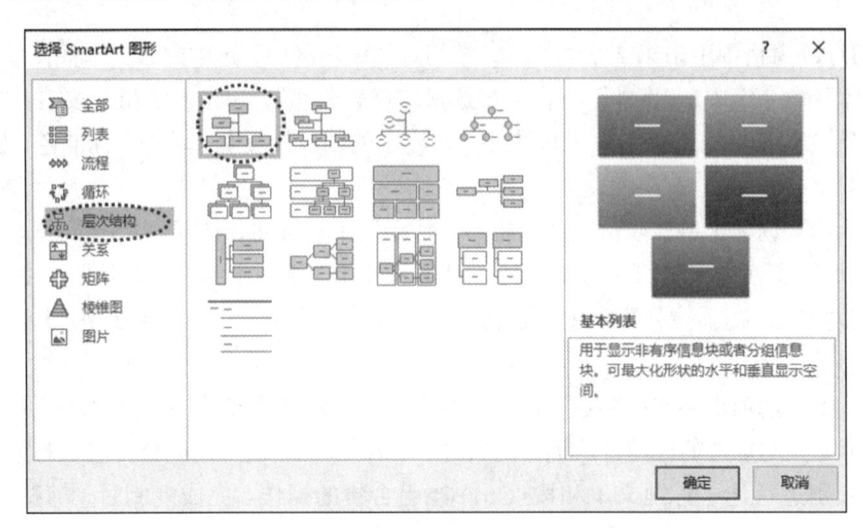


图 5-13 “选择 SmartArt 图形”对话框

选中整个组织结构图，单击“SmartArt 工具-设计”选项卡→“SmartArt 样式”命令组→“更改颜色”下拉按钮，在列表中选择“彩色轮廓-个性色 1”。选中组织结构图，鼠标指针移至图形的控点上，将图形调整到合适大小。

⑤ 在幻灯片窗格中单击第 7 张幻灯片，在幻灯片编辑区中选中组织结构图，在“动画”选项卡→“动画”命令组中，单击动画样式列表中“浮入”动画样式，单击右侧的“效果选项”下拉按钮，“方向”选择“下浮”，“序列”选择“逐个级别”。

选中左侧文本框，在“动画”选项卡→“动画”命令组中，单击动画样式列表中“出现”动画样式。

单击“动画”选项卡→“高级动画”命令组→“动画窗格”按钮，打开动画窗格，选中第 1 个动画，单击“下移”按钮，如图 5-14 所示。单击右上角的关闭按钮。

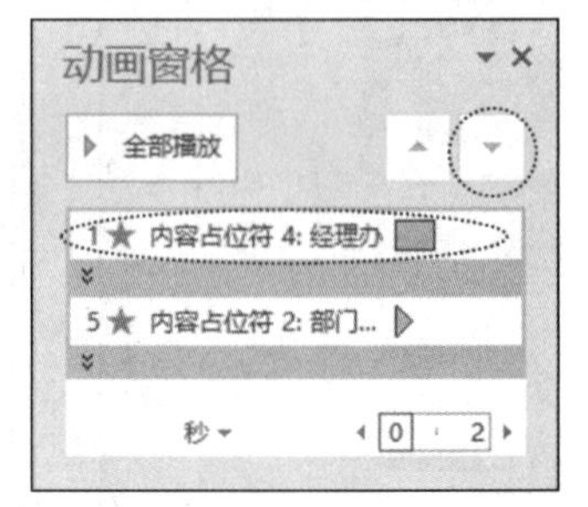


图 5-14 动画窗格

⑥ 在幻灯片窗格中单击第 8 张幻灯片，单击“插入”选项卡→“图像”命令组→“图片”按钮，打开“插入图片”对话框，选择图片所在文件夹，选中“ppt1.jpg”图片，单击“插入”按钮。

选中图片，单击“图片工具-格式”选项卡→“大小”命令组右下角的“对话框启动器”按钮，打开“设置图片格式”窗格，在“大小”组里设置高度为“7 厘米”，选中“锁定纵横比”复选框，在“位置”组里设置“水平位置”为“17 厘米”，“垂直位置”为“6 厘米”，均选择“左上角”。单击右上角的关闭按钮。

在“动画”选项卡→“动画”命令组中，单击动画样式列表右侧的“其他”按钮，出现下拉列表框，在“强调”栏中选择“跷跷板”。

⑦ 在幻灯片窗格中单击第 8 张幻灯片，单击“开始”选项卡→“幻灯片”命令组→“新建幻灯片”下拉按钮，在下拉列表框中，选择“空白”版式。

在幻灯片的空白处单击右键，在弹出式菜单中选择“设置背景格式”命令，打开“设置背景格式”窗格，在“填充”组里选择“图片或纹理填充”，单击“纹理”下拉按钮，在列表中选择“羊皮纸”。单击右上角的关闭按钮。

单击“插入”选项卡→“文本”命令组→“艺术字”下拉按钮，在预设样式中选择“填充-灰色-50%，着色 1，阴影”，输入文字“谢谢观看”。选中艺术字文本框，在“开始”选项卡→“字体”命令组的“字体大小”组合框中选择“80”。单击“绘图工具-格式”选项卡→“艺术字样式”命令组→“文本效果”下拉按钮，单击“映像”命令，在“映像变体”中选择“半映像，4pt 偏移量”，如图 5-15 所示。单击“绘图工具-格式”选项卡→“排列”命令组→“对齐”下拉按钮，选择“水平居中”，再次单击“对齐”下拉按钮，选择“垂直居中”。

⑧ 单击快速访问工具栏上的“保存”按钮。完成后的样张如图 5-16 所示。

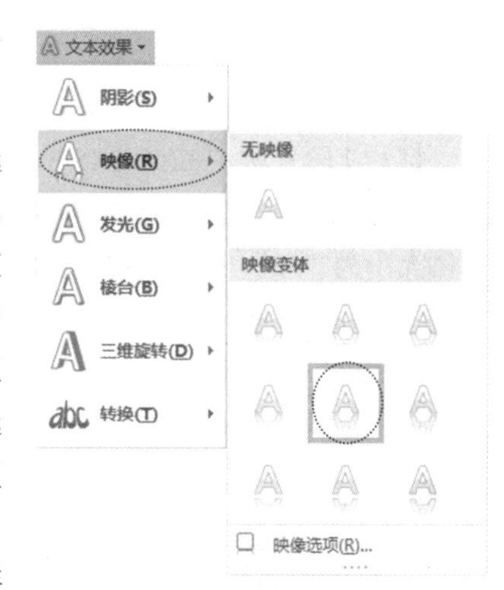


图 5-15　文本效果设置

图 5-16　Ppzc2.pptx 演示文稿完成样张

**实验 5-3：** 掌握演示文稿的主题选用方法。掌握表格的插入与格式设置、插入艺术字、创建超级链接以及组合对象等操作方法。掌握演示文稿切换效果和放映方式设置方法。

## 【具体要求】

打开实验素材“\EX5\EX5-3\Ppzc3.pptx”，按下列要求完成对此演示文稿的操作并保存。

① 为第1张幻灯片添加副标题“觅寻国际2016年度总结报告会”，字体设置为“微软雅黑”，字体大小为“32”磅；将主标题的文字大小设置为“66”磅，文字颜色设置成“红色”（RGB颜色模式：红色255，绿色0，蓝色0）。

② 在第6张幻灯片后面加入一张版式为“两栏内容”的新幻灯片，标题是“收入组成”，在左侧栏中插入一个6行3列的表格，内容如表5-1所示，设置表格高度“8厘米”，宽度“8厘米”。

表5-1　　插入的表格

| 名称 | 2016年收入 | 百分比 |
| --- | --- | --- |
| 烟酒 | 201万元 | 26.9% |
| 旅游 | 156万元 | 20.9% |
| 农产品 | 124万元 | 16.6% |
| 直销 | 105万元 | 14.1% |
| 其他 | 160万元 | 21.4% |

③ 在第7张幻灯片中，根据左侧表格中“名称”和“百分比”两列的内容，在右侧栏中插入一个“三维饼图”，图表标题为“收入组成”，图表标签显示“类别名称”和“值”，不显示图例。设置图表高度“10厘米”，宽度“12厘米”。

④ 将第2张幻灯片的文本框中的文字转换成SmartArt图形“垂直曲形列表”，并且为每个项目添加相应幻灯片的超链接。

⑤ 为整个演示文稿应用“木材纹理”主题样式；设置全体幻灯片切换方式为“擦除”，效果选项为“从右上部”；设置幻灯片的大小为“全屏显示(16:9)”；放映方式设置为“观众自行浏览(窗口)”。

⑥ 将第3张幻灯片中的“良好态势”和“不足弊端”这两项内容的列表级别降低一个等级（即增大缩进级别）；将第5张幻灯片中的所有对象（幻灯片标题除外）组合成一个图形对象，并为这个组合对象设置动画“强调/跷跷板”；将第6张幻灯片的表格中所有文字大小设置为“24”磅，表格样式为“中度样式2-强调2”，所有单元格对齐方式为“垂直居中”。

⑦ 将最后一张幻灯片的背景设置为预设颜色的“浅色渐变-个性色5”，方向为“线性向右”；在幻灯片中插入样式为“填充-褐色，着色4，软棱台”的艺术字，艺术字的文字为“感谢大家的支持与付出”；为艺术字设置“进入”动画的“形状”，效果选项为“切入”“菱形”。设置标题“居中”对齐。为标题设置“强调”动画的“放大/缩小”。效果选项为“水平”“巨大”，持续时间为3秒，动画顺序是先标题后艺术字。

⑧ 保存文件“Ppzc3.pptx”。

## 【实验步骤】

双击打开实验素材“\EX5\EX5-3\Ppzc3.pptx”演示文稿。

① 在幻灯片窗格中，单击第1张幻灯片，将插入点定位到副标题文本框中，输入“觅寻国际

2016 年度总结报告会”。

选中副标题文本框，单击“开始”选项卡→“字体”命令组→“字体”下拉按钮，选择“微软雅黑”，单击“字号”下拉按钮，选择“32”。

选中主标题，单击“开始”选项卡→“字体”命令组→“字号”下拉按钮，选择“66”，单击“字体颜色”下拉按钮，选择“标准色”中的“红色”。

② 在幻灯片窗格中，单击第 6 张幻灯片，单击“开始”选项卡→“幻灯片”命令组→“新建幻灯片”下拉按钮，在下拉列表框中，选择“两栏内容”版式。在标题处输入“收入组成”。

单击左侧的“插入表格”，弹出“插入表格”对话框，设置 6 行 3 列，如图 5-17 所示，单击“确定”按钮。在表格中输入内容。在“表格工具-布局”选项卡→“表格尺寸”命令组的“高度”“宽度”组合框中输入“8 厘米”，如图 5-18 所示。

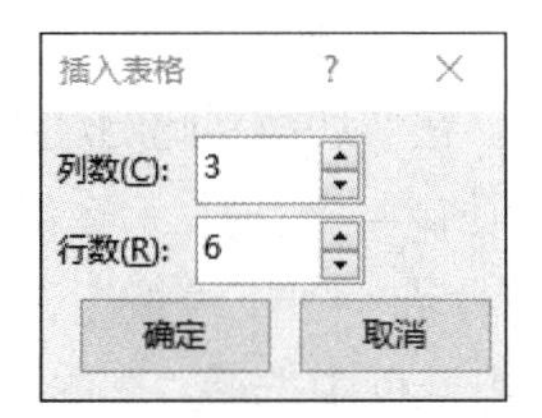


图 5-17 “插入表格”对话框

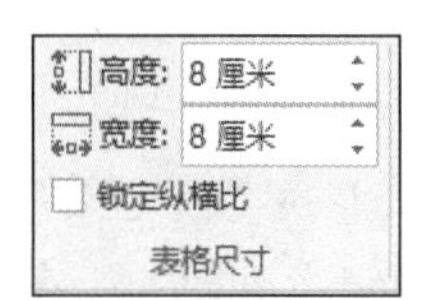


图 5-18 “表格尺寸”命令组

③ 单击第 7 张幻灯片右侧内容区中的“插入图表”按钮，打开“插入图表”对话框，在左侧列表中选择“饼图”，在右侧图表类型中选择“三维饼图”，单击“确定”按钮。在打开的“Microsoft PowerPoint 的图表”窗口中将原有数据修改为左侧表格的“名称”和“百分比”内容，关闭该窗口。修改图表标题为“收入组成”。

单击图表右侧的加号图标，取消选中“图例”复选框，选中“数据标签”复选框，单击右侧的三角按钮，选择“更多选项”命令，如图 5-19 所示，打开“设置数据标签格式”窗格，在“标签选项”组中选中“类别名称”和“值”复选框，如图 5-20 所示。单击右上角的关闭按钮。

选中图表，在“图表工具-格式”选项卡→“大小”命令组的“高度”“宽度”组合框中输入“10 厘米”“12 厘米”。

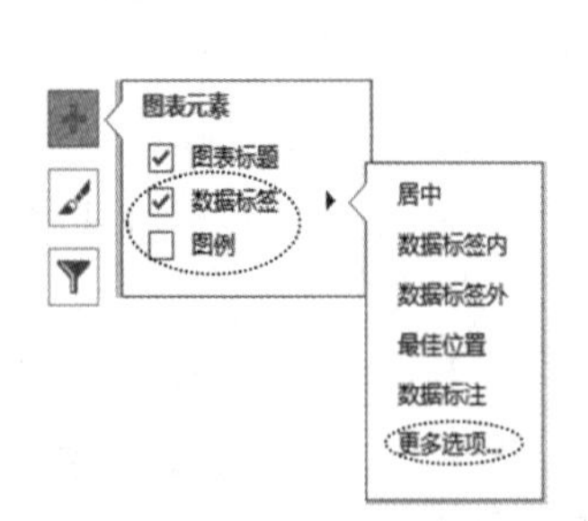


图 5-19 “图表元素-数据标签”下拉列表框

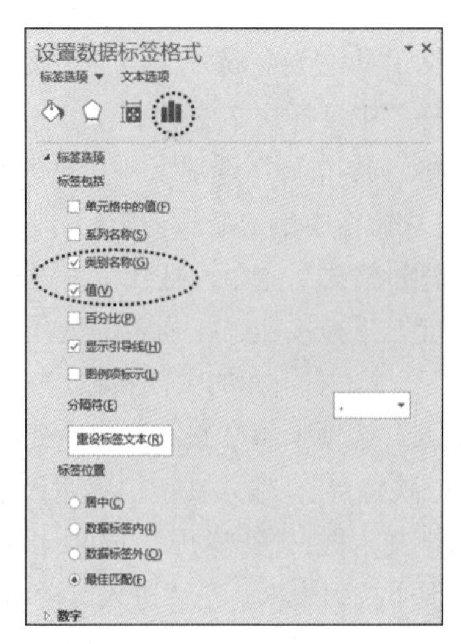


图 5-20 “设置数据标签格式”窗格

④ 在幻灯片窗格中单击第2张幻灯片，在幻灯片编辑区中，右键单击文本框中文本（不是选择文本框），在弹出的快捷菜单中选择“转化为 SmartArt”命令，在出现的 SmartArt 样式列表中单击“其他 SmartArt 图形”命令，打开“选择 SmartArt 图形”对话框。在左侧选择“列表”，在右侧选择“垂直曲形列表”，单击“确定”按钮。

选中“业绩分析”文本框，单击“插入”选项卡→“链接”命令组→“超链接”按钮，打开“插入超链接”对话框。单击左边“链接到”区域中的“本文档中的位置”按钮，在右侧列出的本演示文稿的所有幻灯片中选择相应的幻灯片标题，单击“确定”按钮。采用同样的方法，为剩余4个文本框创建超链接，分别链接到相应标题的幻灯片。

⑤ 单击“设计”选项卡→“主题”命令组右侧的“其他”按钮，在出现的下拉列表框中显示出了可供选择的所有主题样式，单击其中的“木材纹理”。

在“切换”选项卡→“切换到此幻灯片”命令组中，单击切换样式列表右侧的“其他”按钮，出现下拉列表框，在列表中选择“细微型”栏中的“擦除”。在“切换到此幻灯片”命令组中单击“效果选项”按钮，选择“从右上部”选项。单击“切换”选项卡→“计时”命令组→“全部应用”按钮。

单击“设计”选项卡→“自定义”命令组→“幻灯片大小”下拉按钮，选择“自定义幻灯片大小”，打开“幻灯片大小”对话框。在“幻灯片大小”组合框中选择“全屏显示(16:9)”，单击“确定”按钮。跳出提示框，单击“确保适合”按钮。

单击“幻灯片放映”选项卡→“设置”命令组→“设置幻灯片放映”按钮，打开“设置放映方式”对话框，设置“放映类型”为“观众自行浏览(窗口)”，单击“确定”按钮。

⑥ 在幻灯片窗格中单击第3张幻灯片，在幻灯片编辑区中，选中文本框中“良好态势”和“不足弊端”两段内容，按<Tab>键。

在幻灯片窗格中单击第5张幻灯片，在幻灯片编辑区中，拖动鼠标选择除标题外的所有对象，单击“绘图工具-格式”选项卡→“排列”命令组→“组合”下拉按钮，选择“组合”命令。

选中组合后的对象，单击“动画”选项卡→“动画”命令组→动画样式列表右侧的“其他”按钮，出现下拉列表框，在“强调”栏中选择“跷跷板”。

在幻灯片窗格中单击第6张幻灯片，在幻灯片编辑区中，选中整个表格，单击“开始”选项卡→“字体”命令组→“字号”下拉按钮，单击“24”。

单击“表格工具-设计”选项卡→“表格样式”命令组→样式类别右侧的“其他”按钮，展开所有样式，选择“中度样式2-强调2”。

单击“表格工具-布局”选项卡→“对齐方式”命令组→“垂直居中”按钮。

⑦ 在幻灯片窗格中单击最后一张幻灯片，在幻灯片编辑区的空白处单击右键，在弹出式菜单中选择“设置背景格式”命令，打开“设置背景格式”窗格，在“填充”组里选择“渐变填充”，单击“预设渐变”下拉按钮，在列表中选择“浅色渐变-个性色 5”，单击“方向”下拉按钮，选择“线性向右”。单击右上角的关闭按钮。

单击“插入”选项卡→“文本”命令组→“艺术字”下拉按钮，在预设样式中选择“填充-褐色，着色4，软棱台”，输入文字“感谢大家的支持与付出”。

选中艺术字文本框，在“动画”选项卡→“动画”命令组中，单击动画样式列表右侧的“其他”按钮，出现下拉列表框。在“进入”栏中选择“形状”。单击“动画”选项卡→“动画”命令组→“效果选项”下拉按钮，“方向”选择“切入”，“形状”选择“菱形”。

将插入点定位到标题文本框中，单击“开始”选项卡→“段落”命令组→“居中”按钮。

在“动画”选项卡→“动画”命令组中，单击动画样式列表右侧的“其他”按钮，出现下拉列表框。在“强调”栏中选择“放大/缩小”。单击右侧的“效果选项”下拉按钮，“方向”选择“水平”，“数量”选择“巨大”。在“动画”选项卡→“计时”命令组的“持续时间”组合框中输入“3”。

单击“动画”选项卡→“高级动画”命令组→“动画窗格”按钮，打开动画窗格，选中第 1 个动画，单击“下移”按钮。单击右上角的关闭按钮。

⑧ 单击快速访问工具栏上的“保存”按钮。完成后的样张如图 5-21 所示。

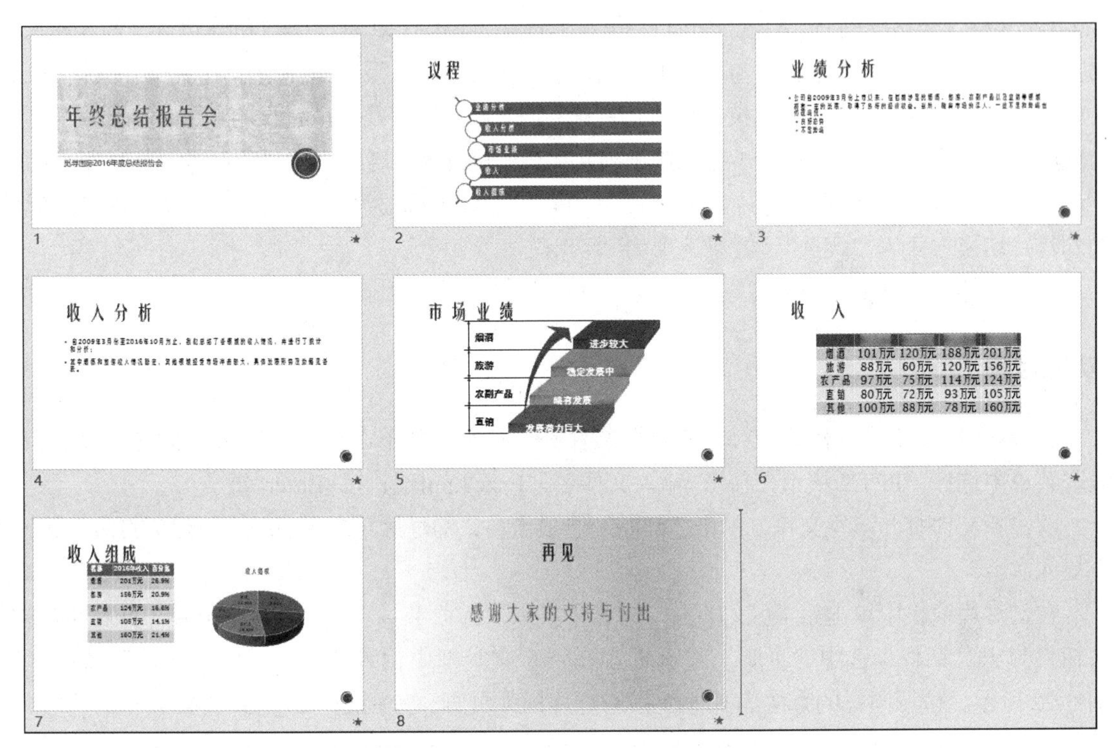


图 5-21　Ppzc3.pptx 演示文稿完成样张

**实验 5-4**：掌握演示文稿的主题、版式的使用方法。掌握插入图片、插入表格、插入页脚与幻灯片编号等操作方法。掌握动画效果、切换方式等操作方法。

## 【具体要求】

打开实验素材“\EX5\EX5-4”文件夹，按下列要求完成对演示文稿的操作并保存。

① 新建演示文稿“Ppzc4.pptx”，共 4 张幻灯片，每张幻灯片的页脚插入与其幻灯片编号相同的数字，例如，第 4 张幻灯片，页脚内容为“4”。

② 为整个演示文稿应用“Module.thmx”主题样式，放映方式为“观众自行浏览(窗口)”。按各幻灯片页脚内容从大到小重排幻灯片的顺序。

③ 第 1 张幻灯片版式为“标题幻灯片”，主标题为“冰箱不是食物的‘保险箱’”，副标题为“不适合放入冰箱的食物”；主标题设置为“黑体”“53”磅字，副标题为“25”磅字；第 1 张幻灯

片的背景设置为“斜纹布”纹理。

④ 第 2 张幻灯片版式为“两栏内容”，标题为“冰箱不是万能的”。将“ppt1.jpg”图片文件插入第 2 张幻灯片右侧的内容区，图片样式为“复杂框架，黑色”，图片效果为“橙色，11pt 发光，个性色 5”，图片动画设置为“强调/陀螺旋”。将“素材.docx”文档第 1 段文本插入左侧内容区，文本设置动画“退出/字幕式”。动画顺序是先文本后图片。

⑤ 第 3 张幻灯片版式为“两栏内容”，标题为“冰箱不适合储存巧克力”，在右侧的内容区插入“ppt2.jpg”图片文件。将“素材.docx”文档第 2 段和第 3 段文本插入左侧内容区。

⑥ 第 4 张幻灯片版式为“标题和内容”，标题为“不该存放在冰箱中的 8 种食物”，内容区插入 9 行 2 列表格，表格样式为“中度样式 4”。第 1 列宽度为“4.23 厘米”，第 2 列宽度为“22.5 厘米”。第 1 行第 1 列和第 2 列内容依次为“种类”和“不宜存放的原因”。参考考生文件夹下“素材.docx”文档的内容，按淀粉类、鱼、荔枝、草莓、香蕉、西红柿、叶菜及黄瓜青椒的顺序从上到下将适当内容填入表格其余 8 行，表格第 1 行和第 1 列文字全部设置为“居中”和“垂直居中”对齐方式。

⑦ 页脚内容为奇数的幻灯片切换方式为“碎片”，效果选项为“向外条纹”。页脚内容为偶数的幻灯片切换方式为“飞过”，效果选项为“切出”。

⑧ 保存文件“Ppzc4.pptx”。

## 【实验步骤】

① 双击打开实验素材“\EX5\EX5-4”文件夹，在空白处单击右键，单击“新建”命令，在级联菜单中选择“PPTX 演示文稿”，输入文件名“Ppzc4.pptx”，按<Enter>键。

双击新文件打开演示文稿，单击“开始”选项卡→“幻灯片”命令组→“新建幻灯片”按钮，重复 4 次。

在幻灯片窗格中单击第 1 张幻灯片，单击“插入”选项卡→“文本”命令组→“页眉和页脚”按钮，弹出对话框，选中“页脚”复选框，在下方文本框中输入“1”，单击“应用”按钮，如图 5-22 所示。按照同样的方法为其他 3 张幻灯片插入页脚，分别是“2”“3”“4”。

图 5-22 “页眉和页脚”对话框

② 单击“设计”选项卡→“主题”命令组右侧的“其他”按钮，在出现的下拉列表框中选择“浏览主题”命令，打开“浏览主题或主题文档”对话框。选择“实验素材\EX5\EX5-4”文件夹，单击“Module.thmx”文件，单击“打开”按钮。

单击“幻灯片放映”选项卡→“设置”命令组→“设置幻灯片放映”按钮，打开“设置放映方式”对话框，设置“放映类型”为“观众自行浏览(窗口)”，单击“确定”按钮。

在幻灯片窗格中选中第 1 张幻灯片，按住鼠标左键将其拖动到第 4 张幻灯片之后。按照同样的方法操作，使第 1 张幻灯片页脚为“4”，第 2 张幻灯片页脚为“3”，第 3 张幻灯片页脚为“2”，第 4 张幻灯片页脚为“1”。

③ 在幻灯片窗格中单击第 1 张幻灯片，单击“开始”选项卡→“幻灯片”命令组→“版式”下拉按钮，选择“标题幻灯片”，在标题文本框中输入“冰箱不是食物的‘保险箱’”，副标题文本框输入“不适合放入冰箱的食物”。

选中标题文本框，单击“开始”选项卡→“字体”命令组→“字体”下拉按钮，选择“黑体”，在“字号”组合框中输入“53”。选中副标题文本框，在“字体”命令组的“字号”组合框中输入“25”。

在幻灯片窗格空白处单击右键，在快捷菜单中单击“设置背景格式”，打开“设置背景格式”窗格，在“填充”组里选中“图片或纹理填充”，单击“纹理”下拉按钮，选择“斜纹布”，单击右上角的关闭按钮。

④ 在幻灯片窗格中单击第 2 张幻灯片，单击“开始”选项卡→“幻灯片”命令组→“版式”下拉按钮，选择“两栏内容”，在标题文本框中输入“冰箱不是万能的”。

单击右侧内容区中的“图片”按钮，弹出“插入图片”对话框，定位到“实验素材\EX5\EX5-4”文件夹，单击“ppt1.jpg”，单击“插入”按钮。

选中图片，单击“图片工具-格式”选项卡→“图片样式”命令组→“其他”按钮，选择“复杂框架，黑色”。单击“图片效果”下拉按钮，单击“发光”，在级联列表中单击“发光变体”中的“橙色，11 pt 发光，个性色 5”。

单击“动画”选项卡→“动画”命令组→“其他”按钮，选择“强调”中的“陀螺旋”。

在文件资源管理器下，双击打开“素材.docx”文档，复制其中的第 1 段文本，在幻灯片左侧内容区单击右键，单击“粘贴选项”中的“只保留文本”(删除多余的空格)。

选中左侧内容区，单击“动画”选项卡→“动画”命令组→“其他”按钮，选择“更多退出效果”，弹出对话框，选择“华丽型”栏中的“字幕式”，如图 5-23 所示，单击“确定”按钮。

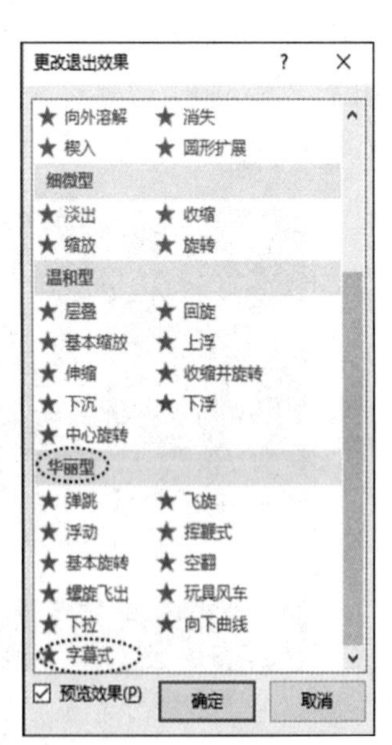

图 5-23 “更改退出效果”对话框

单击“动画”选项卡→“计时”命令组→“向前移动”按钮，如图 5-24 所示，使动画顺序是先文本后图片。

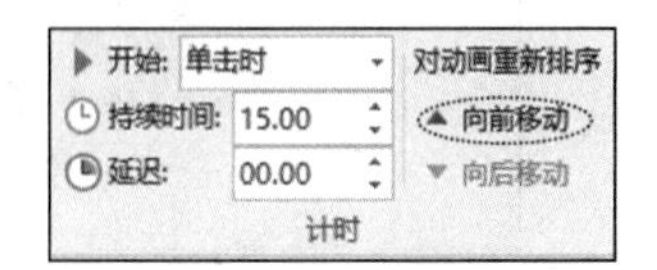

图 5-24 “计时”命令组

⑤ 在幻灯片窗格中单击第 3 张幻灯片，单击“开始”选项卡→“幻灯片”命令组→“版式”下拉按钮，选择“两栏内容”，在标题

文本框中输入“冰箱不适合储存巧克力”。

单击右侧内容区中的“图片”按钮，弹出“插入图片”对话框，定位到“实验素材\EX5\EX5-4”文件夹，单击“ppt2.jpg”，单击“插入”按钮。

切换到“素材.docx”Word窗口，复制其中的第2段和第3段文本，在幻灯片左侧内容区单击右键，单击“粘贴选项”中的“只保留文本”（删除多余的空格）。

⑥ 在幻灯片窗格中单击第4张幻灯片，单击“开始”选项卡→“幻灯片”命令组→“版式”下拉按钮，选择“标题和内容”，在标题文本框中输入“不该存放在冰箱中的8种食物”。

单击内容区中的“插入表格”按钮，弹出“插入表格”对话框，列数设为“2”，行数设为“9”，单击“确定”按钮。

单击“表格工具-设计”选项卡→“表格样式”命令组→“其他”按钮，选择“中度样式4”。选中表格的第1列，在“表格工具-布局”选项卡→“单元格大小”命令组的“宽度”组合框中输入“4.23厘米”。用同样的方法设置第2列宽度为“22.5厘米”。

在表格第1行的两个单元格中依次输入“种类”和“不宜存放的原因”。表格第1列中第2行到第9行依次输入“淀粉类”“鱼”“荔枝”“草莓”“香蕉”“西红柿”“叶菜”“黄瓜青椒”，第2列中从第2行到第9行根据第1列和“素材.docx”文档中的内容复制粘贴（只保留文本）。关闭“素材.docx”文档窗口。

选中表格的第1行，单击“表格工具-布局”选项卡→“对齐方式”命令组→“居中”按钮，再次单击该命令组的“垂直居中”按钮。按照同样的方法设置表格第1列的对齐方式。

⑦ 在幻灯片窗格中单击第2张幻灯片，按住<Ctrl>键的同时单击第4张幻灯片，单击“切换”选项卡→“切换到此幻灯片”命令组→“其他”按钮，选择“华丽型”栏中的“碎片”，单击该命令组的“效果选项”按钮，选择“向外条纹”。按照同样的方法设置页脚为偶数的幻灯片的切换方式。

⑧ 单击快速访问工具栏上的“保存”按钮。完成后的样张如图5-25所示。

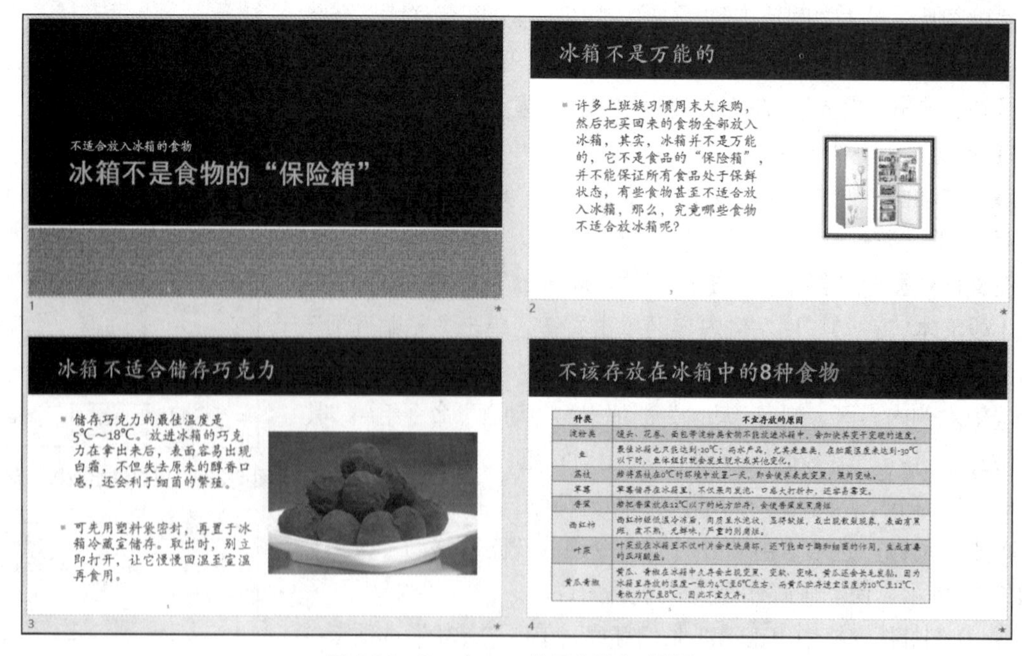

图5-25 Ppzc4.pptx演示文稿完成样张

**实验 5-5：** 掌握演示文稿的主题使用、背景样式设置方法。掌握插入图片、插入艺术字、插入页脚等操作方法。掌握切换方式、放映方式等操作方法。

## 【具体要求】

打开实验素材“\EX5\EX5-5\Ppzc5.pptx”，按下列要求完成对此演示文稿的操作并保存。

① 在第 1 张幻灯片前插入 4 张新幻灯片，第 1 张幻灯片的页脚内容为“D”，第 2 张幻灯片的页脚内容为“C”。第 3 张幻灯片的页脚内容为“B”，第 4 张幻灯片的页脚内容为“A”。

② 为整个演示文稿应用“丝状”主题样式，放映方式为“演讲者放映(全屏幕)”。幻灯片大小设置为“A3 纸张(297×420 毫米)”。按各幻灯片页脚内容的字母顺序重排所有幻灯片的顺序。

③ 第 1 张幻灯片的版式为“空白”，并在指定位置（水平“4.58 厘米”，从“左上角”，垂直“11.54 厘米”，从“左上角”）插入样式为“填充-褐色，着色 3，锋利棱台”的艺术字“紫洋葱拌花生米”，艺术字宽度为“27.2 厘米”，高度为“3.57 厘米”。艺术字文字效果为“转换-弯曲-倒 V 形”。艺术字动画设置为“强调/陀螺旋”，效果选项为“旋转两周”。第 1 张幻灯片的背景样式设置为“样式 6”。

④ 第 2 张幻灯片版式为“比较”，主标题为“洋葱和花生是良好的搭配”，将“素材.docx”文档第 4 段文本插入左侧内容区，将“ppt3.jpg”图片文件插入右侧内容区。

⑤ 第 3 张幻灯片版式为“图片与标题”，标题为“花生利于补充抗氧化物质”，将第 5 张幻灯片左侧内容区全部文本移到第 3 张幻灯片标题区下半部的文本区。将“ppt2.jpg”图片文件插入图片区。

⑥ 第 4 张幻灯片版式为“两栏内容”，标题为“洋葱营养丰富”，将“ppt1.jpg”图片文件插入右侧内容区，图片样式为“棱台透视”，图片效果为“楼台”的“柔圆”。图片设置动画“强调/跷跷板”。将“素材.docx”文档第 1 段和第 2 段文本插入左侧内容区，左侧文字设置动画“进入/曲线向上”。动画顺序是先文字后图片。

⑦ 第 5 张幻灯片版式为“标题和内容”，标题为“‘紫洋葱拌花生米’的制作方法”，标题为“53”磅字。将“素材.docx”文档最后 3 段文本插入内容区。备注页插入备注“本款小菜适用于高血脂、高血压、动脉硬化、冠心病、糖尿病患者及亚健康人士食用”。

⑧ 第 1 张幻灯片的切换方式为“缩放”，效果选项为“切出”，其余幻灯片切换方式为“库”，效果选项为“自左侧”。

⑨ 保存文件“Ppzc5.pptx”。

## 【实验步骤】

双击打开实验素材“\EX5\EX5-5\Ppzc5.pptx”演示文稿。

① 在幻灯片窗格中，鼠标指针定位到第 1 张幻灯片上方，单击“开始”选项卡→“幻灯片”命令组→“新建幻灯片”按钮，重复 4 次。

在幻灯片窗格中单击第 1 张幻灯片，单击“插入”选项卡→“文本”命令组→“页眉和页脚”按钮，弹出对话框，选中“页脚”复选框，在下方文本框中输入“D”，单击“应用”按钮。按照同样的方法为其他 3 张幻灯片插入页脚，分别是“C”“B”“A”。

② 单击“设计”选项卡→“主题”命令组右侧的“其他”按钮，在出现的下拉列表框中选择“丝状”主题样式。

单击“设计”选项卡→“自定义”命令组→“幻灯片大小”下拉按钮，选择“自定义幻灯片大小”，打开“幻灯片大小”对话框，在“幻灯片大小”组合框中选择“A3 纸张(297×420 毫米)”，如图 5-26 所示，单击“确定”按钮。

单击“幻灯片放映”选项卡→“设置”命令组→“设置幻灯片放映”按钮，打开“设置放映方式”对话框，设置“放映类型”为“演讲者放映(全屏幕)”，单击“确定”按钮。

在幻灯片窗格中，选中第 1 张幻灯片，按住鼠标左键将其拖动到第 4 张幻灯片之后。按照同样的方法操作，使所有幻灯片页脚的字母顺序为“A”到“E”。

③ 在幻灯片窗格单击第 1 张幻灯片，单击“开始”选项卡→“幻灯片”命令组→“版式”下拉按钮，选择“空白”。

单击“插入”选项卡→“文本”命令组→“艺术字”下拉按钮，选择“填充-褐色，着色 3，锋利棱台”，输入“紫洋葱拌花生米”。

选中艺术字文本框，单击“绘图工具-格式”选项卡→“大小”命令组右下角的“对话框启动器”按钮，打开“设置形状格式”窗格。切换到“形状选项-大小与属性”标签页，设置艺术字的宽度为“27.2 厘米”，高度为“3.57 厘米”；设置水平位置为“4.58 厘米”，从“左上角”，设置垂直位置为“11.54 厘米”，从“左上角”，如图 5-27 所示，单击右上角的关闭按钮。

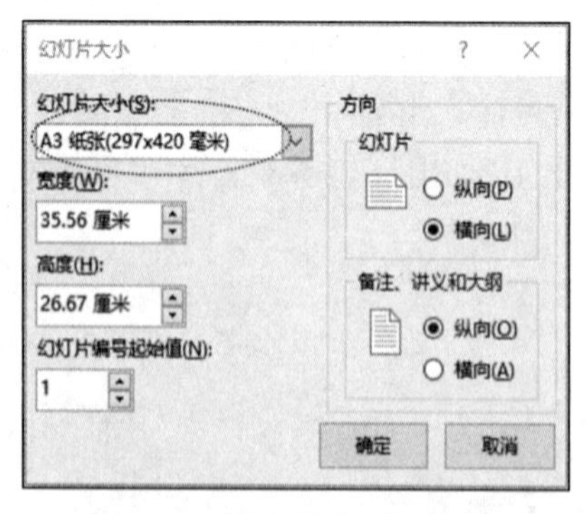


图 5-26 “幻灯片大小”对话框

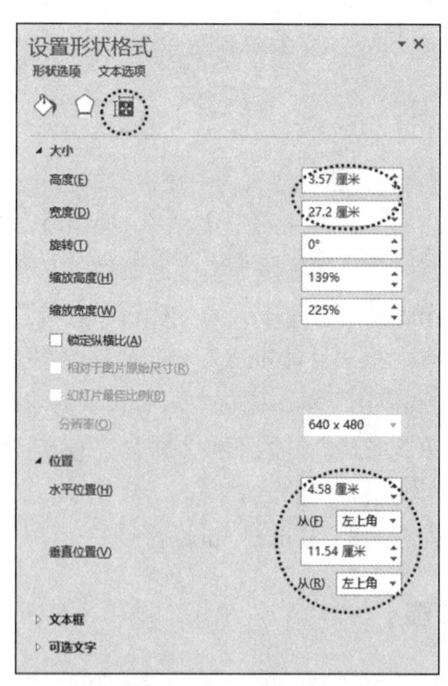


图 5-27 “设置形状格式”窗格

单击“绘图工具-格式”选项卡→“艺术字样式”命令组→“文本效果”下拉按钮，在“转换”下拉列表的“弯曲”栏里选择“倒 V 形”。

单击“动画”选项卡→“动画”命令组→“其他”按钮，选择“强调”栏中的“陀螺旋”，单击“效果选项”按钮，选择“数量”栏中的“旋转两周”。

单击“设计”选项卡→“变体”命令组→“其他”按钮，在列表中单击“背景样式”命令，在列表中的“样式 6”上单击右键，选择“应用于所选幻灯片”，如图 5-28 所示。

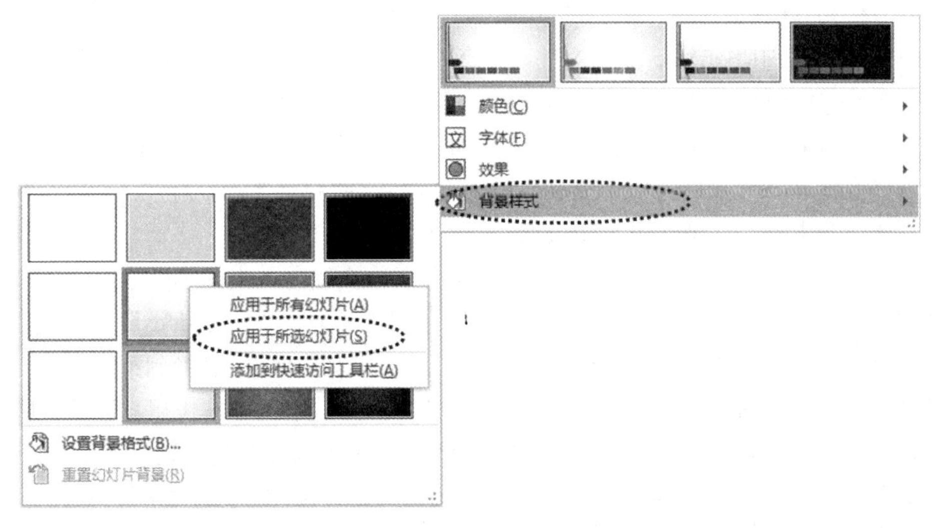


图 5-28 “背景样式”列表

④ 在幻灯片窗格中单击第 2 张幻灯片，单击“开始”选项卡→“幻灯片”命令组→“版式”下拉按钮，选择“比较”。在标题文本框中输入“洋葱和花生是良好的搭配”。

在文件资源管理器下，双击打开“素材.docx”文档，复制其中的第 4 段文本，在幻灯片左侧内容区单击右键，单击“粘贴选项”中的“只保留文本”。

单击右侧内容区中的“图片”按钮，弹出“插入图片”对话框，定位到“实验素材\EX5\EX5-5”文件夹，单击“ppt3.jpg”，单击“插入”按钮。

⑤ 在幻灯片窗格中单击第 3 张幻灯片，单击“开始”选项卡→“幻灯片”命令组→“版式”下拉按钮，选择“图片与标题”。在标题文本框中输入“花生利于补充抗氧化物质”。

在幻灯片窗格中单击第 5 张幻灯片，剪切第 5 张幻灯片中左侧内容区的文字，回到第 3 张幻灯片，右键单击标题区下半部的文本区，选择“粘贴选项”中的“只保留文本”（删除多余的空格）。

单击幻灯片上方的“图片”按钮，弹出“插入图片”对话框，找到对应文件夹，选中“ppt2.jpg”文件，单击“插入”按钮。

⑥ 在幻灯片窗格中单击第 4 张幻灯片，单击“开始”选项卡→“幻灯片”命令组→“版式”下拉按钮，选择“两栏内容”。在标题文本框中输入“洋葱营养丰富”。

单击右侧内容区中的“图片”按钮，弹出“插入图片”对话框，定位到“实验素材\EX5\EX5-5”文件夹，单击“ppt1.jpg”，单击“插入”按钮。

选中图片，单击“图片工具-格式”选项卡→“图片样式”命令组→“其他”按钮，选择“棱台透视”。单击“图片效果”下拉按钮，单击“棱台”，在级联列表中单击“柔圆”。

单击“动画”选项卡→“动画”命令组→“其他”按钮，选择“强调”中的“跷跷板”。

切换到“素材.docx”文档窗口，复制其中的第 1 段和第 2 段文本，在幻灯片左侧内容区单击右键，单击“粘贴选项”中的“只保留文本”（删除多余的空格）。

选中左侧内容区，单击“动画”选项卡→“动画”命令组→“其他”按钮，选择“更多进入效果”，弹出对话框，选择“曲线向上”，单击“确定”按钮。单击“动画”选项卡→“计时”命令组→“向前移动”按钮，使动画顺序是先文字后图片。

⑦ 在幻灯片窗格中单击第5张幻灯片，单击“开始”选项卡→“幻灯片”命令组→“版式”下拉按钮，选择“标题和内容”。在标题文本框中输入“‘紫洋葱拌花生米’的制作方法”。

选中标题文本框，在“开始”选项卡→“字体”命令组的“字号”组合框中输入“53”。

切换到“素材.docx”文档窗口，复制最后3段文本，回到第5张幻灯片，右键单击内容区，选择“粘贴选项”中的“只保留文本”（删除多余的空格）。

单击状态栏上的“备注”按钮，在幻灯片下方的备注页输入“本款小菜适用于高血脂、高血压、动脉硬化、冠心病、糖尿病患者及亚健康人士食用。”。关闭“素材.docx”文档窗口。

⑧ 在幻灯片窗格中单击第1张幻灯片，单击“切换”选项卡→“切换到此幻灯片”命令组→“其他”按钮，选择“华丽型”栏中的“缩放”，单击“效果选项”下拉按钮，选择“切出”。

在幻灯片窗格中单击第2张幻灯片，按<Shift>键，单击第5张幻灯片，单击“切换”选项卡→“切换到此幻灯片”命令组→“其他”按钮，选择“华丽型”栏中的“库”，单击“效果选项”下拉按钮，选择“自左侧”。

⑨ 单击快速访问工具栏上的“保存”按钮。完成后的样张如图5-29所示。

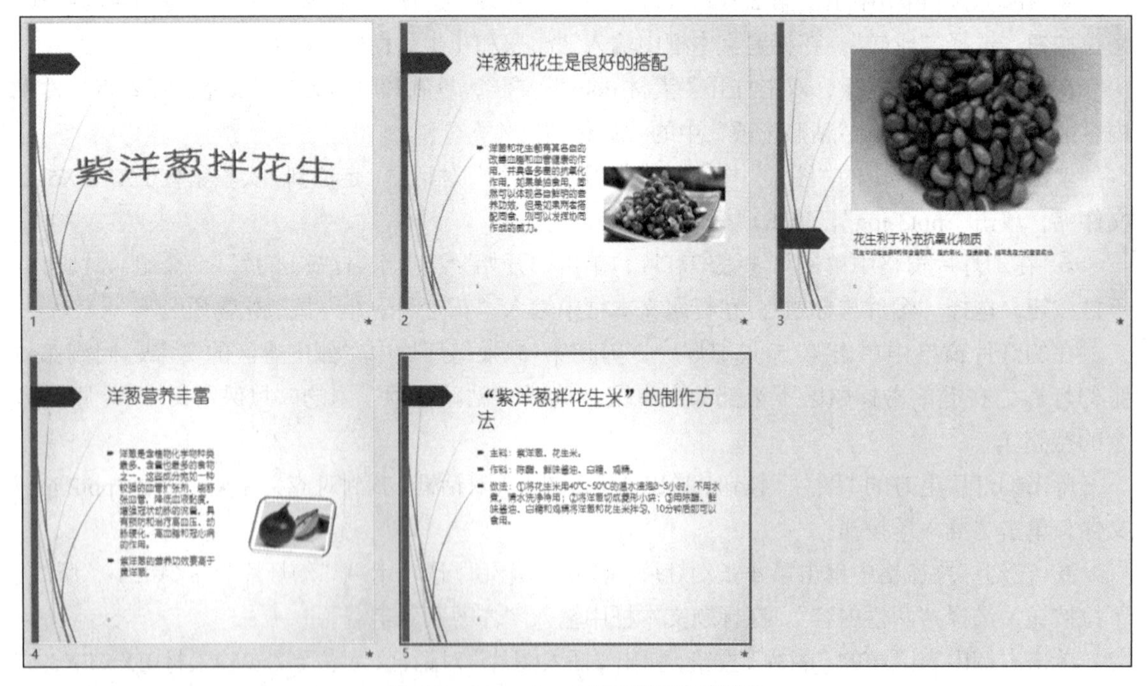


图5-29 Ppzc5.pptx演示文稿完成样张

**实验5-6**：掌握演示文稿的主题、版式的使用方法。掌握插入文本、插入表格、插入新幻灯片、插入页脚等操作方法。掌握动画效果、切换方式、放映方式等操作方法。

## 【具体要求】

打开实验素材“\EX5\EX5-6\Ppzc6.pptx”，按下列要求完成对此演示文稿的操作并保存。

① 为整个演示文稿应用“Technic.thmx”主题样式，设置幻灯片的大小为“全屏显示(16:9)”，设置幻灯片放映方式为“观众自行浏览(窗口)”。

② 第 1 张幻灯片前插入版式为“两栏内容”的新幻灯片，标题为“长寿秘密——豆腐海带味噌汤”，将考生文件夹下“素材.docx”文档的第 1 段和第 2 段文本插入左侧内容区。将“ppt1.jpg”图片文件插入幻灯片右侧内容区，图片样式为“棱台透视”，图片效果为“棱台”的“斜面”。图片动画设置为“进入/轮子”，效果选项为“3 轮辐图案”。幻灯片的页脚内容为“2”。

③ 第 2 张幻灯片版式改为“标题和内容”，标题为“海带和豆腐的功效表”，内容区插入 10 行 2 列表格，表格样式为“浅色样式 3-强调 1”，表格第 1 列和第 2 列宽度依次为“2.8 厘米”和“19.5 厘米”。第 1 行第 1 列和第 2 列内容依次为“食材”和“功效”，第 1 列的第 2～5 行合并成一个单元格，并在其中输入“豆腐”。第 1 列的第 6～10 行合并成一个单元格，并在其中输入“海带”。参考考生文件夹下文档的相关内容，按原有顺序将适当内容填入表格第 2 列。表格第 1 行和第 1 列文字全部设置为“居中”和“垂直居中”对齐方式。幻灯片的页脚内容为“3”。

④ 在第 2 张幻灯片后插入版式为“标题和内容”的新幻灯片，标题为“豆腐海带味噌汤做法”。内容区插入考生文件夹下“素材.docx”文档的最后 3 段，幻灯片的页脚内容为“4”。

⑤ 在第 1 张幻灯片前插入版式为“标题幻灯片”的新幻灯片，主标题为“豆腐海带味噌汤”，副标题为“长寿秘密”；主标题设置为“黑体”“56”磅字，副标题为“42”磅字；幻灯片的页脚内容为“1”。

⑥ 在第 4 张幻灯片后插入版式为“空白”的新幻灯片，在指定位置（水平“2.3 厘米”，自“左上角”，垂直“6 厘米”，自“左上角”）插入“星与旗帜/竖卷形”，形状效果为“发光/金色，18pt 发光，个性色 2”，高度为“8.6 厘米”，宽度为“3.1 厘米”。然后从左至右再插入与第 1 个竖卷形格式大小完全相同的 5 个竖卷形，并参考考生文件夹下“素材.docx”文档的相关内容，按段落顺序依次将烹调海带豆腐汤的建议从左至右分别插入各竖卷形，例如，从右数第 2 个竖卷形中插入文本“甲亢患者不宜食海带”。6 个竖卷形的动画都设置为“进入/翻转式由远及近”。除左边第 1 个竖卷形外，其他竖卷形动画的“开始”均设置为“上一动画之后”，“持续时间”均设置为“2”。幻灯片的页脚内容为“5”。

⑦ 页脚内容为奇数的幻灯片切换方式为“传送带”，效果选项为“自左侧”。页脚内容为偶数的幻灯片切换方式为“飞过”，效果选项为“切出”。

⑧ 保存文件“Ppzc6.pptx”。

## 【实验步骤】

双击打开实验素材“\EX5\EX5-6\Ppzc6.pptx”演示文稿。

① 单击“设计”选项卡→“主题”命令组右侧的“其他”按钮，在出现的下拉列表框中选择“浏览主题”命令，打开“浏览主题或主题文档”对话框。选择“实验素材\EX5\EX5-6”文件夹，

单击“Technic.thmx”文件，单击“打开”按钮。

单击“设计”选项卡→“自定义”命令组→“幻灯片大小”下拉按钮，选择“自定义幻灯片大小”，打开“幻灯片大小”对话框。在“幻灯片大小”组合框中选择“全屏显示(16:9)”，单击“确定”按钮。跳出提示框，单击“确保适合”按钮。

单击“幻灯片放映”选项卡→“设置”命令组→“设置幻灯片放映”按钮，打开“设置放映方式”对话框，设置“放映类型”为“观众自行浏览(窗口)”，单击“确定”按钮。

② 在幻灯片窗格中第 1 张幻灯片上面单击，单击“开始”选项卡→“幻灯片”命令组→“新建幻灯片”下拉按钮，在下拉列表框中，选择“两栏内容”版式。在幻灯片编辑区的标题处输入“长寿秘密——豆腐海带味噌汤”。

在文件资源管理器下，双击打开“素材.docx”文档，复制其中的第 1 段和第 2 段文本，在第 1 张幻灯片左侧内容区单击右键，单击“粘贴选项”中的“只保留文本”。

单击右侧内容区中的“图片”按钮，弹出“插入图片”对话框，定位到“实验素材\EX5\EX5-6”文件夹，单击“ppt1.jpg”，单击“插入”按钮。

选中图片，单击“图片工具-格式”选项卡→“图片样式”命令组→“其他”按钮，选择“棱台透视”。单击“图片效果”下拉按钮，单击“棱台”，在级联列表中单击“斜面”。

单击“动画”选项卡→“动画”命令组→“其他”按钮，选择“进入”中的“轮子”，单击“效果选项”下拉按钮，选择“3 轮辐图案”。

单击“插入”选项卡→“文本”命令组→“页眉和页脚”按钮，弹出对话框，选中“页脚”复选框，在下方文本框中输入“2”，单击“应用”按钮。

③ 在幻灯片窗格中单击第 2 张幻灯片，单击“开始”选项卡→“幻灯片”命令组→“版式”下拉按钮，选择“标题和内容”。在标题文本框中输入“海带和豆腐的功效表”。

单击内容区中的“插入表格”按钮，弹出“插入表格”对话框，列数设为“2”，行数设为“10”，单击“确定”按钮。单击“表格工具-设计”选项卡→“表格样式”命令组→“其他”按钮，选择“浅色样式 3-强调 1”。

选中表格的第 1 列，在“表格工具-布局”选项卡→“单元格大小”命令组的“宽度”组合框中输入“2.8 厘米”。用同样的方法，设置第 2 列的列宽为“19.5 厘米”。

在表格第 1 行的两个单元格中依次输入“食材”和“功效”。

选中表格第 1 列中的第 2～5 行，单击“表格工具-布局”选项卡→“合并”命令组→“合并单元格”按钮，并输入“豆腐”。选中表格第 1 列中的第 6～10 行，单击“表格工具-布局”选项卡→“合并”命令组→“合并单元格”按钮，并输入“海带”。将“素材.docx”中对应的文本内容复制粘贴到表格第 2 列中。

选中表格的第 1 行，单击“表格工具-布局”选项卡→“对齐方式”命令组→“居中”按钮，再单击该命令组的“垂直居中”按钮。按照同样的方法设置表格第 1 列的对齐方式。

单击“插入”选项卡→“文本”命令组→“页眉和页脚”按钮，弹出对话框，选中“页脚”复选框，在下方文本框中输入“3”，单击“应用”按钮。

④ 单击“开始”选项卡→“幻灯片”命令组→“新建幻灯片”下拉按钮，在下拉列表框中，选择“标题和内容”版式，输入“豆腐海带味噌汤做法”。

切换到“素材.docx”文档窗口，复制其中最后 3 段文本，在幻灯片内容区单击右键，单击“粘贴选项”中的“只保留文本”(删除多余的空格)。

单击“插入”选项卡→“文本”命令组→“页眉和页脚”按钮，弹出对话框，选中“页脚”复选框，在下方文本框中输入“4”，单击“应用”按钮。

⑤ 在幻灯片窗格中，鼠标指针定位到第 1 张幻灯片上方，单击“开始”选项卡→“幻灯片”命令组→“新建幻灯片”下拉按钮，选择“标题幻灯片”。在标题文本框中输入“豆腐海带味噌汤”，副标题文本框中输入“长寿秘密”。

选中主标题文本框，在“开始”选项卡→“字体”命令组中，单击“字体”组合框，选择“黑体”，在“字号”组合框中输入“56”。选中副标题文本框，在“开始”选项卡→“字体”命令组的“字号”组合框中输入“42”。

单击“插入”选项卡→“文本”命令组→“页眉和页脚”按钮，弹出对话框，选中“页脚”复选框，在下方文本框中输入“1”，单击“应用”按钮。

⑥ 在幻灯片窗格中单击第 4 张幻灯片，单击“开始”选项卡→“幻灯片”命令组→“版式”下拉按钮，选择“空白”。

单击“插入”选项卡→“插图”命令组→“形状”下拉按钮，选择“星与旗帜/竖卷形”，在第 5 张幻灯片中拖动鼠标绘制竖卷形。

右键单击图形，选择“大小和位置”，弹出“设置形状格式”窗格，切换到“形状选项-大小与属性”标签页，设置高度为“8.6 厘米”，宽度为“3.1 厘米”。设置位置，“水平”“2.3 厘米”，“垂直”“6 厘米”，皆从“左上角”，单击右上角的关闭按钮。

单击“绘图工具-格式”选项卡→“形状样式”命令组→“形状效果”下拉按钮，单击“发光”，在“发光变体”中单击“金色，18 pt 发光，个性色 2”。

同时按住<Shift>键和<Ctrl>键，鼠标向右拖动 5 次，即共插入 6 个竖卷形。选中图形，根据“素材.docx”文档，在从左往右的竖卷形中依次输入烹调海带豆腐汤的建议。关闭“素材.docx”文档窗口。

拖动鼠标选中幻灯片中的 6 个竖卷形，单击“动画”选项卡→“动画”命令组→“其他”按钮，选择“进入”中的“翻转式由远及近”。在“动画”选项卡→“计时”命令组中设置“持续时间”为“2 秒”。

单击“动画”选项卡→“高级动画”命令组→“动画窗格”按钮，在幻灯片右侧弹出动画窗格。在动画窗格中选中其余动画，单击“动画”选项卡→“计时”命令组→“开始”后面的“动画计时”下拉按钮，选择“上一动画之后”。关闭动画窗格。

单击“插入”选项卡→“文本”命令组→“页眉和页脚”按钮，弹出对话框，选中“页脚”复选框，在下方文本框中输入“5”，单击“应用”按钮。

⑦ 在幻灯片窗格中，选中页脚分别为“1”“3”“5”的幻灯片，单击“切换”选项卡→“切换到此幻灯片”命令组→“其他”按钮，选择“动态内容”栏中的“传送带”，单击“效果选项”下拉按钮，选择“自左侧”。

选中页脚分别为“2”“4”的幻灯片，单击“切换”选项卡→“切换到此幻灯片”命令组→“其他”按钮，选择“动态内容”栏中的“飞过”，单击“效果选项”下拉按钮，选择“切出”。

⑧ 单击快速访问工具栏上的“保存”按钮。完成后的样张如图 5-30 所示。

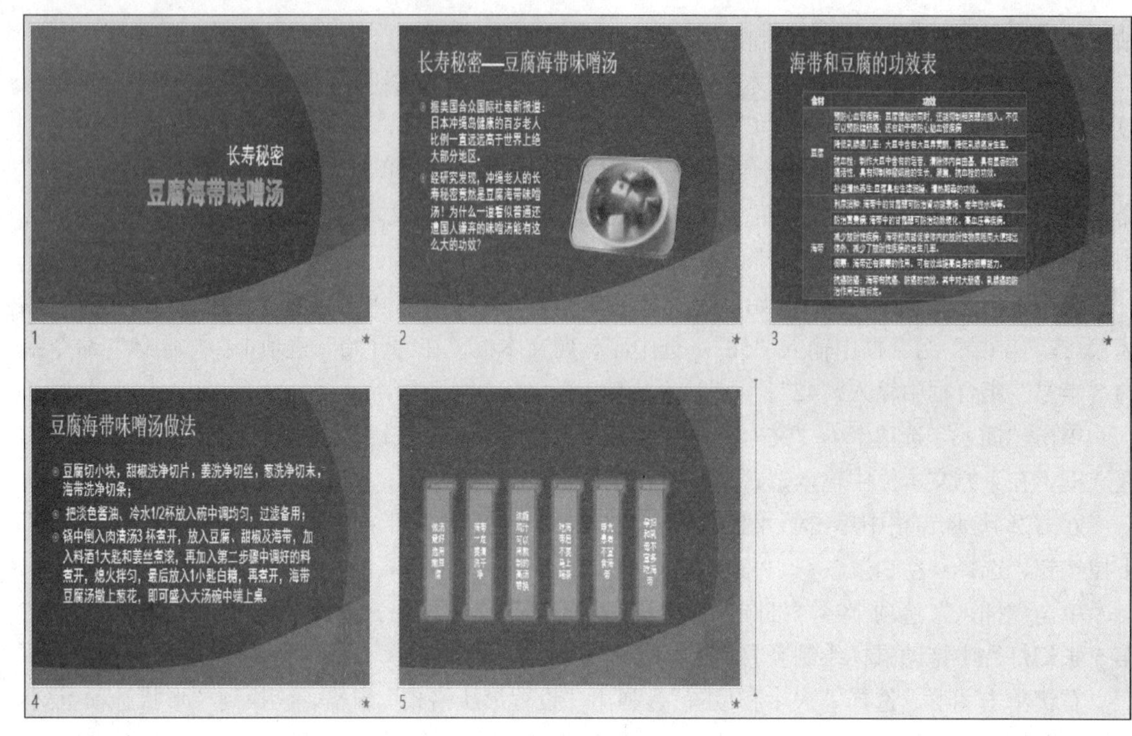


图 5-30　Ppzc6.pptx 演示文稿完成样张

# 06 第6章 计算机网络与Internet应用

【大纲要求重点】

● 计算机网络的基本概念和因特网（Internet）的基础知识，主要包括网络硬件和软件、TCP/IP 的工作原理，以及网络应用中常见的概念，如域名、IP 地址、DNS 服务等。

● Internet 的简单应用：浏览器及搜索引擎的使用、电子邮件（E-mail）收发。

## 【知识要点】

## 6.1 计算机网络概述

1. 计算机网络

计算机网络是指将地理位置不同的具有独立功能的多台计算机及其外部设备，通过通信设备和通信线路互相连接起来，在网络操作系统、网络管理软件及网络通信协议的管理和协调下，实现资源共享和数据传输的计算机系统。

2. 计算机网络的组成

计算机网络按逻辑功能可分为资源子网和通信子网两部分。资源子网负责数据处理工作，它包括网络中独立工作的计算机及其外围设备、软件资源和整个网络共享数据。通信子网负责通信处理工作，如网络中的数据传输、加工、转发和变换等。

计算机网络按物理结构可分为网络硬件和网络软件两部分。网络硬件是指计算机网络中网络运行的实体，它包括网络中使用的计算机（客户机和服务器）、网络互联设备和传输介质。网络软件则是支持网络运行、提高效益和开发网络资源的工具，它包括网络中的网络系统软件和网络应用软件。

为了使网络内各计算机之间的通信可靠、有效，通信各方必须共同遵守统一的通信规则，即通信协议。通信协议可以使各计算机之间相互理解会话、协调工作，如 TCP/IP。

### 3. 计算机网络的发展

计算机网络的发展大致可以分为 4 个阶段。

诞生阶段：20 世纪 50 年代到 20 世纪 60 年代，面向终端的具有通信功能的单机系统。

形成阶段：从 ARPANET 与分组交换技术开始，以通信子网为中心的主机互连。

互通阶段：20 世纪 70 年代起，网络体系结构与网络协议的标准化。

网络互联阶段：20 世纪 90 年代末至今，以网络互联为核心的计算机网络。

### 4. 数据通信

数据通信是指在两个计算机或终端之间以二进制的形式进行信息交换、数据传输。计算机网络是计算机技术和数据通信技术相结合的产物，数据通信涉及的相关概念包括信道、模拟信号和数字信号、调制与解调、带宽与传输速率、丢包、误码率等。

### 5. 计算机网络的分类

计算机网络可根据网络所使用的传输技术、网络的拓扑结构、网络协议等不同的标准进行分类，而根据网络覆盖的地理范围和规模分类是最普遍采用的分类方法，它能较好地反映出网络的本质特征。由于网络覆盖的地理范围不同，它们所采用的传输技术也就不同，因此形成不同的网络技术特点与网络服务功能。依据这种分类标准，可以将计算机网络分为 4 类：个人区域网（Personal Area Network，PAN）、局域网（Local Area Network，LAN）、城域网（Metropolitan Area Network，MAN）和广域网（Wide Area Network，WAN）。

### 6. 计算机网络拓扑结构

计算机网络拓扑结构是组建各种网络的基础。不同的计算机网络拓扑结构涉及不同的计算机网络技术，对计算机网络性能、系统可靠性与通信费用都有重要的影响。计算机网络拓扑结构分为总线形拓扑、星形拓扑、环形拓扑、网状拓扑和树形拓扑等 5 种结构。

### 7. 网络硬件和网络软件

由于网络的类型不一样，使用的硬件设备可能有所差别，网络中硬件设备有传输介质（Media）、网络接口卡（NIC）、交换机（Switch）、无线 AP（Access Point）、路由器（Router）等。

在网络中，实现资源共享，实现不同的硬件设备统一划分层次以降低网络设计的复杂性，实现确保通信双方对数据的传输理解一致，都离不开网络软件的支持。网络软件一般是指网络操作系统、网络通信协议和应用级的提供网络服务功能的专用软件。

### 8. 无线局域网

随着技术的发展，无线局域网已逐渐代替有线局域网，成为现在家庭、小型公司主流的局域网组建方式。无线局域网（Wireless Local Area Networks，WLAN）是利用射频技术，使用电磁波取代双绞线构成的局域网。

## 6.2 Internet 基础

### 1. Internet 与万维网

Internet（因特网）是通过路由器将世界不同地区、规模大小不一、类型不一的网络互相连接起来的网络，是一个全球性的计算机互联网络，因此也称为“国际互联网”，是信息资源极其丰富的、世界上最大的计算机网络。

万维网（World Wide Web，WWW）简称 Web，是因特网最重要的一种应用，是一种基于超文本（Hypertext）方式的信息查询工具，是集文本、声音、图像等多媒体信息于一身的全球信息资源网络，因此也称为“环球信息网”“环球网”“全球浏览系统”等，是 Internet 发展中的一个非常重要的里程碑。

2. TCP/IP

TCP/IP（Transmission Control Protocol/Internet Protocol，传输控制协议/网际协议）是指能够在多个不同网络间实现信息传输的协议簇。TCP/IP 不仅仅指 TCP 和 IP，而是指一个由 HTTP、FTP、SMTP、TCP、UDP、IP 等协议构成的协议簇，只是因为在其中 TCP 和 IP 最具代表性，所以被称为 TCP/IP。

3. IP 地址和域名

IP 地址是 TCP/IP 中所使用的网际层地址标识，是一种在 Internet 中通用的地址格式，并在统一管理下进行地址分配，保证一个地址对应网络中的一台主机。常见的 IP 地址有 IPv4 和 IPv6 两大类。IPv4 用 32 位二进制表示，IPv6 用 128 位二进制表示。一台主机的 IP 地址由“网络号+主机号”组成。

IP 地址能方便地标识 Internet 上的计算机，但难于记忆。为此，TCP/IP 引进了域名（Domain Name），域名的实质就是用一组由字符组成的名字代替 IP 地址。对用户而言，使用域名比直接使用 IP 地址方便多了，但 Internet 的内部数据传输使用的还是 IP 地址。把域名映射成 IP 地址的软件称为域名系统（Domain Name System，DNS）。

4. Internet 的接入

Internet 的接入方式通常有专线连接、局域网连接、无线连接、ADSL 连接和 FTTH 连接等。其中，企业用户常用专线连接，而个人用户主要使用 FTTH 连接及无线连接等。

## 6.3　Internet 的应用

1. Microsoft Edge 浏览器的使用

下面以 Windows 10 操作系统上的 Microsoft Edge 浏览器为例，介绍浏览器的常用功能及操作方法。

（1）Microsoft Edge 的启动与退出

Microsoft Edge 就是一个应用程序，启动过程与其他应用程序的启动过程基本相同。单击“开始”菜单→“Microsoft Edge”命令，或者单击“开始”菜单右侧的磁贴区的“Microsoft Edge”图标或任务栏快速启动区的“Microsoft Edge”图标，均可打开 Microsoft Edge 浏览器。

退出 Microsoft Edge 浏览器，可单击窗口右上角的关闭按钮 × ；或在任务栏的 Microsoft Edge 图标上单击右键，在快捷菜单中单击“关闭窗口”按钮；或按<Alt+F4>组合键。

（2）Microsoft Edge 的窗口

Microsoft Edge 浏览器经过了简化设计，界面十分简洁。启动 Microsoft Edge 后，会打开一个页面，即主页。整个窗口主要由标签栏、功能区、收藏夹栏、网页信息区等组成。

（3）浏览网页

输入 Web 地址后，按<Enter>键，浏览器就会按照地址栏中的地址显示相应的网站或页面。输入地址时，可以只输入网址的关键部分，不用输入协议开始部分（如 http://、ftp://等），按<Enter>键后，浏览器会自动补足剩余部分，并打开该网页。

打开 Microsoft Edge 浏览器自动进入的页面称为主页或首页，浏览时，可以使用“后退”“前进”按钮来切换最近访问过的页面。Microsoft Edge 浏览器还提供了“历史”“收藏夹”“集锦”等功能，可实现有目的的浏览，提高浏览效率。

此外，很多网站都提供到其他站点的导航，还有一些专门的导航网站（如百度网址大全、hao123 网址之家等），可以在上面通过分类目录导航的方式浏览网页。

（4）Web 网页的保存和阅读

保存 Web 网页：打开要保存的 Web 网页，在网页空白处单击右键，在弹出的快捷菜单中选择“另存为”命令，或者按<Ctrl+S>组合键，在打开的对话框中设置保存位置、名称、类型，设置完毕后，单击“保存”按钮即可。

打开已保存的网页：直接双击已保存的网页，便可以在浏览器中打开网页。

保存部分网页内容：鼠标选定想要保存的页面文字；按<Ctrl+C>组合键（或通过右键单击打开快捷菜单，再单击“复制”命令），将选定的内容复制到剪贴板；打开一个空白的 Word 文档、记事本或其他文字编辑软件，按<Ctrl+V>组合键将剪贴板中的内容粘贴到文档中，最后保存文档。

保存网页中的图片：鼠标右键单击要保存的图片，选择“将图像另存为”命令；在打开的“另存为”对话框中设置图片的保存位置、名称、类型等；设置完毕后，单击“保存”按钮即可。

保存声音文件、视频文件、压缩文件等的超链接：在超链接上单击鼠标右键，选择“将链接另存为”，弹出“另存为”对话框；在“另存为”对话框内选择要保存的路径，键入要保存的文件名称，单击“保存”按钮，此时在浏览器底部会出现一个下载传输状态窗口，包括下载完成量、估计剩余时间及“选项”按钮等；单击功能区的“设置及其他”按钮，在下拉列表中选择“下载”命令，打开“下载”标签页，其中列出了通过 Microsoft Edge 浏览器下载的文件，以及它们的状态，方便用户查看和跟踪。

（5）更改主页

更改主页的操作步骤如下。

① 打开浏览器窗口，单击 ··· 按钮，在弹出的下拉菜单中，选择“设置”命令，打开“设置”标签页。

② 在“设置”标签页→“外观”→“自定义工具栏”中设置。

③ 在“显示‘主页’按钮”下方的输入框中输入要设为主页的网址（如百度网址）。

④ 单击右侧的“保存”按钮即可。

（6）历史记录的使用

浏览历史记录的操作步骤如下。

① 单击窗口功能栏上的 按钮，显示一个浮动面板，其中包含 Microsoft Edge 浏览器浏览网页的历史记录。

② 单击“历史记录”浮动面板右侧的“更多选项”按钮，弹出下拉菜单供用户选择。

③ 单击“管理历史记录”命令，打开“历史记录”标签页。左侧窗格包括“全部”“今天”“昨天”“上周”“更早”“最近关闭”“来自其他设备的标签页”等导航标签。右侧窗格显示对应的历史记录，单击记录访问网页。

设置和删除历史记录的操作步骤如下。

① 在任务栏上的搜索框中输入“Internet 选项”，会找到最佳匹配项，单击搜索结果，打开“Internet 属性”对话框；或者单击“开始”菜单→“设置”命令，打开“设置”窗口，输入“Internet 选项”搜索；还可以通过“控制面板”窗口查找打开。

② 在“常规”选项下，单击“浏览历史记录”组→“设置”按钮，打开“网站数据设置”对话框，切换到“历史记录”标签页，在下方输入天数，系统默认为 20 天。

③ 在“Internet 属性”对话框中单击“删除”按钮，在弹出的“删除浏览历史记录”对话框中选择要删除的内容，如果勾选“历史记录”项，就可以清除所有的历史记录。

在“历史记录”标签页中，单击单条记录右侧的删除按钮，可删除此条历史记录，选中多条历史记录时，单击浮出的“删除”按钮，可以批量删除历史记录。

（7）收藏夹的使用

单击 Microsoft Edge 浏览器窗口功能区的按钮，在打开的浮动面板中选择需要访问的网站，单击即可打开浏览。

通过“添加到收藏夹”按钮添加收藏，具体操作步骤如下。

① 进入要收藏的网页/网站，单击按钮，在打开的“已添加到收藏夹”浮动面板上，输入保存名称，选择文件夹。

② 单击“完成”按钮，即添加成功。

如果想新建一个收藏文件夹，则可单击按钮，显示“收藏夹”浮动面板，单击面板上的“添加文件夹”按钮，面板下方立即出现新的文件夹，且默认的新建文件夹名称处在编辑状态，输入文件夹的名称，按<Enter>键即可。

（8）集锦的使用

创建集锦的具体操作步骤如下。

① 单击 Microsoft Edge 浏览器窗口功能区的按钮或单击按钮，在下拉列表中选择“集锦”命令，打开“集锦”窗格。

② 单击“启动新集锦”，显示新建集锦窗格，输入新集锦的名称，按<Enter>键。

向集锦中添加内容的具体操作步骤如下。

① 打开需要收藏的网页，单击按钮，打开“集锦”窗格。

② 单击“集锦”窗格中的“添加当前页面”按钮，可以将当前网页的网址收藏到集锦中。

③ 单击“集锦”窗格中的“添加注释”按钮，输入便签内容，设置字体格式和便签背景颜色，单击“保存”按钮，即可向集锦中添加便签。

④ 用鼠标右键单击要收藏的图片，选择“添加到集锦”命令，出现级联菜单，单击集锦名称或者“启动新集锦”命令，即可向集锦中添加图片。

**2. 搜索引擎**

因特网上有不少搜索引擎，如百度、谷歌、搜狗等。具体操作步骤如下（以百度为例）。

① 在浏览器的地址栏中输入百度网址，按<Enter>键，打开百度搜索引擎的页面。

② 在搜索输入框中键入关键词。

③ 单击“百度一下”按钮，开始搜索。

④ 网页浏览窗口显示搜索结果，单击任意一个超链接即可打开网页查看具体内容。

### 3. 文件传输服务

文件传输服务（File Transfer Protocol，FTP）是 Internet 提供的基本服务之一，利用这项服务，用户能够将一台计算机上的文件传输到另一台计算机上。

使用浏览器访问 FTP 站点并下载文件的操作步骤如下。

① 在浏览器的地址栏中输入要访问的 FTP 站点地址，按<Enter>键。

② 如果该站点不是匿名站点，则浏览器会提示输入用户名和密码，然后登录；如果该站点是匿名站点，则浏览器会自动匿名登录。

另外，也可以在文件资源管理器的地址栏中输入 FTP 站点地址，按<Enter>键。

### 4. 电子邮件服务

（1）申请一个电子邮箱地址

一般大型网站，如新浪、搜狐、网易等都提供免费电子邮箱，用户可以到相应网站去申请；此外，腾讯 QQ 用户不需要申请即可拥有以 QQ 号为名称的电子邮箱。

这里举例说明如何在网易申请一个免费的电子邮箱，操作步骤如下。

① 在浏览器中输入网易邮箱的网址，按<Enter>键打开“网易邮箱”首页，单击其中的“注册网易邮箱”。

② 打开注册网页，如图 6-1 所示，根据提示输入电子邮箱地址、密码和手机号码等信息，根据提示发送短信，单击“立即注册”按钮，打开的网页将提示注册成功。

图 6-1　输入申请电子邮箱的注册信息

（2）使用 Outlook 2016 收发电子邮件

在 Outlook 2016 中配置一个电子邮箱，然后使用该邮箱发送和接收电子邮件。

配置电子邮箱的具体操作步骤如下。

① 通过浏览器登录邮箱，在设置里授权第三方登录邮箱，生成授权码。

② 单击“开始”菜单→“Outlook 2016”命令，启动 Outlook 2016。如果是第一次启动，将打开账户配置向导对话框。单击“下一页”按钮。

③ 打开的“添加电子邮件账户”对话框询问是否配置电子邮箱，选中“是”单选项，单击“下一页”按钮。

④ 打开“添加账户-自动账户设置”对话框，选中“手动设置或其他服务器类型”单选项，单击“下一页”按钮。

⑤ 在打开的“添加账户-选择服务”对话框中选中“POP 或 IMAP(P)”单选项，单击“下一页”按钮。

⑥ 在打开的“添加账户-POP 和 IMAP 账户设置”对话框中，按要求输入用户姓名、电子邮

箱地址、接收邮件和发送邮件服务器地址、授权密码等信息。

⑦ 单击“其他设置”，打开“Internet 电子邮件设置”对话框，切换到“发送服务器”标签页，选中“使用与接收邮件服务器相同的设置”，单击“确定”按钮，回到上一对话框，单击“下一页”按钮。

⑧ Outlook 2016 自动连接用户的电子邮箱服务器配置账户，稍后将打开对话框提示配置成功，单击“完成”按钮结束账号的设置，并打开 Outlook 2016 窗口。

如果需要添加新的账户，则在打开的 Outlook 2016 窗口中，单击“文件”选项卡→“信息”按钮，进入“账户信息”窗口。单击“添加账户”按钮，在打开的“添加新账户”对话框中进行设置即可。

发送邮件（撰写内容、抄送和添加附件）的具体操作步骤如下。

① 启动 Outlook 2016，单击“开始”选项卡→“新建”命令组→“新建电子邮件”按钮，打开新建（发送）邮件窗口。

② 在“收件人”和“抄送”文本框中输入收件人的电子邮箱地址，在“主题”文本框中输入邮件的标题。在下方的正文内容窗口中输入相关信息。

③ 如果需要添加附件，单击“邮件”选项卡→“添加”命令组→“附加文件”按钮。若文件在“最近使用的项目”列表中，直接单击需要添加的文件即可。如果文件不在列表中，单击“浏览此电脑”，在打开的“插入文件”对话框中选择附件文件，单击“打开”按钮，将附件文件添加到发送邮件窗口中。

④ 单击“发送”按钮，将邮件内容和附件一起发送给收件人和抄送人。

如果已经将收件人邮箱添加到“联系人”，则可以单击“收件人...”按钮，弹出“选择姓名:联系人”窗口，在窗口中单击联系人姓名，快速设置为“收件人”“抄送”“密件抄送”等。可以像编辑 Word 文档一样设置邮件正文内容的字体、字号、颜色等。

接收和阅读邮件（保存附件）的具体操作步骤如下。

① 启动 Outlook 2016。如果要查看是否有新的电子邮件，单击“发送/接收”选项卡→“发送/接收所有文件夹”按钮。此时，会出现一个发送和接收邮件的对话框，下载完邮件后，就可以阅读查看了。

② 单击 Outlook 2016 窗口左侧的“收件箱”选项，左部为文件夹窗格，中部为邮件列表区，右部是邮件预览区。若在中部的邮件列表区选择一个邮件并单击，则在右部的预览区显示邮件的内容。

如果要简单地浏览某个邮件，单击邮件列表区的某个邮件即可。如果要详细阅读或对邮件做各种操作，可以双击打开该邮件。阅读完邮件后，可直接单击窗口右上角的关闭按钮，结束该邮件的阅读。

如果邮件含有附件，则在邮件图标右侧会列出附件的名称，需要查看附件内容时，可单击附件名称，在 Outlook 2016 中预览。某些不是文档的文件无法在 Outlook 2016 中预览，则可以双击打开。

如果要保存附件到另外的文件夹中，可单击附件文件名右侧的下拉按钮，在弹出的下拉列表中选择“另存为”命令，在打开的“保存附件”窗口中指定保存路径，单击“保存”按钮。

回复或转发邮件可以在邮件阅读窗口中通过执行“邮件”选项卡→“响应”命令组的相关命令来完成，具体操作步骤如下。

阅读完一封邮件需要回复时，在邮件阅读窗口中单击“邮件”选项卡→“响应”命令组→“答复”或“全部答复”按钮，弹出回信窗口，此时发件人和收件人的地址已由系统自动填好，原信件的内容也显示出来作为引用内容。回信内容写好后，单击“发送”按钮，就可以完成邮件的回复。

阅读完一封邮件需要转发时，在邮件阅读窗口中单击“邮件”选项卡→“响应”命令组→“转发”按钮，弹出转发窗口，输入收件人地址，多个地址用逗号或分号隔开；必要时，可在待转发的邮件之下撰写附加信息；最后，单击“发送”按钮，即可完成邮件的转发。

## 6.4 网络安全与防范

### 1. 网络安全概述

网络安全指计算机网络安全，也称为计算机通信网络安全，指网络系统的硬件、软件、数据不因偶然的或恶意的原因而遭受破坏、更改、泄露，系统连续、可靠、正常地运行，网络服务不中断。计算机网络的根本目的是实现资源共享和数据传输，那么计算机网络安全就需要首先保证网络的硬件、软件能正常运行，保障计算机中数据的完整性、可用性、可控性和不可抵赖性，然后保证数据信息交换的安全，即网络传输要安全。

计算机网络的通信面临的威胁有如下常见形式：截获、篡改、恶意程序、拒绝服务。

### 2. 网络安全机制

为了提供安全服务，网络需要网络安全机制的支持。常见的网络安全机制有数据加密、数字签名、身份鉴别与访问控制等。

### 3. 个人网络安全性措施

普通网络用户要想避免网络安全事件带来的损失，首先要提高网络安全意识，了解网络安全防范措施，做到心中有数，确保计算机网络安全与有效运行。可以从以下方面提高系统安全性：设置系统访问控制；用备份和镜像技术提高数据的完整性；定期查杀病毒；及时进行系统更新；开启防火墙。

Windows 安全中心可以持续扫描恶意软件、病毒和安全威胁，还可以自动下载系统更新文件，以帮助保护设备的安全，使其免受威胁。通过单击“开始”菜单→“Windows 安全中心”命令（或者单击任务栏通知区域中的图标），打开“Windows 安全中心”对话框，进行全面设置。

## 【实验及操作指导】

## 实验 6 Internet 的简单应用

**实验 6-1**：利用浏览器进行网上信息浏览。（掌握浏览器的使用方法，学会浏览网页和保存网页文本。）

**【具体要求】**

运行 Internet Explorer（或其他浏览器），并完成下面的操作。

打开某网页浏览并将该页面的内容以文本文件的格式保存到“EX6”文件夹下，命名为“study1.txt”。

**【实验步骤】**

① 在任务栏上的搜索框中输入“Internet Explorer”，单击找到的 IE 浏览器，打开 IE 浏览器。

② 在地址栏中输入网址，按<Enter>键，转到相应网页。

③ 按<Ctrl+S>组合键，打开“保存网页”对话框。设置要保存的位置为“EX6”文件夹，单击“保存类型”下拉按钮，选择“文本文件”，输入文件名“study1.txt”，单击“保存”按钮。

---

**实验 6-2:** 利用浏览器进行网上信息浏览。（掌握浏览器的使用方法，学会浏览网页和保存网页中图片。）

---

**【具体要求】**

运行 Internet Explorer（或其他浏览器），并完成下面的操作。

打开某网页 NBA 图片，选择喜欢的图片，保存到“EX6”文件夹下，命名为“NBA.jpg”。

**【实验步骤】**

① 在任务栏上的搜索框中输入“Internet Explorer”，单击找到的 IE 浏览器，打开 IE 浏览器。

② 在地址栏中输入网址，按<Enter>键。

③ 右键单击要保存的图片，选择“图片另存为”，弹出“另存为”对话框。设置要保存的位置为“EX6”文件夹，输入文件名“NBA.jpg”，单击“保存”按钮。

---

**实验 6-3:** 利用浏览器进行网上信息检索。（掌握浏览器的使用方法，学会使用搜索引擎和保存网页。）

---

**【具体要求】**

使用 Internet Explorer（或其他浏览器），通过百度搜索引擎搜索含有单词“basketball”的页面，将搜索到的第一个网页的内容保存到“EX6”文件夹下，命名为“SS.htm”。

**【实验步骤】**

① 在任务栏上的搜索框中输入“Internet Explorer”，单击找到的 IE 浏览器，打开 IE 浏览器。

② 在地址栏中输入网址，按<Enter>键。

③ 在搜索输入框中键入“basketball”，单击“百度一下”按钮，开始搜索。网页浏览窗口显示搜索结果。

④ 单击搜索结果里的第一个网页，转到相应网页。单击“文件”→“另存为”命令，打开“保存网页”对话框，设置要保存的位置为“EX6”文件夹，单击“保存类型”下拉按钮，选择“网页，仅 HTML”，输入文件名“SS.htm”，单击“保存”按钮。

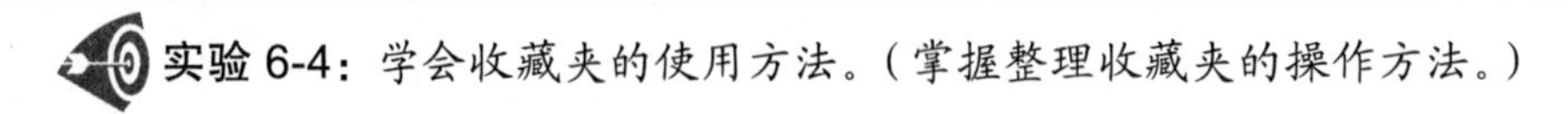


【具体要求】

运行 Internet Explorer（或其他浏览器），并完成下面的操作。

整理 IE 收藏夹，在 IE 收藏夹中新建文件夹“学习相关”“娱乐相关”“下载相关”。

【实验步骤】

① 在任务栏上的搜索框中输入“Internet Explorer”，单击找到的 IE 浏览器，打开 IE 浏览器。

② 单击 IE 窗口左上方的“收藏夹”按钮，单击“添加到收藏夹”下拉按钮，选择“整理收藏夹”，打开“整理收藏夹”对话框。单击下方的“新建文件夹”按钮，弹出“创建文件夹”对话框，输入“学习相关”，单击“创建”按钮。

③ 单击下方的“新建文件夹”按钮，弹出“创建文件夹”对话框，输入“娱乐相关”，单击“创建”按钮。

④ 单击下方的“新建文件夹”按钮，弹出“创建文件夹”对话框，输入“下载相关”，单击“创建”按钮。

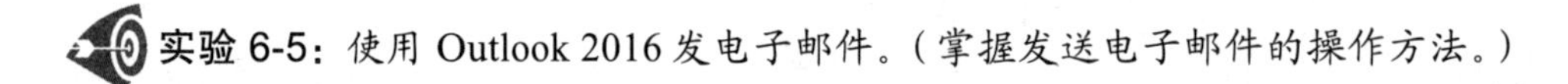


【具体要求】

向部门经理张明发送一个电子邮件，并将“EX6”文件夹下的 Word 文档“Gzjh.docx”作为附件一起发送，同时抄送总经理刘斌。具体信息如下。

【收件人】Zhangming@mail.pchome.com.cn

【抄送】Liubin@mail.pchome.com.cn

【主题】工作计划

【函件内容】“发送全年工作计划草案，请审阅。具体见附件。”

【实验步骤】

① 启动 Outlook 2016，弹出窗口，单击“开始”选项卡→“新建”命令组→“新建电子邮件”按钮，弹出撰写新邮件的窗口。

② 将插入点移到信头的相应位置，在“收件人”栏中填入“Zhangming@mail.pchome.com.cn”，在“抄送”栏中填入“Liubin@mail.pchome.com.cn”，在“主题”栏中填入“工作计划”。

③ 将插入点移到信体部分，键入邮件内容“发送全年工作计划草案，请审阅。具体见附件。”。单击“邮件”选项卡→“添加”命令组→“附加文件”按钮，打开“插入文件”对话框，将“EX6\Gzjh.doc”文件添加为附件。

④ 单击“发送”按钮即可。

**实验 6-6**：使用 Outlook 2016 收电子邮件。（掌握接收电子邮件并进行回复的方法。）

## 【具体要求】

接收并阅读由 rock@cuc.edu.cn 发来的 E-mail，将随信发来的附件“spalt.docx”下载保存到“EX6”文件夹下。立即回复邮件，回复内容为“您所要索取的资料已用快递寄出。”，并将“EX6”文件夹下的资料清单文件“spabc.xlsx”作为附件一起发送。

## 【实验步骤】

① 启动 Outlook 2016，弹出窗口。在左部文件夹窗格中单击“收件箱”，中部窗格中显示收件箱中所有邮件列表，单击 rock@cuc.edu.cn 发来的邮件（如果没有，单击“发送/接收”选项卡→“发送/接收”命令组→“发送/接收所有文件夹”按钮，弹出“Outlook 发送和接收进度”窗口，完成邮件的接收），在右部窗格中预览邮件内容。

② 单击邮件预览区中的附件名“spalt.docx”，单击“附件工具-附件”选项卡→“动作”命令组→“另存为”按钮，打开“保存附件”对话框。设置要保存的位置为“EX6”文件夹，单击“保存”按钮。

③ 单击“开始”选项卡→“响应”命令组→“答复”按钮，打开“答复”窗口。

④ 将插入点移到信体部分，键入邮件内容“您所要索取的资料已用快递寄出。”。单击“邮件”选项卡→“添加”命令组→“附加文件”按钮，打开“插入文件”对话框，将“EX6\spabc.xlsx”文件添加为附件。

⑤ 单击“发送”按钮，即完成邮件回复。

# 附录　全国计算机等级考试大纲

## 全国计算机等级考试一级计算机基础及 MS Office 应用考试大纲（2021 年版）

### 【基本要求】

1. 掌握算法的基本概念。
2. 具有微型计算机的基础知识（包括计算机病毒的防治常识）。
3. 了解微型计算机系统的组成和各部分的功能。
4. 了解操作系统的基本功能和作用，掌握 Windows 7 的基本操作和应用。
5. 了解计算机网络的基本概念和因特网（Internet）的初步知识，掌握 IE 浏览器软件和 Outlook 软件的基本操作和使用。
6. 了解文字处理的基本知识，熟练掌握文字处理软件 Word 2016 的基本操作和应用，熟练掌握一种汉字（键盘）输入方法。
7. 了解电子表格软件的基本知识，掌握电子表格软件 Excel 2016 的基本操作和应用。
8. 了解多媒体演示软件的基本知识，掌握演示文稿制作软件 PowerPoint 2016 的基本操作和应用。

### 【考试内容】

#### 一、计算机基础知识

1. 计算机的发展、类型及其应用领域。
2. 计算机中数据的表示与存储。
3. 多媒体技术的概念与应用。
4. 计算机病毒的概念、特征、分类与防治。

5. 计算机网络的概念、组成和分类；计算机与网络信息安全的概念和防控。

## 二、操作系统的功能和使用

1. 计算机软、硬件系统的组成及主要技术指标。

2. 操作系统的基本概念、功能、组成及分类。

3. Windows 7 操作系统的基本概念和常用术语，文件、文件夹、库等。

4. Windows 7 操作系统的基本操作和应用：

（1）桌面外观的设置，基本的网络配置。

（2）熟练掌握资源管理器的操作与应用。

（3）掌握文件、磁盘、显示属性的查看、设置等操作。

（4）中文输入法的安装、删除和选用。

（5）掌握对文件、文件夹和关键字的搜索。

（6）了解软、硬件的基本系统工具。

5. 了解计算机网络的基本概念和因特网的基础知识，主要包括网络硬件和软件，TCP/IP 的工作原理，以及网络应用中常见的概念，如域名、IP 地址、DNS 服务等。

6. 能够熟练掌握浏览器、电子邮件的使用和操作。

## 三、文字处理软件的功能和使用

1. Word 2016 的基本概念，Word 2016 的基本功能、运行环境、启动和退出。

2. 文档的创建、打开、输入、保存、关闭等基本操作。

3. 文本的选定、插入与删除、复制与移动、查找与替换等基本编辑技术；多窗口和多文档的编辑。

4. 字体格式设置、文本效果修饰、段落格式设置、文档页面设置、文档背景设置和文档分栏等基本排版技术。

5. 表格的创建、修改；表格的修饰；表格中数据的输入与编辑；数据的排序和计算。

6. 图形和图片的插入；图形的建立和编辑；文本框、艺术字的使用和编辑。

7. 文档的保护和打印。

## 四、电子表格软件的功能和使用

1. 电子表格的基本概念和基本功能，Excel 2016 的基本功能、运行环境、启动和退出。

2. 工作簿和工作表的基本概念和基本操作，工作簿和工作表的建立、保存和退出；数据输入和编辑；工作表和单元格的选定、插入、删除、复制、移动；工作表的重命名和工作表窗口的拆分和冻结。

3. 工作表的格式化，包括设置单元格格式、设置列宽和行高、设置条件格式、使用样式、自动套用模式和使用模板等。

4. 单元格绝对地址和相对地址的概念，工作表中公式的输入和复制，常用函数的使用。

5. 图表的建立、编辑、修改和修饰。

6. 数据清单的概念，数据清单的建立，数据清单内容的排序、筛选、分类汇总，数据合并，数据透视表的建立。

7. 工作表的页面设置、打印预览和打印，工作表中链接的建立。
8. 保护和隐藏工作簿和工作表。

### 五、PowerPoint 的功能和使用

1. PowerPoint 2016 的基本功能、运行环境、启动和退出。
2. 演示文稿的创建、打开、关闭和保存。
3. 演示文稿视图的使用，幻灯片的基本操作（编辑版式、插入、移动、复制和删除）。
4. 幻灯片的基本制作方法（文本、图片、艺术字、形状、表格等插入及格式化）。
5. 演示文稿主题选用与幻灯片背景设置。
6. 演示文稿放映设计（动画设计、放映方式设计、切换效果设计）。
7. 演示文稿的打包和打印。

## 【考试方式】

上机考试，考试时长 90 分钟，满分 100 分。

### 一、题型及分值

单项选择题（计算机基础知识和网络的基本知识） 20 分
Windows 7 操作系统的使用 10 分
Word 2016 操作 25 分
Excel 2016 操作 20 分
PowerPoint 2016 操作 15 分
浏览器（IE）的简单使用和电子邮件收发 10 分

### 二、考试环境

操作系统：Windows 7
考试环境：Microsoft Office 2016

# 全国计算机等级考试一级 WPS Office 考试大纲（2021 年版）

## 【基本要求】

1. 具有微型计算机的基础知识（包括计算机病毒的防治常识）。
2. 了解微型计算机系统的组成和各部分的功能。
3. 了解操作系统的基本功能和作用，掌握 Windows 的基本操作和应用。
4. 了解文字处理的基本知识，熟练掌握文字处理 WPS 文字的基本操作和应用，熟练掌握一种汉字（键盘）输入方法。
5. 了解电子表格软件的基本知识，掌握 WPS 表格的基本操作和应用。
6. 了解多媒体演示软件的基本知识，掌握演示文稿制作软件 WPS 演示的基本操作和应用。

7. 了解计算机网络的基本概念和因特网（Internet）的初步知识，掌握 IE 浏览器软件和 Outlook Express 软件的基本操作和使用。

## 【考试内容】

### 一、计算机基础知识

1. 计算机的发展、类型及其应用领域。
2. 计算机中数据的表示、存储与处理。
3. 多媒体技术的概念与应用。
4. 计算机病毒的概念、特征、分类与防治。
5. 计算机网络的概念、组成和分类，计算机与网络信息安全的概念和防控。
6. 因特网网络服务的概念、原理和应用。

### 二、操作系统的功能和使用

1. 计算机软、硬件系统的组成及主要技术指标。
2. 操作系统的基本概念、功能、组成及分类。
3. Windows 操作系统的基本概念和常用术语，文件、文件夹、库等。
4. Windows 操作系统的基本操作和应用：

（1）桌面外观的设置，基本的网络配置。
（2）熟练掌握资源管理器的操作与应用。
（3）掌握文件、磁盘、显示属性的查看、设置等操作。
（4）中文输入法的安装、删除和选用。
（5）掌握检索文件、查询程序的方法。
（6）了解软、硬件的基本系统工具。

### 三、WPS 文字处理软件的功能和使用

1. 文字处理软件的基本概念，WPS 文字的基本功能、运行环境、启动和退出。
2. 文档的创建、打开和基本编辑操作，文本的查找与替换，多窗口和多文档的编辑。
3. 文档的保存、保护、复制、删除、插入。
4. 字体格式、段落格式和页面格式设置等基本操作，页面设置和打印预览。
5. WPS 文字的图形功能，图形、图片对象的编辑及文本框的使用。
6. WPS 文字表格制作功能，表格结构、表格创建、表格中数据的输入与编辑及表格样式的使用。

### 四、WPS 表格软件的功能和使用

1. 电子表格的基本概念，WPS 表格的功能、运行环境、启动与退出。
2. 工作簿和工作表的基本概念，工作表的创建、数据输入、编辑和排版。
3. 工作表的插入、复制、移动、更名、保存等基本操作。
4. 工作表中公式的输入与常用函数的使用。

5. 工作表数据的处理，数据的排序、筛选、查找和分类汇总，数据合并。

6. 图表的创建和格式设置。

7. 工作表的页面设置、打印预览和打印。

8. 工作簿和工作表数据安全、保护及隐藏操作。

### 五、WPS 演示软件的功能和使用

1. 演示文稿的基本概念，WPS 演示的功能、运行环境、启动与退出。

2. 演示文稿的创建、打开和保存。

3. 演示文稿视图的使用，演示页的文字编排、图片和图表等对象的插入，演示页的插入、删除、复制以及演示页顺序的调整。

4. 演示页版式的设置、模板与配色方案的套用、母版的使用。

5. 演示页放映效果的设置、换页方式及对象动画的选用，演示文稿的播放与打印。

### 六、因特网（Internet）的初步知识和应用

1. 了解计算机网络的基本概念和因特网的基础知识，主要包括网络硬件和软件，TCP/IP 的工作原理，以及网络应用中常见的概念，如域名、IP 地址、DNS 服务等。

2. 能够熟练掌握浏览器、电子邮件的使用和操作。

## 【考试方式】

1. 采用无纸化考试，上机操作。考试时间为 90 分钟。

2. 软件环境：Windows 7 操作系统，WPS Office 2019 办公软件。

3. 在指定时间内，完成下列各项操作：

（1）选择题（计算机基础知识和网络的基本知识）。（20 分）

（2）Windows 操作系统的使用。（10 分）

（3）WPS 文字的操作。（25 分）

（4）WPS 表格的操作。（20 分）

（5）WPS 演示软件的操作。（15 分）

（6）浏览器（IE）的简单使用和电子邮件收发。（10 分）

# 全国计算机等级考试一级 Photoshop 考试大纲（2018 年版）

## 【基本要求】

1. 掌握微型计算机的基础知识（包括计算机病毒的防治常识）。

2. 了解数字图像的基础知识。

3. 了解 Photoshop CS5 软件的工作环境和界面操作。

4. 掌握选区创建、编辑与基本应用的方法。

5. 掌握绘图工具的基本使用方法和图像色调的调整方法。

6. 掌握图层及蒙版的基本知识，熟练使用图层样式。
7. 掌握文字效果的基本制作方法。

## 【考试内容】

### 一、计算机基础知识

1. 计算机的概念、类型及其应用领域；计算机系统的配置及主要技术指标。

2. 计算机中数据的表示：二进制的概念，整数的二进制表示，西文字符的 ASCII 码表示，汉字及其编码（国标码），数据的存储单位（位、字节、字）。

3. 计算机病毒的概念和病毒的防治。

4. 计算机硬件系统的组成和功能：CPU、存储器（ROM、RAM）以及常用的输入输出设备的功能。

5. 计算机软件系统的组成和功能：系统软件和应用软件，程序设计语言（机器语言、汇编语言、高级语言）的概念。

### 二、数字图像的基础知识

1. 色彩的概念及基本配色原理。
2. 像素、分辨率；矢量图形、位图图像等概念。
3. 颜色模式、位深度的概念及基本应用。
4. 常用图像文件格式的特点。

### 三、Photoshop 软件的工作界面与基本操作

1. Photoshop 工作界面（工具箱、菜单、面板、文档窗口等）的功能。
2. 文件菜单的基本使用。

### 四、选区的创建、编辑与基本应用

1. 选区工具及其选项设置。
2. 选择菜单的使用。
3. 选区的基本应用，包括拷贝、粘贴、填充、描边、变换和定义图案等。

### 五、图像的绘制、编辑与修饰

1. 绘图工具（包括画笔工具、橡皮擦工具、渐变工具、油漆桶工具等）的使用。

2. 图章工具（仿制图章工具和图案图章工具）和修复工具（污点修复工具、修复画笔工具、修补工具和红眼工具）的使用。

3. 修饰工具（包括涂抹工具、模糊工具、锐化工具、海绵工具、减淡工具、加深工具）的使用。

4. 图像菜单的基本使用，包括模式、图像大小、亮度/对比度、色阶、曲线、色相/饱和度、色彩平衡、替换颜色、裁剪、裁切。

### 六、图层及蒙版的基本操作与应用

1. 图层菜单和图层面板的基本使用。
2. 图层蒙版的基本使用。
3. 图层样式的使用。

### 七、文字效果

1. 横排文字工具和直排文字工具的使用。
2. 字符面板和段落面板的使用。
3. 文本图层的样式使用。

## 【考试方式】

上机考试，考试时长 90 分钟，满分 100 分。

1. 题型及分值

单项选择题 55 分（含计算机基础知识部分 20 分，Photoshop 知识与操作部分 35 分）。

Photoshop 操作题 45 分（含 3 道题目，每题 15 分）。

2. 考试环境

Windows 7。

Adobe Photoshop CS5（典型方式安装）。

# 全国计算机等级考试二级公共基础知识考试大纲（2020 年版）

## 【基本要求】

1. 掌握计算机系统的基本概念，理解计算机硬件系统和计算机操作系统。
2. 掌握算法的基本概念。
3. 掌握基本数据结构及其操作。
4. 掌握基本排序和查找算法。
5. 掌握逐步求精的结构化程序设计方法。
6. 掌握软件工程的基本方法，具有初步应用相关技术进行软件开发的能力。
7. 掌握数据库的基本知识，了解关系数据库的设计。

## 【考试内容】

### 一、计算机系统

1. 掌握计算机系统的结构。
2. 掌握计算机硬件系统结构，包括 CPU 的功能和组成，存储器分层体系，总线和外部设备。

3. 掌握操作系统的基本组成，包括进程管理、内存管理、目录和文件系统、I/O 设备管理。

### 二、基本数据结构与算法

1. 算法的基本概念；算法复杂度的概念和意义（时间复杂度与空间复杂度）。

2. 数据结构的定义；数据的逻辑结构与存储结构；数据结构的图形表示；线性结构与非线性结构的概念。

3. 线性表的定义；线性表的顺序存储结构及其插入与删除运算。

4. 栈和队列的定义，栈和队列的顺序存储结构及其基本运算。

5. 线性单链表、双向链表与循环链表的结构及其基本运算。

6. 树的基本概念；二叉树的定义及其存储结构；二叉树的前序、中序和后序遍历。

7. 顺序查找与二分法查找算法；基本排序算法（交换类排序，选择类排序，插入类排序）。

### 三、程序设计基础

1. 程序设计方法与风格。

2. 结构化程序设计。

3. 面向对象的程序设计方法、对象、方法、属性及继承与多态性。

### 四、软件工程基础

1. 软件工程基本概念，软件生命周期概念，软件工具与软件开发环境。

2. 结构化分析方法，数据流图，数据字典，软件需求规格说明书。

3. 结构化设计方法，总体设计与详细设计。

4. 软件测试的方法，白盒测试与黑盒测试，测试用例设计，软件测试的实施，单元测试、集成测试和系统测试。

5. 程序的调试，静态调试与动态调试。

### 五、数据库设计基础

1. 数据库的基本概念：数据库，数据库管理系统，数据库系统。

2. 数据模型，实体联系模型及 E-R 图，从 E-R 图导出关系数据模型。

3. 关系代数运算，包括集合运算及选择、投影、连接运算，数据库规范化理论。

4. 数据库设计方法和步骤：需求分析、概念设计、逻辑设计和物理设计的相关策略。

## 【考试方式】

1. 公共基础知识不单独考试，与其他二级科目组合在一起，作为二级科目考核内容的一部分。

2. 上机考试，10 道单项选择题，占 10 分。

# 全国计算机等级考试二级C语言程序设计考试大纲（2018年版）

## 【基本要求】

1. 熟悉 Visual C++集成开发环境。
2. 掌握结构化程序设计的方法，具有良好的程序设计风格。
3. 掌握程序设计中简单的数据结构和算法并能阅读简单的程序。
4. 在 Visual C++集成环境下，能够编写简单的 C 程序，并具有基本的纠错和调试程序的能力。

## 【考试内容】

### 一、C 语言程序的结构

1. 程序的构成，main 函数和其他函数。
2. 头文件，数据说明，函数的开始和结束标志以及程序中的注释。
3. 源程序的书写格式。
4. C 语言的风格。

### 二、数据类型及其运算

1. C 的数据类型（基本类型，构造类型，指针类型，无值类型）及其定义方法。
2. C 运算符的种类、运算优先级和结合性。
3. 不同类型数据间的转换与运算。
4. C 表达式类型（赋值表达式，算术表达式，关系表达式，逻辑表达式，条件表达式，逗号表达式）和求值规则。

### 三、基本语句

1. 表达式语句，空语句，复合语句。
2. 输入输出函数的调用，正确输入数据并正确设计输出格式。

### 四、选择结构程序设计

1. 用 if 语句实现选择结构。
2. 用 switch 语句实现多分支选择结构。
3. 选择结构的嵌套。

### 五、循环结构程序设计

1. for 循环结构。
2. while 和 do-while 循环结构。

3. continue 语句和 break 语句。

4. 循环的嵌套。

## 六、数组的定义和引用

1. 一维数组和二维数组的定义、初始化和数组元素的引用。

2. 字符串与字符数组。

## 七、函数

1. 库函数的正确调用。

2. 函数的定义方法。

3. 函数的类型和返回值。

4. 形式参数与实在参数，参数值的传递。

5. 函数的正确调用，嵌套调用，递归调用。

6. 局部变量和全局变量。

7. 变量的存储类别（自动，静态，寄存器，外部），变量的作用域和生存期。

## 八、编译预处理

1. 宏定义和调用（不带参数的宏，带参数的宏）。

2. “文件包含”处理。

## 九、指针

1. 地址与指针变量的概念，地址运算符与间址运算符。

2. 一维、二维数组和字符串的地址以及指向变量、数组、字符串、函数、结构体的指针变量的定义。通过指针引用以上各类型数据。

3. 用指针作函数参数。

4. 返回地址值的函数。

5. 指针数组，指向指针的指针。

## 十、结构体（即“结构”）与共同体（即“联合”）

1. 用 typedef 说明一个新类型。

2. 结构体和共用体类型数据的定义和成员的引用。

3. 通过结构体构成链表，单向链表的建立，结点数据的输出、删除与插入。

## 十一、位运算

1. 位运算符的含义和使用。

2. 简单的位运算。

## 十二、文件操作

只要求缓冲文件系统（即高级磁盘 I/O 系统），对非标准缓冲文件系统（即低级磁盘 I/O 系统）不要求。

1. 文件类型指针（FILE 类型指针）。

2. 文件的打开与关闭（fopen，fclose）。

3. 文件的读写（fputc，fgetc，fputs，fgets，fread，fwrite，fprintf，fscanf 函数的应用），文件的定位（rewind，fseek 函数的应用）。

### 【考试方式】

上机考试，考试时长 120 分钟，满分 100 分。

**1. 题型及分值**

单项选择题 40 分（含公共基础知识部分 10 分）。

操作题 60 分（包括程序填空题、程序修改题及程序设计题）。

**2. 考试环境**

操作系统：中文版 Windows 7。

开发环境：Microsft Visual C++ 2010 学习版。

## 全国计算机等级考试二级 Java 语言程序设计考试大纲（2018 年版）

### 【基本要求】

1. 掌握 Java 语言的特点、实现机制和体系结构。
2. 掌握 Java 语言中面向对象的特性。
3. 掌握 Java 语言提供的数据类型和结构。
4. 掌握 Java 语言编程的基本技术。
5. 会编写 Java 用户界面程序。
6. 会编写 Java 简单应用程序。
7. 会编写 Java 小应用程序（Applet）。
8. 了解 Java 语言的广泛应用。

### 【考试内容】

#### 一、Java 语言的特点和实现机制

#### 二、Java 体系结构

1. Java 程序结构。
2. Java 类库结构。
3. Java 程序开发环境结构。

## 三、Java 语言中面向对象的特性

1. 面向对象编程的基本概念和特征。
2. 类的基本组成和使用。
3. 对象的生成、使用和删除。
4. 包与接口。
5. Java 类库的常用类和接口。

## 四、Java 语言的基本数据类型和运算

1. 变量和常量。
2. 基本数据类型及转换。
3. Java 类库中对基本数据类型的类包装。
4. 运算符和表达式运算。
5. 字符串和数组。

## 五、Java 语言的基本语句

1. 条件语句。
2. 循环语句。
3. 注释语句。
4. 异常处理语句。
5. 表达式语句。

## 六、Java 编程基本技术

1. 输入输出流及文件操作。
2. 线程的概念和使用。
3. 程序的同步与共享。
4. Java 语言的继承、多态和高级特性。
5. 异常处理和断言概念。
6. Java 语言的集合（Collections）框架和泛型概念。

## 七、编写用户界面程序基础

1. 用 AWT 编写图形用户界面的基本技术。
2. 用 Swing 编写图形用户界面的特点。
3. Swing 的事件处理机制。

## 八、编写小应用程序（Applet）基础

1. Applet 类的 API 基本知识。
2. Applet 编写步骤及特点。
3. 基于 AWT 和 Swing 编写用户界面。
4. Applet 的多媒体支持和通信。

### 九、Java SDK 6.0 的下载和安装

## 【考试方式】

上机考试，考试时长 120 分钟，满分 100 分。

1. 题型及分值

单项选择题 40 分（含公共基础知识部分 10 分）。

操作题 60 分（包括基本操作题、简单应用题及综合应用题）。

2. 考试环境

操作系统：中文版 Windows 7。

开发环境：jdk1.6.0 或 NetBeans 中国教育考试版（2007）。

# 全国计算机等级考试二级 Python 语言程序设计考试大纲（2018 年版）

## 【基本要求】

1. 掌握 Python 语言的基本语法规则。
2. 掌握不少于 2 个基本的 Python 标准库。
3. 掌握不少于 2 个 Python 第三方库，掌握获取并安装第三方库的方法。
4. 能够阅读和分析 Python 程序。
5. 熟练使用 IDLE 开发环境，能够将脚本程序转变为可执行程序。
6. 了解 Python 计算生态在以下方面（不限于）的主要第三方库名称：网络爬虫、数据分析、数据可视化、机器学习、Web 开发等。

## 【考试内容】

### 一、Python 语言基本语法元素

1. 程序的基本语法元素：程序的格式框架、缩进、注释、变量、命名、保留字、数据类型、赋值语句、引用。
2. 基本输入输出函数：input()、eval()、print()。
3. 源程序的书写格式。
4. Python 语言的特点。

### 二、基本数据类型

1. 数字类型：整数类型、浮点数类型和复数类型。
2. 数字类型的运算：数值运算操作符、数值运算函数。

3. 字符串类型及格式化：索引、切片、基本的 format()格式化方法。
4. 字符串类型操作：字符串操作符、处理函数和处理方法。
5. 类型判断和类型转换。

### 三、程序的控制结构

1. 程序的三种控制结构。
2. 程序的分支结构：单分支结构、二分支结构、多分支结构。
3. 程序的循环结构：遍历循环、无限循环、break 和 continue 循环控制。
4. 程序的异常处理：try-except。

### 四、函数和代码复用

1. 函数的定义和使用。
2. 函数的参数传递：可选参数传递、参数名称传递、函数的返回值。
3. 变量的作用域：局部变量和全局变量。

### 五、组合数据类型

1. 组合数据类型的基本概念。
2. 列表类型：定义、索引、切片。
3. 列表类型的操作：列表的操作函数、列表的操作方法。
4. 字典类型：定义、索引。
5. 字典类型的操作：字典的操作函数、字典的操作方法。

### 六、文件和数据格式化

1. 文件的使用：文件打开、读写和关闭。
2. 数据组织的维度：一维数据和二维数据。
3. 一维数据的处理：表示、存储和处理。
4. 二维数据的处理：表示、存储和处理。
5. 采用 CSV 格式对一二维数据文件的读写。

### 七、Python 计算生态

1. 标准库：turtle 库（必选）、random 库（必选）、time 库（可选）。
2. 基本的 Python 内置函数。
3. 第三方库的获取和安装。
4. 脚本程序转变为可执行程序的第三方库：Pyinstaller 库（必选）。
5. 第三方库：jieba 库（必选）、wordcloud 库（必选）。
6. 更广泛的 Python 计算生态，只要求了解第三方库的名称，不限于以下领域：网络爬虫、数据分析、文本处理、数据可视化、用户图形界面、机器学习、Web 开发、游戏开发等。

## 【考试方式】

上机考试，考试时长 120 分钟，满分 100 分。

1. 题型及分值

单项选择题 40 分（含公共基础知识部分 10 分）。

操作题 60 分（包括基本编程题和综合编程题）。

2. 考试环境

Windows 7 操作系统、建议 Python 3.4.2 至 Python 3.5.3 版本，IDLE 开发环境。

# 全国计算机等级考试二级 Access 数据库程序设计考试大纲（2021 年版）

## 【基本要求】

1. 掌握数据库系统的基础知识。
2. 掌握关系数据库的基本原理。
3. 掌握数据库程序设计方法。
4. 能够使用 Access 建立一个小型数据库应用系统。

## 【考试内容】

### 一、数据库基础知识

1. 基本概念

数据库，数据模型，数据库管理系统等。

2. 关系数据库基本概念

关系模型，关系，元组，属性，字段，域，值，关键字等。

3. 关系运算基本概念

选择运算，投影运算，连接运算。

4. SQL 命令

查询命令，操作命令。

5. ACCess 系统基本概念

### 二、数据库和表的基本操作

1. 创建数据库

2. 建立表

（1）建立表结构。

（2）字段设置，数据类型及相关属性。

（3）建立表间关系。

3. 表的基本操作

（1）向表中输入数据。

（2）修改表结构，调整表外观。

（3）编辑表中数据。

（4）记录排序。

（5）筛选记录。

（6）聚合数据。

## 三、查询

1. 查询基本概念

（1）查询分类。

（2）查询条件。

2. 选择查询

3. 交叉表查询

4. 生成表查询

5. 删除查询

6. 更新查询

7. 追加查询

8. 结构化查询语言 SQL

9. 用 SQL 语言建立查询

## 四、窗体

1. 窗体基本概念

窗体的类型与视图。

2. 创建窗体

窗体中常见控件，窗体和控件的常见属性。

3. 定制系统控制窗体

## 五、报表

1. 报表基本概念

2. 创建报表

报表中常见控件，报表和控件的常见属性。

3. 在报表中进行排序和分组

4. 控件的基本概念与使用

## 六、宏

1. 宏基本概念

2. 独立宏

3. 嵌入宏

4. 数据宏

5. 事件的基本概念与事件驱动

### 七、VBA 编程基础

1. 模块基本概念

2. 创建模块

（1）创建 VBA 模块：在模块中加入过程，在模块中执行宏。

（2）编写事件过程：键盘事件，鼠标事件，窗口事件，操作事件和其他事件。

3. VBA 编程基础

（1）VBA 编程基本概念。

（2）VBA 流程控制：顺序结构，选择结构，循环结构。

（3）VBA 函数/过程调用。

（4）VBA 数据文件读写。

（5）VBA 错误处理和程序调试（设置断点，单步跟踪，设置监视窗口）。

### 八、VBA 数据库编程

1. VBA 数据库编程基本概念

ACE 引擎和数据库编程接口技术，数据访问对象（DAO），ActiveX 数据对象（ADO）。

2. VBA 数据库编程技术

## 【考试方式】

上机考试，考试时长 120 分钟，满分 100 分。

1. 题型及分值

单项选择题 40 分（含公共基础知识部分 10 分）。

操作题 60 分（包括基本操作题、简单应用题及综合应用题）。

2. 考试环境

操作系统：中文版 Windows 7。

开发环境：Microsoft Office Access 2016。

# 全国计算机等级考试二级 MS Office 高级应用与设计考试大纲（2021 年版）

## 【基本要求】

1. 正确采集信息并能在文字处理软件 Word、电子表格软件 Excel、演示文稿制作软件

PowerPoint 中熟练应用。

2. 掌握 Word 的操作技能，并熟练应用编制文档。

3. 掌握 Excel 的操作技能，并熟练应用进行数据计算及分析。

4. 掌握 PowerPoint 的操作技能，并熟练应用制作演示文稿。

## 【考试内容】

### 一、Microsoft Office 应用基础

1. Office 应用界面使用和功能设置。

2. Office 各模块之间的信息共享。

### 二、Word 的功能和使用

1. Word 的基本功能，文档的创建、编辑、保存、打印和保护等基本操作。

2. 设置字体和段落格式、应用文档样式和主题、调整页面布局等排版操作。

3. 文档中表格的制作与编辑。

4. 文档中图形、图像（片）对象的编辑和处理，文本框和文档部件的使用，符号与数学公式的输入与编辑。

5. 文档的分栏、分页和分节操作，文档页眉、页脚的设置，文档内容引用操作。

6. 文档的审阅和修订。

7. 利用邮件合并功能批量制作和处理文档。

8. 多窗口和多文档的编辑，文档视图的使用。

9. 控件和宏功能的简单应用。

10. 分析图文素材，并根据需求提取相关信息引用到 Word 文档中。

### 三、Excel 的功能和使用

1. Excel 的基本功能，工作簿和工作表的基本操作，工作视图的控制。

2. 工作表数据的输入、编辑和修改。

3. 单元格格式化操作，数据格式的设置。

4. 工作簿和工作表的保护、版本比较与分析。

5. 单元格的引用，公式、函数和数组的使用。

6. 多个工作表的联动操作。

7. 迷你图和图表的创建、编辑与修饰。

8. 数据的排序、筛选、分类汇总、分组显示和合并计算。

9. 数据透视表和数据透视图的使用。

10. 数据的模拟分析、运算与预测。

11. 控件和宏功能的简单应用。

12. 导入外部数据并进行分析，获取和转换数据并进行处理。

13. 使用 Power Pivot 管理数据模型的基本操作。

14. 分析数据素材，并根据需求提取相关信息引用到 Excel 文档中。

### 四、PowerPoint 的功能和使用

1. PowerPoint 的基本功能和基本操作，幻灯片的组织与管理，演示文稿的视图模式和使用。
2. 演示文稿中幻灯片的主题应用、背景设置、母版制作和使用。
3. 幻灯片中文本、图形、SmartArt、图像（片）、图表、音频、视频、艺术字等对象的编辑和应用。
4. 幻灯片中对象动画、幻灯片切换效果、链接操作等交互设置。
5. 幻灯片放映设置，演示文稿的打包和输出。
6. 演示文稿的审阅和比较。
7. 分析图文素材，并根据需求提取相关信息引用到 PowerPoint 文档中。

### 【考试方式】

上机考试，考试时长 120 分钟，满分 100 分。

**1. 题型及分值**

单项选择题 20 分（含公共基础知识部分 10 分）。

Word 操作 30 分。

Excel 操作 30 分。

PowerPoint 操作 20 分。

**2. 考试环境**

操作系统：中文版 Windows 7。

考试环境：Microsoft Office 2016。

## 全国计算机等级考试二级 WPS Office 高级应用与设计考试大纲（2021 年版）

### 【基本要求】

1. 正确采集信息并能在 WPS 中熟练应用。
2. 掌握 WPS 处理文字文档的技能，并熟练应用于编制文字文档。
3. 掌握 WPS 处理电子表格的技能，并熟练应用于分析计算数据。
4. 掌握 WPS 处理演示文稿的技能，并熟练应用于制作演示文稿。
5. 掌握 WPS 处理 PDF 文件的技能，并熟练应用于处理版式文档。
6. 掌握 WPS 云办公的技能，并熟悉云办公基本功能和应用场景。

【考试内容】

### 一、WPS 综合应用基础

1. WPS 一站式融合办公的基本概念，WPS Office 套件和金山文档的区别与联系。
2. WPS 应用界面使用和功能设置。
3. WPS 中进行 PDF 文件的阅读、批注、编辑和转换等操作。
4. WPS 各组件之间的信息共享。
5. WPS 云办公应用场景，文件的云备份、云同步、云安全、云共享、云协作等操作。

### 二、WPS 处理文字文档

1. 文档的创建、编辑、保存、打印和保护等基本功能。
2. 设置字体和段落格式、应用文档样式和主题、调整页面布局等排版操作。
3. 文档中表格的制作与编辑。
4. 文档中图形、图像（片）对象的编辑和处理，文本框和文档部件的使用，符号与数学公式的输入与编辑。
5. 文档的分栏、分页和分节操作，文档页眉、页脚的设置，文档内容引用操作。
6. 文档审阅和修订。
7. 多窗口和多文档的编辑，文档视图的使用。
8. 分析图文素材，并根据需求提取相关信息引用到 WPS 文字文档中。

### 三、WPS 处理电子表格

1. 工作簿和工作表的基本操作，工作视图的控制，工作表的打印和输出。
2. 工作表数据的输入和编辑，单元格格式化操作，数据格式的设置。
3. 数据的排序、筛选、对比、分类汇总、合并计算、数据有效性和模拟分析。
4. 单元格的引用，公式、函数和数组的使用。
5. 表的创建、编辑与修饰。
6. 数据透视表和数据透视图的使用。
7. 工作簿和工作表的安全性和跟踪协作。
8. 多个工作表的联动操作。
9. 分析数据素材，并根据需求提取相关信息引用到 WPS 表格文档中。

### 四、WPS 制作演示文稿

1. 演示文稿的基本功能和基本操作，幻灯片的组织与管理，演示文稿的视图模式和使用。
2. 演示文稿中幻灯片的主题应用、背景设置、母版制作和使用。
3. 幻灯片中文本、艺术字、图形、智能图形、图像（片）、图表、音频、视频等对象的编辑和应用。
4. 幻灯片中对象动画、幻灯片切换效果、链接操作等交互设置。
5. 幻灯片放映设置，演示文稿的打包和输出。

6. 分析图文素材，并根据需求提取相关信息引用到 WPS 演示文档中。

## 【考试方式】

上机考试，考试时长 120 分钟，满分 100 分。

1. **题型及分值**

单项选择题 20 分（含公共基础知识部分 10 分）。

WPS 处理文字文档操作题 30 分。

WPS 处理电子表格操作题 30 分。

WPS 处理演示文稿操作题 20 分。

2. **考试环境**

操作系统：中文版 Windows 7 或以上，推荐 Windows 10。

考试环境：WPS 教育考试专用版。

# 全国计算机等级考试三级网络技术考试大纲（2018 年版）

## 【基本要求】

1. 了解大型网络系统规划、管理方法。
2. 具备中小型网络系统规划、设计的基本能力。
3. 掌握中小型网络系统组建、设备配置调试的基本技术。
4. 掌握企事业单位中小型网络系统现场维护与管理基本技术。
5. 了解网络技术的发展。

## 【考试内容】

### 一、网络规划与设计

1. 网络需求分析。
2. 网络规划设计。
3. 网络设备及选型。
4. 网络综合布线方案设计。
5. 接入技术方案设计。
6. IP 地址规划与路由设计。
7. 网络系统安全设计。

### 二、网络构建

1. 局域网组网技术。

（1）网线制作方法。

（2）交换机配置与使用方法。
（3）交换机端口的基本配置。
（4）交换机 VLAN 配置。
（5）交换机 STP 配置。
2. 路由器配置与使用。
（1）路由器基本操作与配置方法。
（2）路由器接口配置。
（3）路由器静态路由配置。
（4）RIP 动态路由配置。
（5）OSPF 动态路由配置。
3. 路由器高级功能。
（1）设置路由器为 DHCP 服务器。
（2）访问控制列表的配置。
（3）配置 GRE 协议。
（4）配置 IPSec 协议。
（5）配置 MPLS 协议。
4. 无线网络设备安装与调试。

## 三、网络环境与应用系统的安装调试

1. 网络环境配置。
2. WWW 服务器安装调试。
3. E-mail 服务器安装调试。
4. FTP 服务器安装调试。
5. DNS 服务器安装调试。

## 四、网络安全技术与网络管理

1. 网络安全。
（1）网络防病毒软件与防火墙的安装与使用。
（2）网站系统管理与维护。
（3）网络攻击防护与漏洞查找。
（4）网络数据备份与恢复设备的安装与使用。
（5）其他网络安全软件的安装与使用。
2. 网络管理。
（1）管理与维护网络用户账户。
（2）利用工具软件监控和管理网络系统。
（3）查找与排除网络设备故障。
（4）常用网络管理软件的安装与使用。

### 五、上机操作

在仿真网络环境下完成以下考核内容：

1. 交换机配置与使用。
2. 路由器基本操作与配置方法。
3. 网络环境与应用系统安装调试的基本方法。
4. 网络管理与安全设备、软件安装、调试的基本方法。

## 【考试方式】

上机考试，考试时长 120 分钟，总分 100 分。

# 全国计算机等级考试三级数据库技术考试大纲（2018 年版）

## 【基本要求】

1. 掌握数据库技术的基本概念、原理、方法和技术。
2. 能够使用 SQL 语言实现数据库操作。
3. 具备数据库系统安装、配置及数据库管理与维护的基本技能。
4. 掌握数据库管理与维护的基本方法。
5. 掌握数据库性能优化的基本方法。
6. 了解数据库应用系统的生命周期及其设计、开发过程。
7. 熟悉常用的数据库管理和开发工具，具备用指定的工具管理和开发简单数据库应用系统的能力。
8. 了解数据库技术的最新发展。

## 【考试内容】

### 一、数据库应用系统分析及规划

1. 数据库应用系统生命周期。
2. 数据库开发方法与实现工具。
3. 数据库应用体系结构。

### 二、数据库设计及实现

1. 概念设计。
2. 逻辑设计。
3. 物理设计。
4. 数据库应用系统的设计与实现。

### 三、数据库存储技术

1. 数据存储与文件结构。
2. 索引技术。

### 四、数据库编程技术

1. 一些高级查询功能。
2. 存储过程。
3. 触发器。
4. 函数。
5. 游标。

### 五、事务管理

1. 并发控制技术。
2. 备份和恢复数据库技术。

### 六、数据库管理与维护

1. 数据完整性。
2. 数据库安全性。
3. 数据库可靠性。
4. 监控分析。
5. 参数调整。
6. 查询优化。
7. 空间管理。

### 七、数据库技术的发展及新技术

1. 对象数据库。
2. 数据仓库及数据挖掘。
3. XML 数据库。
4. 云计算数据库。
5. 空间数据库。

## 【考试方式】

上机考试，考试时长 120 分钟，满分 100 分。

# 参 考 文 献

[ 1 ] 教育部考试中心. 计算机基础及 MS Office 应用：2021 年版 [ M ]. 北京：高等教育出版社，2020.

[ 2 ] 刘志成，石坤泉. 大学计算机基础上机指导与习题集：基于 Windows 10 + Office 2016 [ M ]. 3 版. 北京：人民邮电出版社，2020.

[ 3 ] 甘勇，尚展垒，王伟，等. 大学计算机基础实践教程：Windows 10 + Office 2016 微课版 [ M ]. 4 版. 北京：人民邮电出版社，2020.

[ 4 ] 刘艳慧，高慧，巴钧才，等. 大学计算机应用基础教程：Windows 10 + MS Office 2016 [ M ]. 北京：人民邮电出版社，2020.

[ 5 ] 夏鸿斌，王映，张景莉，等. 新编计算机文化基础实验指导与习题集 [ M ]. 2 版. 北京：人民邮电出版社，2020.

[ 6 ] 耿强，樊宇，李坤，等. 大学计算机应用基础：Windows 10 + Office 2016 [ M ]. 北京：人民邮电出版社，2020.

[ 7 ] 高万萍，王德俊. 计算机应用基础教程：Windows 10，Office 2016 [ M ]. 北京：清华大学出版社，2019.

[ 8 ] 郑健江，刘艳，吕春丽. 计算机应用基础项目式教程：Windows 10 + Office 2016 [ M ]. 北京：清华大学出版社，2019.

[ 9 ] 曾辉，熊燕. 大学计算机基础实践教程：Windows 10 + Office 2016 微课版 [ M ]. 北京：人民邮电出版社，2020.

[10] 贾如春，李代席，袁红团，等. 计算机应用基础项目实用教程：Windows 10 + Office 2016 [ M ]. 北京：清华大学出版社，2018.

[11] 张敏华，史小英. 计算机应用基础：Windows 7 + Office 2016 上机指导与习题集 [ M ]. 北京：人民邮电出版社，2018.